浙江省普通高校"十三五"新形态教材
绍兴文理学院新形态教材出版基金资助
智能建造与管理系列丛书

装配式建筑工程计量与计价

主　编　李　娜　王　伟

副主编　李翠红　俞燕飞　高越青

ZHEJIANG UNIVERSITY PRESS
浙江大学出版社
·杭州·

图书在版编目(CIP)数据

装配式建筑工程计量与计价/李娜,王伟主编. —杭州:浙江大学出版社,2022.6
ISBN 978-7-308-22573-1

Ⅰ.①装… Ⅱ.①李… ②王… Ⅲ.①装配式构件—建筑工程—计量 ②装配式构件—建筑工程—建筑造价 Ⅳ.①TU723.3

中国版本图书馆 CIP 数据核字(2022)第 070686 号

装配式建筑工程计量与计价
ZHUANGPEISHI JIANZHU GONGCHENG JILIANG YU JIJIA
主　编　李　娜　王　伟
副主编　李翠红　俞燕飞　高越青

责任编辑　王元新
责任校对　秦　瑕
封面设计　BBL 品牌实验室
出版发行　浙江大学出版社
　　　　(杭州市天目山路 148 号　邮政编码 310007)
　　　　(网址:http://www.zjupress.com)
排　　版　杭州星云光电图文制作有限公司
印　　刷　杭州宏雅印刷有限公司
开　　本　787mm×1092mm　1/16
印　　张　15
字　　数　346 千
版 印 次　2022 年 6 月第 1 版　2022 年 6 月第 1 次印刷
书　　号　ISBN 978-7-308-22573-1
定　　价　48.00 元

浙江大学出版社市场运营中心联系方式:0571—88925591;http://zjdxcbs.tmall.com

编写人员名单

主　编　李　娜　绍兴文理学院

王　伟　绍兴文理学院

副主编　李翠红　绍兴文理学院

俞燕飞　绍兴文理学院

高越青　绍兴文理学院

参　编　何关明　浙江明业项目管理有限公司

吴小菲　杭州熙域科技有限公司

宋雪琴　同创工程设计有限公司

费调君　浙江明业项目管理有限公司

姜　屏　绍兴文理学院

李思康　广联达科技股份有限公司

李华英　同创工程设计有限公司

张　峰　中建海峡建设发展有限公司

前　言

随着我国建筑工业化的推进，以新型建筑工业化带动建筑业全面转型升级成为目前建筑业的重要发展模式。在这样的背景下，为了适应当前及未来建筑业改革和发展的要求，需要大力培养新型建筑工业化专业人才，在建筑类相关专业开设装配式建筑课程显得尤为重要。

智能建造与管理系列丛书作为浙江省普通高校"十三五"新形态教材、绍兴文理学院新形态教材，通过探索"互联网＋"的新形态，融合移动互联网技术，以嵌入二维码的纸质教材为载体，融入视频、图文、动画等数字资源，将理论和实际案例紧密结合，将思政元素融入课程，以适应新时代技术技能人才培养的新要求。教材主要围绕装配式项目实施阶段的施工技术、施工管理、工程造价等几方面内容展开，包括《装配式建筑施工技术》《装配式建筑 BIM 建造施工管理》《装配式工程计量与计价》三本教材。

《装配式建筑工程计量与计价》是一门集知识性和实践性于一体的课程，根据学生的思维认识规律及接受程度，由浅入深，对装配式建筑计量与计价进行全面和深入的介绍，带领学生从对理论知识的跟学状态转变到独立学习和思考状态。本书采用最新的计价规范和定额，结合工程项目案例，翔实地讲解了建筑工程计量与计价的基本原理和具体方法，示例了工程量计算及工程造价计算的步骤与过程，便于学生理解和掌握相关知识，提高实际工程计量与计价的动手能力。

本书共 10 章，系统介绍了装配式工程计量与计价的理论和方法，结构体系完整，每章前面有知识目标、能力目标、思政目标和本章思维导图，每章后面有小结及习题，供学习和教学参考。第 1 章包括建筑工程计价的基础知识和装配式建筑工程计价的基本知识。第 2 章为工程造价构成。第 3 章至第 4 章介绍了工程造价依据的建筑工程预算定额和工程量清单计价规范。第 5 章至第 8 章为工程量计算规则，包括建筑面积、基础工程、主体工程、装修工程和措施项目工程的计算规则，每章均引入大量例题，详细演示了工程量计算。第 9 章至第 10 章通过案例说明了工程量清单计价规范应用及工程量清单计价的 BIM 应用。

本书由学校、企业等多方人员参与编写完成。其中，第 1 章由高越青、王伟、何关明编写，第 2 章由李翠红、王伟、李娜编写，第 3 章由俞燕飞、宋雪琴、李华英编写，第 4 章由李翠红、李娜、姜屏编写，第 5 章由王伟、李娜、张峰编写，第 6 章由李娜、俞燕飞、李翠红编写，第 7 章由俞燕飞、高越青编写，第 8 章李娜、王伟、李思康编写，第 9 章由李翠红、费调君、高越青编写，第10章由王伟、俞燕飞、吴小菲编写。本书在编写过程中，得到了浙江明业项目管理有限公司、杭州熙域科技有限公司、同创工程设计有限公司、广联达科技股份有限公司、中建海峡建设发展有限公司等单位的大力支持，在此表示诚挚的谢意！绍兴文理学院的硕士研究生陈业文、方初蕾、方季圆、吕蓓凤、赵卫琪等参与了本书的编写工作，特此感谢！本书参考了相关著作，主要参考文献列于书末，在此特向有关作者致谢。

本书可以作为高等学校工程造价专业和工程管理专业的教材，也可以作为工程造价从业人员的参考用书。由于装配式建筑技术和工程造价理论与实践还处于不断完善和发展阶段，加之编者水平有限，书中难免有疏漏之处，恳请各位读者批评指正。

编者

2021年10月

目　录

第1章　绪　论

知识目标

了解基本建设的概念和程序，掌握基本建设项目的划分；熟悉装配式建筑的定义、分类、特点及优势，了解国内外装配式建筑的发展历史；熟悉建筑工程计价的概念和分类，理解计价的基本原理，掌握我国建筑工程计价的标准和依据；熟悉装配式建筑的计价体系构成，了解装配式与现浇式计价的区别，并掌握装配式建筑计量与计价的注意要点。

能力目标

能够准确把握项目建设不同阶段应进行的各类计价工作，并将建筑工程计价的基本原理熟记于心；能够理解装配式建筑与传统现浇建筑的区别，并熟悉装配式建筑计价的工作内容。

思政拓展

思政目标

通过本章讲解，加强学生对思政元素“发展”的理解。首先，通过建设项目建设程序的讲解，向学生介绍中国特色社会主义市场经济体制的发展。其次，通过装配式建筑发展历史的讲解，向学生介绍科学技术现代化在建筑产业转型升级过程中发挥的巨大作用。

拓展资料

本章思维导图

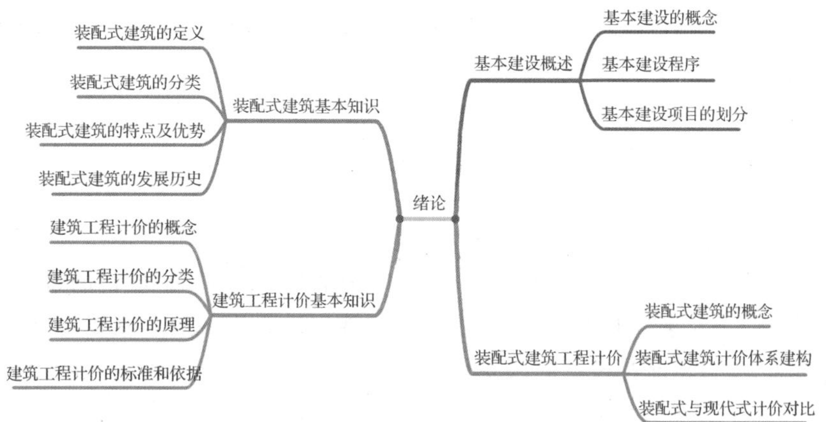

1.1 基本建设概述

1.1.1 基本建设的概念

基本建设是形成固定资产的生产活动。固定资产是指在其有效使用期内可重复使用而不改变其实物形态的主要生产资料。因此说，基本建设就是将一定的物资、材料、机器设备通过购置、建造和安装等活动转化为固定资产，形成新的生产能力或使用效益的建设工作。与此相关的其他工作，如土地征用、房屋拆迁、青苗赔偿、勘察设计、招标投标、工程监理等也是基本建设的组成部分。

1.1.2 基本建设程序

基本建设程序是指工程建设项目从策划、评估、决策、设计、施工到竣工验收、投入生产或交付使用的整个建设过程中，各项工作必须遵循的先后工作次序，是建设项目科学决策和顺利实施的重要保证。世界各国或国际组织在建设程序上可能存在某些差异，但是按照工程项目发展的内在规律，投资建设一个工程项目都要经过投资决策、建设实施和项目后评价三个发展时期。这三个发展时期又可分为若干个阶段，各阶段之间存在着严格的先后次序，可以进行合理的交叉，但不能任意颠倒次序。

1.决策阶段的工作内容

(1)编报项目建议书

项目建议书是拟建项目单位向国家提出要求建设某一项目的建议文件，是对工程项目建设的轮廓设想。项目建议书的作用是推荐一个拟建项目，论述其建设的必要性、建设条件的可行性和获利的可能性，供国家选择并确定是否进行下一步工作。

对于政府投资项目，项目建议书按要求编制完成后，根据建设规模和限额划分报送有关部门审批。项目建议书经批准后，可进行可行性研究工作，但并不表明项目非上报不可，批准的项目建议书不是项目的最终决策。

(2)编报可行性研究报告

可行性研究是对工程项目在技术上是否可行和经济上是否合理进行科学的分析和论证。凡经可行性研究未通过的项目，不得进行下一步工作。可行性研究工作完成后，需要编写出反映其全部工作成果的“可行性研究报告”。不同类型项目的可行性研究报告内容不尽相同。对于一般工业项目而言，可行性研究报告一般包括以下基本内容：项目提出的背景、项目概况及投资的必要性；产品需求、价格预测及市场风险分析；资源条件评价(对资源开发项目而言)；建设规模及产品方案的技术经济分析；建厂条件与厂址方案;技术方案、设备方案和工程方案;主要原材料、燃料供应;总图、运输与公共辅助工程;节能、节水措施;环境影响评价;劳动安全卫生与消防;组织机构与人力资源配置;项目实施进度;投资估算及融资方案;财务评价和国民经济评价;社会评价和风险分析;研究结论与建议。

2.建设实施阶段的工作内容

(1)工程设计

根据建设项目的不同情况,我国的工程设计将一般工程项目分为初步设计和施工图设计两个阶段;将重大项目和技术复杂项目分为三个阶段,即增加技术设计(扩大初步设计)阶段。

拓展资料

初步设计:根据批准的可行性研究报告和设计基础资料,做出技术上可行、经济上合理的实施方案。

技术设计:为了进一步解决初步设计中的重大技术问题,如工艺流程、建筑结构、设备选型等,根据初步设计进行细化设计。

施工图设计:在初步设计或技术设计的基础上进行施工图设计,使设计达到建设项目施工和安装的要求。

(2)建设准备

项目在开工建设之前,需要做好各项准备工作,其主要内容包括:征地、拆迁和场地平整;完成施工用水、电、通信、道路等接通工作;组织招标,选择工程监理单位、施工单位以及设备和材料供应商;准备必要的施工图纸;办理工程质量监督和施工许可手续。

(3)施工安装

工程项目经批准开工建设,项目即进入施工安装阶段。施工安装活动应按照工程设计要求、施工合同及施工组织设计,在保证工程质量、工期、成本及安全、环保等目标的前提下进行,达到竣工验收标准后,由施工单位移交建设单位。

(4)生产准备

对于生产性项目而言,生产准备是项目投产前由建设单位进行的一项重要工作。它是衔接建设和生产的桥梁,是项目建设转入生产经营的必要条件。建设单位应适时组成专门机构做好生产准备工作,确保项目建成后能及时投产。生产准备工作的内容根据项目或企业的不同,其要求也各不相同,但一般应包括招收和培训生产人员、组织准备、技术准备和物资准备等。

(5)竣工验收

建设项目按批准的设计文件所规定的内容建完后,便可以组织竣工验收。竣工验收要根据投资主体、工程规模及复杂程度由国家有关部门或建设单位组成验收委员会或验收组。验收委员会或验收组负责审查工程建设的各个环节,听取各有关单位的工作汇报。审阅工程档案、实地查验建筑安装工程实体,对工程设计、施工和设备质量等做出全面评价。不合格的工程不予验收。

验收合格后,施工单位应向建设单位办理竣工移交和竣工结算手续,交付建设单位使用。

3. 项目后评价

项目后评价是工程项目实施阶段管理的延伸，是工程项目竣工投产、生产运营或使用一段时间后，再对项目的立项决策、设计施工、竣工投产、生产使用等全过程进行系统的、客观的分析、总结和评价的一种技术经济活动。工程项目建设和运营是否达到投资决策时所确定的目标，只有经过生产经营或销售取得实际投资效果后，才能进行正确的判断；也只有在这一阶段，才能对工程项目进行总结和评估，才能综合反映工程项目建设和工程项目管理各环节工作的成效和存在的问题，并为以后改进工程项目管理、提高工程项目管理水平、指定科学的工程项目建设计划提供依据。

项目后评价的基本方法是对比法，就是将工程项目建成投产后所取得的实际效果、经济效益、社会效益和环境保护等情况与前期决策阶段的预测情况相对比，并从中发现问题，总结经验和教训。

1.1.3 基本建设项目的划分

为了更方便地对基本建设工程进行管理和确定工程造价，我们把基本建设项目划分为建设项目、单项工程、单位工程、分部工程和分项工程五个层次。

1. 建设项目

建设项目是指具有经过批准的立项文件和设计任务书，能独立进行经济核算的工程项目。在我国，建设项目的实施单位一般称为建设单位，建设项目的名称一般是以这个建设单位的名称来命名的，如××小区、××工厂、××学校等都是建设项目。

2. 单项工程

单项工程是建设项目的组成部分，是指在一个建设项目中，具有独立的设计文件、单独编制预算文件、竣工后可以独立发挥生产能力或效益的工程。一个建设项目可以是一个或多个单项工程，如一个学校的教学楼、图书馆、体育馆等都是单项工程。

3. 单位工程

单位工程是指具有单独设计文件，可以独立组织施工，但竣工后不能独立发挥生产能力或使用效益的工程。单位工程是单项工程的组成部分，如教学楼的土建工程、给排水工程、电气照明工程等都是单位工程。

4. 分部工程

分部工程是单位工程的组成部分，一般是指根据单位工程的工程部位、结构形式的不同而划分的工程。如一般建筑可分为土石方工程、桩与地基基础工程、砌筑工程、混凝土及钢筋混凝土工程、金属结构工程、屋面及防水工程等分部工程。由于每一个分部工程中影响工料消耗大小的因素仍然有很多，所以为了计算工程造价和工料消耗量的方便，还必须把分部工程进一步分解为分项工程。

5. 分项工程

分项工程是分部工程的组成部分，一般是指根据工种、使用材料以及结构构件的不同而划分的工程。它是建设项目划分中最基本的单位，如桩与地基基础分部工程可以划分为带形基础、独立基础、满堂基础、设备基础、矩形柱、异形柱等分项工程。分项工程是工程造价的基本计算清单项目，在“预算定额”中是组成定额的基本单位体，也被称为定额子目。

综上所述，一个建设项目通常是由一个或几个单项工程组成，一个单项工程通常是由几个单位工程组成，而一个单位工程通常又是由若干个分部工程组成，一个分部工程可按选用的施工方法、所使用的材料、结构构件规格的不同等因素划分为若干个分项工程。下面以某学校（图1-1）为例，说明建设项目的划分。

拓展资料

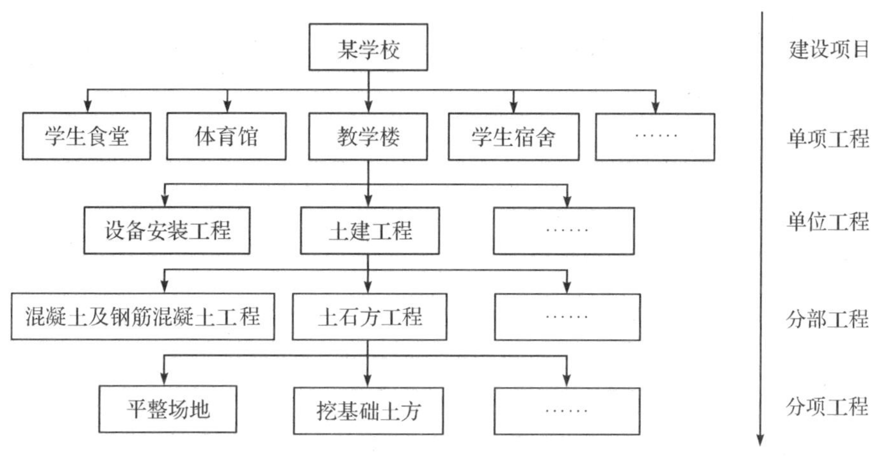

图1-1 某学校建设项目的划分

1.2 装配式建筑基本知识

1.2.1 装配式建筑的定义

随着我国经济社会的不断发展，人们对建筑水平和服务质量的要求不断提高，劳动力成本不断上升，传统生产方式已难以为继，有必要向新的生产方式转变。而发展装配式建筑是转变建筑业发展模式的重要手段，也是增强建筑工业化水平的重要机遇和载体。

装配式建筑3D演示

装配式建筑是用预制部品部件在工地装配而成的建筑。通俗地讲，装配式建筑就是在工厂事先预制好外墙、内墙、双面板、楼梯、阳台、飘窗等建筑组成部分（部品部件），然后运输到建设现场，在建设现场采用机械化施工技术，通过节点连接方式装配而成的建筑物。“装配”一词最早使用于机械领域，是指将零件按规定的技术要求组装起来，并经过调试、检验使之成为合格产品的过程。简单地讲就是把零部件组装成一个整体的过程。沿用到建筑领域，装配式建筑可以简单地理解为：把建筑的各个部分在现场进行直接组装而成的建筑。要实现建筑各构件的现场组装，前提条件是这些构件必须提前在工厂生产好，简称预制。所以，装配式建筑也被称为“预制建筑”或“建筑工业化”。

装配式建筑具有可持续性、防火、防虫、防潮、保温、环保、节能等特点。它是目前解决建筑扬尘、垃圾污染和资源浪费最有效的途径之一。随着建筑业生产方式的改革，装配式建筑不仅符合可持续发展的理念，也符合我国社会经济发展的客观要求。同时，随着城市化进程的加快，传统的建设方式在质量、安全、经济等方面已难以满足现代化发展的需要。因此，装配式建筑的发展可以有效地促进建筑业从高能耗建筑向绿色建筑的转变，有利于推进我国的城市化进程。

1.2.2 装配式建筑的分类

装配式建筑按照结构系统材料不同主要可分为装配式混凝土结构、装配式钢结构、装配式木结构及它们的组合结构。

1.装配式混凝土结构(也称 PC 结构)

装配式混凝土结构是指以工厂化生产的钢筋混凝土预制构件为主，通过现场节点连接装配的方式建造的混凝土结构建筑(图 1-2 和图 1-3)。目前市场上存在着全装配建筑和部分装配建筑两大类，前者一般为低层或抗震设防要求较低的多层建筑；后者的主要构件一般采用预制构件，在施工现场通过现浇混凝土连接，最终形成装配整体式结构。

图 1-2　装配式混凝土结构配件

图 1-3　吊装中的装配式混凝土结构

对于装配式混凝土结构，结构的整体性和抗倒塌能力主要取决于预制构件之间的连接。由此，装配式混凝土结构设计中必须充分考虑结构的节点、拼缝等部位的连接构造的可靠性，其预制构件设计需要遵循受力合理、连接可靠、施工方便、少规格、多组合原则。

按结构承重方式分类，装配式混凝土结构可分为框架结构和剪力墙结构。框架结构是把柱、梁、板构件分开生产，运输至施工现场后进行构件吊装、连接，框架吊装完成后再组装墙板（一般是轻质、保温、环保的绿色板材）。剪力墙结构的承重结构是剪力墙板和楼板，所以构件生产线多数是板构件生产，装配式施工也是以吊装为主，吊装后处理构件之间的连接构造问题。

2. 装配式钢结构(也称 PS 结构)

装配式钢结构是指在工厂生产的钢结构部件，在施工现场通过螺栓或焊接等方式组装和连接而成的钢结构建筑（图 1-4）。与其他建筑结构形式相比，钢结构是最适合工业化装配式的结构体系。这一方面是因为钢材具有良好的机械加工性能，适合工厂化生产和加工制作；另一方面则因为钢结构较混凝土结构更加轻便，适合运输、装配。此外，钢结构还适合高强螺栓连接，便于装配和拆卸。

(a) 施工中

(b) 完工后

图 1-4 装配式钢结构——国家感染性疾病临床医院研究中心（深圳）

装配式钢结构又分为全钢（型钢）结构和轻钢结构。全钢（型钢）结构的承重构件采用型钢，截面大多为工字钢、L 形或 T 形钢，截面较大，有较高的承载力，可以用来装配高层建筑。全钢结构现场装配时的构件连接可以是锚固（加腹板和螺栓），也可以采用焊接。轻钢结构一般采用截面较小的轻质槽钢，在槽内装配轻质板材作为轻钢结构的整体板材，施工时进行整体装配。由于轻质槽钢截面小而承载力小，所以一般用来装配多层建筑或别墅建筑。轻钢结构施工采用螺栓连接，施工快，工期短，还便于拆卸，目前市场应用较多。

3. 装配式木结构

装配式木结构是指以木质材料作为木结构构件、部品部件，在工厂预制，运输至施工现场装配的木结构建筑（图 1-5 和图 1-6）。木结构在我国历史久远，常用于宫殿、桥梁、宗庙、祠堂和塔架等建筑；现代木结构主要用于园林景观和人文景观建筑。木材的受压、受拉和受弯性能较好，因此木结构具有较好的塑性和抗震性能，但要注意防潮湿、防火、防腐蚀和白蚁等。

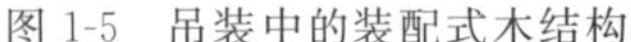

图 1-5　吊装中的装配式木结构

图 1-6　装配式木结构——上海西郊宾馆

目前，我国现代装配式木结构是利用新科技手段，将木材经过层压、胶合、金属连接等工艺处理，所构成的整体结构性能远超原木结构的现代木结构体系。装配式木结构克服了传统木结构尺寸受限、强度和刚度不足、构件变形不易控制、易腐蚀等缺点。按照木构件的大小轻重，装配式木结构可分为重型装配式木结构工程体系和轻型装配式木结构工程体系。其中，重型装配式木结构工程体系是指以间距较大的梁、柱、拱等为主要受力构件的体系。重型装配式木结构工程体系已经被广泛应用于会所、学校、体育馆、图书馆、展览厅、会议厅、餐厅、教堂、火车站、桥梁等大跨建筑和高层建筑。

1.2.3　装配式建筑的特点及优势

与传统建筑业生产方式相比，装配式建筑具有以下特点。

1. 装配式建筑的设计标准化

装配式建筑设计的理念为技术前置、管理前移、同步设计、协同合作，具体体现为标准化、模数化的设计方法。首先，在施工图设计阶段需要考虑工业化建筑生产方式，进行标准化设计，即通过标准化的模数、标准化的构配件、合理的节点连接进行模块组装，实现多样化的建筑整体设计。其次，构件厂需要根据设计图纸进行预制构件的拆分设计，在保证结构安全的前提下，尽可能减少构件的种类、减少工厂模具的数量。最后，装配式建筑的节点设计也应实现标准化，在保证施工质量的前提下充分考虑现场施工的可操作性，避免复杂连接节点造成现场施工困难。

2. 预制装配式构件生产工厂化

构件工厂化生产是装配式建筑与传统现浇结构在生产方式上的最大差异，而工厂化生产全面提升了建筑工程的质量效率和经济效益。工厂化生产的结构部件事先经过了精准的测算，并使用先进仪器进行生产、上色喷涂，产品的标准化程度高，能够较好保证预制构件的高性能、高质量、高精度。同时，高机械化程度的生产方式还大幅度减少了建筑工程施工现场的劳动力需求，不仅使现场工作环境更加干净、整洁，还有效减少了施工现场作业的材料浪费及水、电资源消耗，有利于实现节能环保的目标。

3. 施工安装装配化

装配式建筑的装配化施工强调现场施工机械化。施工现场的主要工作是对预制构件进行拼装,拼装过程中不需耗费过多人力,仅需少数经过专业培训的技术工人作业,大量减少现场湿作业,施工噪声也大幅减少,符合现代建筑业绿色施工的要求。同时,装配化施工过程引入了信息化手段,不仅可以提前模拟施工现场,对预制构件进行深化设计、模拟施工进度及构件吊装,还可以对现场进行实时视频监控,确保每一步骤工作都井然有序、各构件连接精确无误,有效提高施工速度和施工质量。

4.施工管理科学化、结构一体化

装配式建筑施工过程中采用了先进的信息技术(BIM技术)对预制构件生产和安装进行监控和管理,使整个建设过程的管理更加科学化、现代化。同时,装配式建筑强调结构主体与建筑装饰装修、机电管线预埋一体化,实现了高完成度的结构一体化设计及各专业的集成化设计。如外墙门窗及外墙饰面砖随预制外墙同步工厂化生产,避免后期装修;采用夹心保温外墙板,外墙保温工程不需要再单独施工;现浇部分采用铝模施工,与装配式结构结合,可避免后期抹灰,并可直接进行墙体装饰面的施工;水电等设备专业线盒在预制构件内预埋,避免后期开槽施工。

5.装配式建筑的功能现代化

装配式建筑在节能、抗震、智能化等方面,更具有现代化的功能特点。由于采用新型环保材料,保温隔热效果更好,不论是屋顶还是外墙都有很好的保温特性;同时供热和制冷也采取了更为先进的设备和手段,具备良好节能效果;使用自重较轻的建筑材料,减少结构自重;加强结构连接,确保装配式连接的框架剪力墙体系结构的抗震性能更高;设计、生产、建造过程引入BIM技术进行全过程管理,提高设计、施工、生产、运营与项目管理的智能化水平。

与传统建造方式相比,装配式建筑的上述特点使其具有显著的优越性:从劳动生产率的角度看,装配式建筑变现场施工为工厂制造,变人工作业为机械作业,防止了施工作业所受到的天气等外部因素的干扰,劳动力得到了节省,建设周期得以缩短,劳动生产率显著提高。从质量的角度看,装配式建筑的生产模式可以有效地解决诸多质量问题,如外墙渗漏等,建筑的使用寿命得以延长。从安全的角度看,机械化安装使得建筑工人不再需要露天工作,工人人身安全得到保障。从环境污染的角度看,开发装配式建筑对环境的负面影响要比传统方式小,构件工厂化生产使现场建筑废物、粉尘和噪声大大减少,建筑垃圾回收率提高,资源循环利用得以保证。从资源消耗的角度看,开发装配式建筑减少了对能源、土地和水资源的消耗,实现了循环经济。

1.2.4 装配式建筑的发展历史

1.国外装配式建筑发展历史

装配式建筑最早由西方兴起,早在20世纪20年代初,英、法、苏联等国家就已经开始对装配式建筑进行尝试。装配式建筑在西方国家被叫作住宅产业化或者建筑工业化。第二次世界大战后,由于各国的建筑普遍遭受战争破坏,加之劳动力资源短缺,为了加快住宅的建造速度,大多采用装配式修建建筑,装配式建筑被广泛应用。经过几十年的发展积累,西方发达国家的装配式建筑发展已经达到相对成熟、完善的阶段。美国、德国、日本等国家根据各自的经济、社会、工业化程度、自然条件等，选择了不同的发展道路。

（1）美国的装配式建筑发展

美国的装配式建筑起源于20世纪30年代。1976年美国国会通过了国家工业化住宅建造及安全法案，同年开始出台一系列严格的行业规范标准，这些规范标准一直沿用至今。目前，美国的装配式建筑发展已经跨过追求数量阶段进入到追求质量阶段，除了保证质量外，装配式建筑更加注重提升美观、舒适性及个性化，许多建筑的外观与传统建筑外观已无差别。在美国，工业化住宅的建造成本还不及非工业化住宅的一半，所以工业化住宅已经成为美国非政府补贴经济适用住房的主要形式，在低收入人群、无福利购房者中，工业化住宅是住房的主要来源之一。据统计，在美国每16人中就有1人居住的是工业化住宅。

美国的工业化住宅发展是以其建筑业发达的工业化水平为基础的。在其建筑市场中，各类预制构件、部品部件的标准化、系列化、专业化、商品化和社会化程度很高，不仅主体结构构件的通用化程度高，而且各类相关制品和设备的社会化生产和商品化供应也十分丰富，用户可以通过产品目录，从市场上自由购买所需的产品。

（2）德国的装配式建筑发展

德国是世界上工业化水平最高的国家之一。第二次世界大战后，装配式建筑在德国得到广泛应用。经过几十年的发展，目前德国的装配式建筑产业链处在世界领先水平。德国的人工成本较高，所以德国的建筑业不断优化施工工艺，完善包括小型机械在内的建筑施工机械，减少手工作业。建筑上使用的建筑部品大量实行标准化、模数化，强调建筑的耐久性，但并不追求大规模工厂预制率。

德国今天的公共建筑、商业建筑、集合住宅项目大多因地制宜，根据项目特点，选择现浇与预制构件混合建造体系或钢混结构体系建设实施，并不追求较高的装配率。随着工业化进程的不断发展，BIM技术的应用，德国建筑业的工业化水平不断提高，采用工厂预制、现场安装的建筑部品越来越多，占比越来越大。此外，德国是建筑业标准规范体系最为完整全面的国家之一，对于装配式建筑有着完善的综合技术要求，如结构安全性、防火性能，以及防水、防潮、气密性、透气隔声、保温隔热、耐久性、耐候性、耐腐蚀性、材料强度、环保无毒等，并对预制构配件生产、安装等环节也制定了详细的标准规定。

（3）日本的装配式建筑发展

日本装配式建筑的研究是从1955年日本住宅公团成立时开始的，并以公团为中心展开。住宅公团的任务就是执行第二次世界大战后复兴的基本国策，解决城市化过程中中低收入人群的居住问题。20世纪60年代，日本大规模的公营住宅建设为日本建筑业工业化发展提供了重要机遇。在这一时期，日本制定了一系列方针政策和统一的模数标准，逐步实现标准化和部件化，使得现场施工操作简单，减少了现场工作量和人员，缩短工期，极大提高了建设质量和效率。20世纪70年代到80年代中期，日本从满足基本住房需求阶段进入到高品质住宅阶段，住宅质量明显提升。在这一时期，日本掀起了住宅产业化发展热潮，大企业联合组建集团，在技术上产生了盒子住宅、单元住宅等多种形式，平面布局也由单一化向多元化方向发展；同时，预制构配件生产形成独立行业，住宅部品化供应发展很快，装配式住宅建设进入稳定发展时期。1990年，日本推出了采用部件化和工业化方式生产、生产效率高、住宅内部结构可变、适应居民多种不同需求的"中高层住宅生产体系"。住宅产业在满足高品质需求的同时,也完成了自身的规模化和产业化的结构调整,行业发展进入成熟阶段。

目前,日本的住宅产业链非常完善,除了主体结构工业化之外,借助于其在内装部品方面发达成熟的产品体系,行业形成了主体工业化与内装工业化协调发展的完善体系。

2.我国装配式建筑发展历史

(1)我国的装配式建筑发展

我国的装配式建筑起源于20世纪50年代。那时中华人民共和国刚刚成立,全国处在百废待兴的状态,发展建筑行业,为人民提供和改善居住环境,迫在眉睫。当时,我国著名建筑学家梁思成先生就已经提出了"建筑工业化"的理念,并且这一理念被纳入了中华人民共和国第一个"五年计划"中。借鉴苏联和东欧国家的经验,我国建筑行业大力推行标准化、工业化和机械化,发展预制构件和装配式施工的房屋建造方式。1955年,北京第一建筑构件厂在北京东郊百子湾兴建;1959年,我国采用预制装配式技术建成了高达12层的北京民族饭店。但到了20世纪六七十年代,受到经济发展和社会发展的各种因素影响,我国装配式建筑发展缓慢,基本处于停滞状态。

改革开放以后,随着经济快速发展,劳动力紧缺矛盾日益突出,在节能环保、绿色发展的时代要求下,建筑行业与其他行业一样迫切需要转型升级,于是装配式建筑又开始焕发出新的生机。

从"十二五"开始,在各级领导的高度重视下,装配式建筑呈现快速发展的局面。2017年11月,住房和城乡建设部认定了30个城市和195家企业为第一批装配式建筑示范城市和产业基地。示范城市分布在东、中、西部,装配式建筑发展各具特色;产业基地涉及27个省、自治区、直辖市和部分央企,产业类型涵盖设计、生产、施工、装备制造、运行维护等全产业链。在试点示范的引领带动下,装配式建筑已经形成在全国大范围推进的格局。

目前,我国装配式建筑发展稳步推进,全国大部分省(区、市)明确了推进装配式建筑发展的职能机构,工作推进机制已形成。在国家住宅产业化综合试点示范城市带动下,有30多个省级或市级政府出台了相关的指导意见,在土地、财税、金融、规划等方面进行了卓有成效的政策探索和创新。同时,经过多年研究和努力,各类装配式建筑技术体系逐步完善,相关标准规范陆续出台,初步建立了装配式建筑结构体系、部品体系和技术保障体系,部分单项技术和产品研发已经达到国家先进水平,这些均为我国装配式建筑进一步发展提供了有力的技术支撑。

(2)装配式建筑发展的政策支持

我国政府和建设行业行政主管部门对推进建筑产业现代化、推动新兴建筑工业化、发展装配式建筑给予了大力支持,国家对建筑行业转型升级的决心和重视程度不言而喻。

党的十八大报告提出,要坚定不移地走"新型工业化道路"。2015年11月,《建筑产业现代化发展纲要》(以下简称《纲要》)出台。《纲要》明确了未来5～10年建筑产业现代化的发展目标。《纲要》指出:到2020年,基本形成适应建筑产业现代化的市场机制和发展环境，建筑产业现代化技术体系基本成熟，形成一批达到国际先进水平的关键核心技术和成套技术，建设一批国家级、省级示范城市、产业基地、技术研发中心，培育一批龙头企业。装配式混凝土、钢结构、木结构建筑发展布局合理、规模逐步提高，新建公共建筑优先采用钢结构，鼓励农村、景区建筑发展木结构和轻钢结构。装配式建筑占新建建筑的比例达到20%以上，直辖市、计划单列市及省会城市达到30%以上，保障性安居工程采取装配式建造的比例达到40%以上。新开工全装修成品住宅面积比率达到30%以上。直辖市、计划单列市及省会城市保障性住房的全装修成品房面积比率达到50%以上。建筑业劳动生产率、施工机械装备率提高1倍。到2025年，建筑品质全面提升，节能减排、绿色发展成效明显，创新能力大幅提升，形成一批具有较强综合实力的企业和产业体系。装配式建筑占新建建筑的比例在50%以上，保障性安居工程采取装配式建造的比例达到60%以上。全面普及成品住宅，新开工全装修成品住宅面积比率达到50%以上，保障性住房的全装修成品房面积比率达到70%以上。

2016年2月，《中共中央国务院关于进一步加强城市规划建设管理工作的若干意见》发布，指出：大力推广装配式建筑，减少建筑垃圾和扬尘污染，缩短建造工期，提升工程质量；制定装配式建筑设计、施工和验收规范；完善部品部件标准，实现建筑部品部件工厂化生产；鼓励建筑企业装配式施工，现场装配；建设国家级装配式建筑生产基地；加大政策支持力度，力争用10年左右时间，使装配式建筑占新建建筑的比例达到30%；积极稳妥推广钢结构建筑；在具备条件的地方，倡导发展现代木结构建筑。

2016年3月，《国民经济和社会发展第十三个五年规划纲要》发布，指出：发展适用、经济、绿色、美观建筑，提高建筑技术水平、安全标准和工程质量，推广装配式建筑和钢结构建筑。

住房和城乡建设部于2017年3月印发《"十三五"装配式建筑行动方案》，提出了工程目标并明确重点任务。目标提出：到2020年，全国装配式建筑占新建建筑的比例达到15%以上，其中重点推进地区达到20%以上，积极推进地区达到15%以上，鼓励推进地区达到10%以上。任务提出：建立完善覆盖设计、生产、施工和使用维护全过程的装配式建筑标准规范体系；建立装配式建筑技术体系和关键技术、配套部品部件评估机制，梳理先进成熟可靠的新技术、新产品、新工艺，定期发布装配式建筑技术和产品公告；加大研发力度，研究装配率较高的多高层装配式混凝土建筑的基础理论、技术体系和施工工艺，研究高性能混凝土、高强度钢筋和消能减重、预应力技术在装配式建筑上的应用；全面提升装配式建筑设计水平，推进装配式建筑一体化集成设计，强化装配式建筑设计对部品部件生产、安装施工、装饰装修等环节的统筹，推进装配式建筑标准化设计，提高标准化部品部件的应用比例；建立适合BIM技术应用的装配式建筑工程管理模式，推进BIM技术在装配式建筑规划、勘察、设计、生产、施工、装修、运行维护全过程的集成应用，实现工程建设项目全生命周期数据共享和信息化管理；采用植入芯片或标注二维码等方式，实现部品部件生产、安装、维护全过程质量可追溯。

1.3 建筑工程计价基本知识

1.3.1 建筑工程计价的概念

工程计价是指按照法律、法规和标准规定的程序、方法和依据，对工程项目实施建设的各个阶段的工程造价及其构成内容进行预测和确定的行为。工程计价的含义应该从以下三方面进行解释。

1. 工程计价是工程价值的货币形式

工程计价是指按照规定的计算程序和方法，用货币的数量表示建设项目（包括拟建、在建和已建的项目）的价值。工程计价是自下而上的分部组合计价，是将整个项目进行分解，划分为可以按有关技术参数测算价格的基本构造要素（或称分部、分项工程），并计算出基本构造要素的费用。

2. 工程计价是投资控制的依据

工程计价基本确定了建设资金的需要量，从而为筹集资金提供了比较准确的依据。当建设资金来源于金融机构的贷款时，金融机构在对项目的偿贷能力进行评估的基础上，也需要依据工程计价来确定给予投资者的贷款数额。

3. 工程计价是合同价款管理的基础

合同价款管理的各项内容中始终有工程计价的存在：在签约合同价的形成过程中有招标控制价、投标报价以及签约合同价等计价活动；在工程价款的调整过程中，需要确定调整价款额度，工程计价也贯穿其中；工程价款的支付仍然需要工程计价工作，以确定最终的支付额。

1.3.2 建筑工程计价的分类

建设项目计价贯穿于建设项目从投资决策到竣工验收的全过程，是各阶段逐步深化、逐步细化和逐步接近实际造价的工作。计价过程的各环节之间相互衔接，前者制约后者，后者补充前者。根据建设程序进展阶段的不同，建筑工程计价包括建设项目投资估算、设计概算、施工图预算、招投标价、竣工结算、竣工决算等。

1. 投资估算

投资估算是指在可行性研究阶段、立项阶段，由可行性研究单位或建设单位编制，用以确定建设项目投资控制额的基本建设造价文件。投资估算具有较大的不确定性，编制时大多使用估算指标进行测算。但它既是建设项目主管部门审批建设项目的直接依据，又是建设单位确定投资规模、筹集建设资金的主要依据。

2.设计概算

设计概算是在初步设计阶段，由设计单位以投资估算为目标，根据初步设计图样、概算定额或概算指标、费用定额和有关技术经济资料，预先计算和确定建设项目从筹建至竣工验收、交付使用所发生的全部建设费用的经济文件。设计概算进一步明确了投资规模，是国家确定投资计划、进行投资宏观管理的有效手段之一，同时也是建设单位确定投资计划、选择设计方案的直接依据。

3.施工图预算

施工图预算是指在施工图设计完成后，单位工程开工前，由施工承包单位根据已审定的施工图纸、施工组织设计、消耗量定额或规范、单位估价表和各项费用标准、建设地区的自然及技术经济条件等资料，预先计算和确定建筑工程费用的经济技术文件。对于招投标的项目来说，施工图预算是建设单位编制招标控制价，施工单位确定投标报价的主要依据，它是确定建筑产品价格的主要依据。施工图预算应在设计概算的控制下完成。

4.标底、招标控制价、投标价

标底是指业主为控制工程建设项目的投资，根据招标文件、各种计价依据和资料以及有关规定所计算的，用于测评各投标单位工程报价的工程造价。

招标控制价是建设单位或其委托的造价咨询机构，根据主管部门颁发的有关计价依据和办法，按设计施工图纸计算的，对招标工程限定的最高工程报价。

投标价是投标人投标时报出的工程造价。

5.竣工结算

竣工结算是在建设工程竣工后，由施工单位根据施工合同、设计变更、现场技术签证等竣工资料编制，由建设单位或其委托有资质的造价咨询机构审查，并经双方确认的反映工程实际造价的经济技术文件。结算价是支付工程款的凭据。

6.竣工决算

竣工决算是指整个建设工程全部完工并经过验收以后，由建设单位编制的反映项目从筹建到竣工验收、交付使用全过程实际支付的全部建设费用的经济技术文件。

基本建设程序表

可见，建筑工程计价在项目建设程序的不同阶段，有不同的内容和不同的形式与之对应，其关系如图 1-7 所示。

1.3.3 建筑工程计价的基本原理

1.利用函数关系对拟建项目的造价进行类比匡算

当一个建设项目还没有具体的图样和工程量清单时，需要利用产出函数对建设项目投资进行匡算。在建筑工程中，产出函数建立了产出的总量或规模与各种投入(比如人力、材料、机械等)之间的关系。因此，对某一特定的产出，可以通过对各投入参数赋予不同的值，从而找到一个最低的生产成本。

投资的匡算常常基于某个表明设计能力或者形体尺寸的变量，比如建筑面积、高速

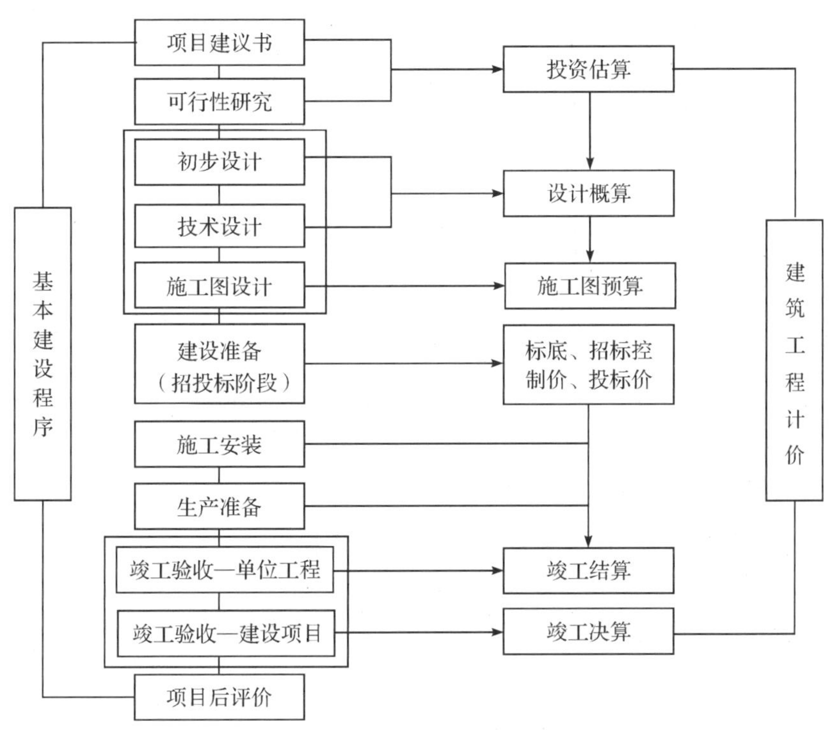

图 1-7 建筑工程计价与项目不同建设阶段的对应关系

公路的长度、工厂的生产能力等。在这种类比估算方法下尤其要注意规模对造价的影响。项目的造价并不总是和规模大小呈线性关系的，典型的规模经济或规模不经济都会出现。因此，要慎重选择合适的产出函数，寻找规模和经济有关的经验数据，如生产能力指数法与单位生产能力估算法就采用了不同的生产函数。

2. 分部组合计价原理

如果一个建设项目的设计方案已经确定，常用的计价方法是分部组合计价法。任何一个建设项目都可以分解为一个或几个单项工程，任何一个单项工程都是由一个或几个单位工程所组成。作为单位工程的各类建筑工程和安装工程仍然是一个比较复杂的综合实体，还需要进一步分解。单位工程可以按照结构部位、路段长度及施工特点或施工任务分解为分部工程。分解为分部工程后，从工程计价的角度，还需要把分部工程按照不同的施工方法、材料、工序及路段长度等，加以更为细致的分解，划分为更为简单细小的部分，即分项工程。按照计价需要，将分项工程进一步分解或适当组合，就可以得到基本构造单元了。

工程造价计价的主要思路就是将建设项目细分至最基本的构造单元，找到了适当的计量单位及当时当地的单价，就可以采取一定的计价方法，进行分部组合汇总，计算出相应工程造价。工程计价的基本原理就在于项目的分解与组合，用公式表达如下：

$$\text{分部分项工程费} = \sum [\text{基本构造单元工程量(定额项目或清单项目)} \times \text{相应单价}] \quad (1\text{-}1)$$

工程造价计价可分为工程计量和工程计价两个环节。其中，工程计量的工作包括工程项目的划分和工程量的计算，工程计价的工作则包括工程单价的确定和总价的计算，详细内容会在后面的章节中展开。

1.3.4 建筑工程计价的标准和依据

建筑工程的计价标准和依据包括计价活动相关的规章规程、工程量清单计价和工程量计算规范、工程定额和相关造价信息等。

从我国现状来看，工程定额主要作为国有资金投资工程编制投资估算、设计概算和最高投标限价（招标控制价）的依据。对于其他工程，在项目建设前期各阶段工程定额可以用于建设投资的预测和估计，在工程建设交易阶段，工程定额可以作为建设产品价格形成的辅助依据。工程量清单计价依据主要适用于合同价格形成以及后续的合同价款管理阶段。计价活动的相关规章规程则根据其具体内容可适用于不同阶段的计价活动。造价信息是计价活动所必需的依据。

1.计价活动的相关规章规程

现行计价活动相关的规章规程主要包括国家标准：《工程造价术语标准》（GB/T 50875）、《建筑工程建筑面积计算规范》（GB/T 50353）和《建设工程造价咨询规范》（GB/T 51095），以及中国建设工程造价管理协会标准：《建设项目投资估算编审规程》《建设项目设计概算编审规程》《建设项目施工图预算编审规程》《建设工程招标控制价编审规程》《建设项目工程结算编审规程》《建设项目工程竣工决算编制规程》《建设项目全过程造价咨询规程》《建设工程造价咨询成果文件质量标准》《建设工程造价鉴定规程》《建设工程造价咨询工期标准》等。

2.工程量清单计价和工程量计算规范

工程量清单计价和工程量计算规范由《建设工程工程量清单计价规范》（GB 50500）、《房屋建筑与装饰工程工程量计算规范》（GB 50854）、《仿古建筑工程工程量计算规范》（GB 50855）、《通用安装工程工程量计算规范》（GB 50856）、《市政工程工程量计算规范》（GB 50857）、《园林绿化工程工程量计算规范》（GB 50858）、《构筑物工程工程量计算规范》（GB 50859）、《矿山工程工程量计算规范》（GB 50860）、《城市轨道交通工程工程量计算规范》（GB 50861）、《爆破工程工程量计算规范》（GB 50862）等组成。

3.工程定额

工程定额主要指国家、地方或行业主管部门制定的各种定额，包括工程消耗量定额和工程计价定额等。工程消耗量定额主要是指完成规定计量单位的合格建筑安装产品所消耗的人工、材料、施工机具台班的数量标准。工程计价定额是指直接用于工程计价的定额或指标，包括预算定额、概算定额、概算指标和投资估算指标。此外，部分地区和行业造价管理部门还会颁布工期定额。工期定额是指在正常的施工技术和组织条件下，完成建设项目和各类工程建设投资费用的计价依据。

4.工程造价信息

工程造价信息是指工程造价管理机构发布的建设工程人工、材料、工程设备、施工机具的价格信息，以及各类工程的造价指数、指标等。

1.4 装配式建筑工程计价

1.4.1 装配式建筑计价体系构建

装配式建筑工程采用装配式建造的方式，包括前期设计、工厂预制、部件运输到施工现场以及现场安装等环节。装配式建筑是工厂制作(或购买)成品混凝土构件，因此原有的通过套用相应定额子目来计算柱、梁、板等费用的做法不再适用。装配式建筑与现浇式建筑在建造方式上的差异，必然会引起计价方式的不同。目前，《装配式建筑消耗量定额》已发布，装配式建筑计价体系在此基础上应同时参考清单体系内容作为计价依据。装配式建筑计价体系费用构成应按建造流程划分为预制构件生产阶段的费用和装配施工阶段的费用两部分。

1. 预制构件生产阶段费用

装配式建筑预制构件生产阶段的计价方式大致分为两类：一类是类比工业产品的计价方式，对装配式建筑的预制构件采用落地价的概念，认为出厂价、运输费及增值税形成预制构件的预制构件价格；另一类是通过与现浇式构件的对比分析，得出预制构件的费用。这些费用包括构件生产人工费、材料费、模具费用、模具摊销费、预制构件内放入的管线与预埋件设置费用、水电费、构件存放及管理费用、运输费用等。

2. 装配施工阶段费用

现阶段装配式建筑现场装配施工阶段的计价方式分为两类：一类是通过与传统现浇建筑计价对比，其综合单价由预制构件采购费、施工机具使用费、企业管理费及利润构成。装配式建筑人工费降低，机械使用费增加，并成为相关费用计价的基础，而且现场的措施项目费也增加。另一类是根据2013清单计价规范修改征求意见稿，当装配式建筑采用全费用单价方式计价时，现场装配的费用由分部分项工程费、措施项目费和其他项目费组成。

1.4.2 装配式与现浇式计价对比

传统的现浇混凝土施工技术同装配式建筑施工技术在施工方式、工艺上各不相同，后者在各种工程列项上相对特殊。装配式建筑打破了传统现浇式建造方式，装配式构件在工厂里预制加工、现场装配的方式，与传统建筑现浇工程不同，传统建筑的造价模式已不能适应装配式建筑。在装配式建筑产生的初期，往往需要面对造价过高的不利局面，也让造价管理成为项目建设的核心内容之一。在新的《装配式建筑工程消耗量定额》要求下，对相关标准进行了重新规定。

装配式建筑土建工程造价构成除与传统现浇模式相同的直接工程费之外，还增加了PC构件的生产、运输和现场安装等环节费用。由于仍是仅有管理费和利润由企业根据自身情况调整计取，规费和税金是非竞争性取费，费率标准由当地主管部门确定，因而亦可排除其对造价对比的影响。而PC构件的生产、运输和现场安装费用才是对装配式建筑工程造价起到决定作用的关键因素。

现浇式与装配式施工现场对比

预制装配整体式施工模式与现浇整体式施工模式在成本构成上存在一定差别，分别为：

（1）施工图设计费用；

（2）预制构件生产费用（主要包括材料费、生产费、模具费、蒸汽养护费、工厂摊销费、税金等）；

（3）上下车的运输费用（主要包括预制构件从工厂到工地指定地点的运费费用，以及运送至工地指定地点后的二次搬运费）；

装配式与现浇式成本案例分析

（4）预制构配件的安装费用（主要包括预制构件吊装费用、配合构件的安装费用、其他摊销等费用）；

（5）其他因安装构件而产生的措施费用（主要包括支架、模具等费用）。

1.4.3 装配式建筑计量与计价注意要点

1.装配式建筑计量注意要点

（1）正确理解计量规则。在进行工程量计算之前，应先熟悉并理解工程量计算规则的内涵，避免因理解有误造成工程量非合理性偏差。

（2）正确识读装配式建筑结构工程施工图。正确识读装配式建筑结构工程施工图包括全面识图和正确理解设计意图。全面识图包括识读设计说明、平立剖面图、详图等，全面掌握样图内容，以便更全面转化为具体清单项目及其项目特征描述。正确理解设计意图，指应结合空间想象力，还原真实的工程样貌。

（3）构件计算尺寸的准确应用。装配式建筑的预制构件尺寸参数标注较多，在计算对应构件时，务必仔细过滤其他不相干尺寸参数，做到准确应用。

（4）避免多计或漏计工程量。装配式建筑结构的整体性和抗倒塌能力主要取决于预制构件之间的连接，各种连接类型繁多，容易重复计算，一些小型构件则易漏计，所以在工程量计量过程中应仔细核对工程量，避免多计或漏计。

2.装配式建筑计价注意要点

拓展资料

装配式建筑计价过程中，特别是综合单价的计算时需要注意的要点可大致归类为：正确理解工程量清单项目特征、计价定额的正确选用或借用、计价定额工程量正确计算、计价定额说明中调整系数应用和各费用要素政策性或动态调整等。

（1）正确理解工程量清单项目特征

分项工程综合单价应完全体现项目特征所包含内容价值，因此正确理解和正确分解项目特征尤为重要。如装配式混凝土结构的某分项工程项目特征描述有“预埋套筒及套筒注浆”，则综合单价里应结合组价定额分析是否综合考虑在预制构件成品价中，若没有，则应进行预埋套筒及套筒注浆定额组价。

(2)计价定额的正确选用或借用

依据项目特征进行计价定额的正确选用，是进行合理综合单价计取的必要环节。以装配式混凝土结构为例，其预制构件项目特征往往包括构件安装、吊装(另列项计取)、支撑或预埋套筒、注浆等，应结合计价定额包含内容进行项目特征对应分解。如某预制实心内墙板项目特征描述包括构件安装、吊装、套筒及套筒注浆、支撑体系，查询计价定额对应的定额有AE0564(装配式预制混凝土内墙板)、AE0568(预埋套筒)、AE0569(墙板套筒注浆 ϕ16)及AE0577(装配式预制构件墙体支撑)，该预制实心内墙板应选用上述定额进行综合单价计取。

(3)计价定额工程量正确计算

依据项目特征描述内容，正确选用了计价定额，接下来应正确依据定额计算规则计算定额工程量。当定额计算规则与清单计算规则相同时，定额工程量等于清单工程量，若不同则需要单独计算定额工程量。

(4)计价定额说明中调整系数应用

在正确选用计价定额和正确计算定额工程量后，还需要结合工程实际和项目特征描述，注意是否需进行定额调整系数应用。以装配式钢结构为例，某高层屋顶需安装钢柱，该钢柱项目特征描述有“安装于混凝土柱上”，查询定额说明有“钢柱安装在混凝土柱上，其机械费应乘以系数1.43”，则该钢柱安装定额机械费应乘以1.43进行调整，若定额说明有“高层建筑吊装费按相应定额项目乘以系数1.65”，则该钢柱吊装定额基价应乘以1.65进行调整。

(5)各费用要素政策性或动态调整

由于计价定额中各费用要素的时效性及工程造价政策性较强，多年前发布的计价定额部分费用不再适用，需要进行调整。如定额中各成品预制构件材料单价与工程当地当期信息价或市场价有价差，应根据信息价或市场询价进行调整。

本章小结

本章主要介绍了我国的基本建设程序以及贯穿全过程的建筑工程计价方式。按照工程项目发展的内在规律，投资建设一个工程项目需要经过投资决策、建设实施和后评价三个发展时期，每个发展时期又可进一步分为若干个阶段。工程计价是指按照法律、法规和标准规定的程序、方法和依据，对工程项目实施建设的各个阶段的工程造价及其构成内容进行预测和确定的行为。根据建设程序进展阶段的不同，建筑工程计价包括建设项目投资估算、设计概算、施工图预算、招投标价、竣工结算、竣工决算等。而我国目前的工程计价标准和依据主要包括计价活动相关的规章规程、工程量清单计价和工程量计算规范、工程定额和相关造价信息等。

同时，本章还介绍了装配式建筑的基本知识及装配式建筑计价的相关内容。装配式建筑是用预制部品部件在工地装配而成的建筑。与传统建筑业生产方式相比，装配式建筑具有设计标准化、预制构件生产工厂化、施工安装装配化、施工管理科学化、结构一体化和功能现代化等特点。计价方面，装配式建筑计价体系费用构成应按建造流程划分为预制构件生产阶段的费用和装配施工阶段的费用两部分。

思考练习

1. 基本建设项目按组成内容可划分为哪几个层次？试举例说明。
2. 在建设项目的各阶段，应分别编制什么形式的工程造价？
3. 什么是装配式建筑？简述装配式建筑的特点。
4. 简述装配式建筑的计价体系。

习题解答

第 2 章　工程造价的构成

知识目标

了解建设工程造价的基本概念，掌握我国建设工程造价的构成与计算方法、建设期贷款利息的计算方法，了解设备及工器具购置费和预备费的计算。

思政拓展

能力目标

具备熟练运用我国建设工程造价的构成原理与计算方法，正确计算工程造价的能力。

思政目标

在授课过程中引入思政元素“以人为本”。在安全文明施工费等不可竞争费的讲解中强调建筑行业安全生产的重要性，并进一步介绍我国坚持人民利益至上的发展理念。

拓展资料

本章思维导图

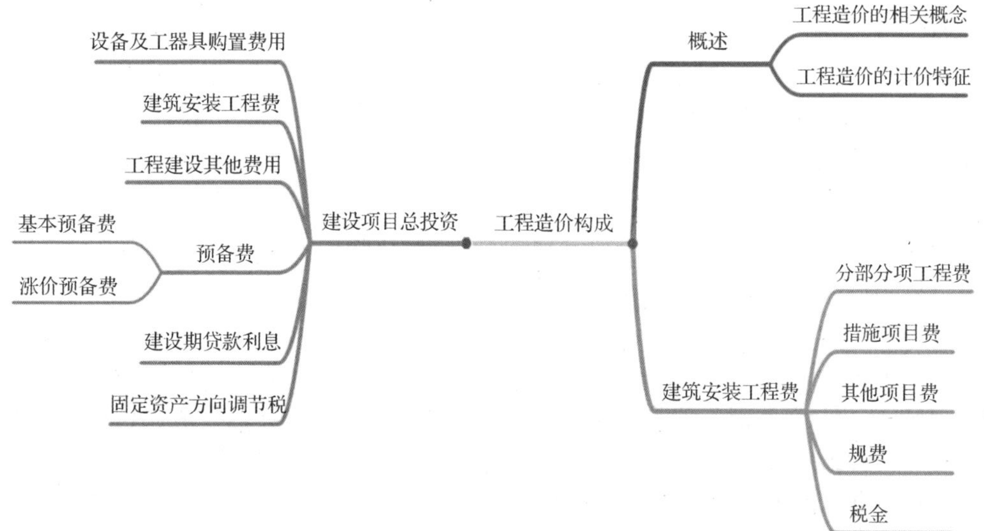

2.1 概　述

2.1.1 工程造价的相关概念

1.建设项目总投资

建设工程从筹建到竣工验收合格交付使用的整个建设过程中必须有资金的投入才能完成，投入的资金一般分为固定资产投资和流动资产投资两类。

建设项目总投资是指建设项目的投资方在选定的建设项目上所需投入的全部资金。建设项目一般是指在一个总体设计范围内，经济上实行独立核算，行政上具有独立的组织形式的建设工程，它往往由一个或数个单项工程组成。建设项目按用途可分为生产性建设项目和非生产性建设项目。生产性建设项目总投资包括固定资产投资和铺底流动资金在内的流动资产投资两部分；而非生产性建设项目总投资只包括固定资产投资，不含流动资产投资。建设项目总投资中的固定资产投资与建设项目的工程造价在数量上相等。

2.工程造价的含义

工程造价通常是指工程建设预计或实际支出的费用。从不同的角度理解，工程造价的含义有以下两种：

含义一：从投资者（业主）的角度而言，工程造价是指建设一项工程预期或实际开支的全部固定资产投资费用。投资者为了获得投资项目的预期效益，就需要进行项目策划决策及实施，直至工程验收等一系列投资管理活动。在上述活动中所花费的全部费用，就构成了工程造价。从这个意义上讲，建设工程造价就是建设工程项目固定资产投资。

含义二：从市场交易的角度而言，工程造价是指为建成一项工程，预计或实际在土地市场、设备市场、技术劳务市场以及施工发承包市场等交易活动中所形成的建筑安装工程价格和建设工程总价格。显然，工程造价的第二种含义是指以建设工程这种特定的商品形式作为交易对象，通过招投标或其他交易方式，最终由市场形成的价格。这里的工程既可以是涵盖范围很大的一个建设工程项目，也可以是其中的一个单项工程，甚至可以是整个建设工程中的某个阶段，如土地开发工程、建筑安装工程、装饰工程，或者其中的某个组成部分。

通常，人们将工程造价的第二种含义认定为工程发承包价格。工程发承包价格是工程造价中一种重要的也是最典型的价格交易形式，是在建筑市场通过招投标，由需求主体（投资者）和供给主体（承包商）共同认可的价格。

工程造价的两种含义是从不同角度把握同一事物的本质。对市场经济条件下的建设工程投资者来说，工程造价就是项目投资，是“购买”项目要付出的价格，同时也是市场供给主体“出售”项目时确定价格和衡量投资经济效益的尺度，如对承包商、供应商和规划、设计等机构来说，工程造价是他们作为市场供给主体出售商品和劳务价格的总和，是一种有加价的工程价格。

2.1.2　工程造价的计价特征

工程造价的计价特征包括计价的单件性、计价的多次性、计价的组合性、依据的复杂性和方法的多样性。

1.计价的单件性

每个工程项目都有自己特定的使用功能、建造标准和建设工期。工程项目所处的位置、气候状况、规模等都是不同的，同时，工程项目所在地区的市场因素、技术经济条件、竞争因素也存在差异，这些产品的个体差异决定了每项工程都必须单独计价。

2.计价的多次性

建设工程建造周期长，规模大，造价高，按照基本建设程序必须分阶段进行，相应地要在不同阶段进行多次估价，以保证工程造价管理与控制的科学性。工程造价的多次性计价如图 2-1 所示。

计价多次性

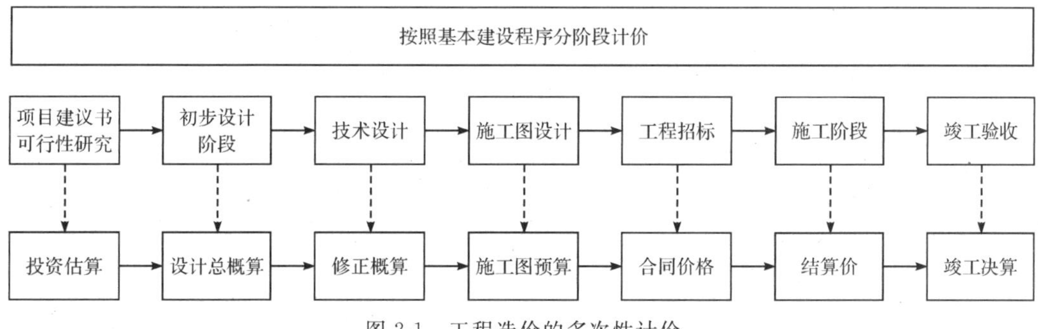

图 2-1　工程造价的多次性计价

3.计价的组合性

工程造价的计算是分部组合而成的。其计算过程和顺序是：分部分项工程单价→单位工程造价→单项工程造价→建设项目总造价。

4.依据的复杂性

影响造价的因素多，所以计价依据复杂，种类繁多。计价依据主要可以分为以下八类：

（1）计算工程量的依据。

（2）计算人工、材料、机械等实物消耗量的依据，包括投资估算指标、概算定额、预算定额等。

（3）计算工程单价的价格依据，包括人工单价、材料价格、材料运杂费、机械台班费等。

(4)计算企业管理费、利润、规费、税金和工程建设其他费用的各种费率的依据。
(5)计算设备单价的依据。
(6)政府的法规。
(7)同类工程造价资料。
(8)计算工程建设其他费用的依据。

5.方法的多样性

工程造价多次性计价有各不相同的计价依据，对造价的精度也各不相同，这就决定了计价方法的多样性特征。概算和预算的计算方法有单价法和实物法等，投资估算的计算方法有设备系数法、生产能力指数法等。

2.2 建设项目总投资

建设项目总投资包含固定资产投资和流动资产投资两部分。建设项目固定资产投资(即工程造价)由设备及工器具购置费用、建筑安装工程费用、工程建设其他费用、预备费、建设期贷款利息和固定资产投资方向调节税构成。建设项目总投资如图 2-2 所示。

部分费用详解

2.2.1 设备及工器具购置费

设备及工器具购置费是由设备购置费和工器具及生产家具购置费组成。目前，在工业建设项目中，设备费用约占项目投资的 50%甚至更高，并有逐步增加的趋势。因此，正确确定该费用，对于资金的合理使用和提高投资效果具有十分重要的意义。

设备购置费是指为工程建设项目购置或自制达到固定资产标准的设备、工器具及家具所花费的费用。新建项目和扩建项目的新建车间购置或自制的全部设备、工器具，不论是否达到固定资产标准，均计入设备及工器具购置费用。

设备购置费计算公式：

$$\text{国产设备购置费}=\text{设备原价}+\text{设备运杂费} \tag{2-1}$$

进口设备购置费计算公式：

$$\text{进口设备购置费}=\text{进口设备到岸价}+\text{进口设备国内运杂费} \tag{2-2}$$

工器具购置费计算公式：

$$\text{工器具及生产家具购置费}=\text{设备购置费}\times\text{定额费率} \tag{2-3}$$

工器具及生产家具购置费是指新建项目或扩建项目初步设计规定所必须购置的不够固定资产标准的设备、仪器工具、生产家具和备品备件等的费用。

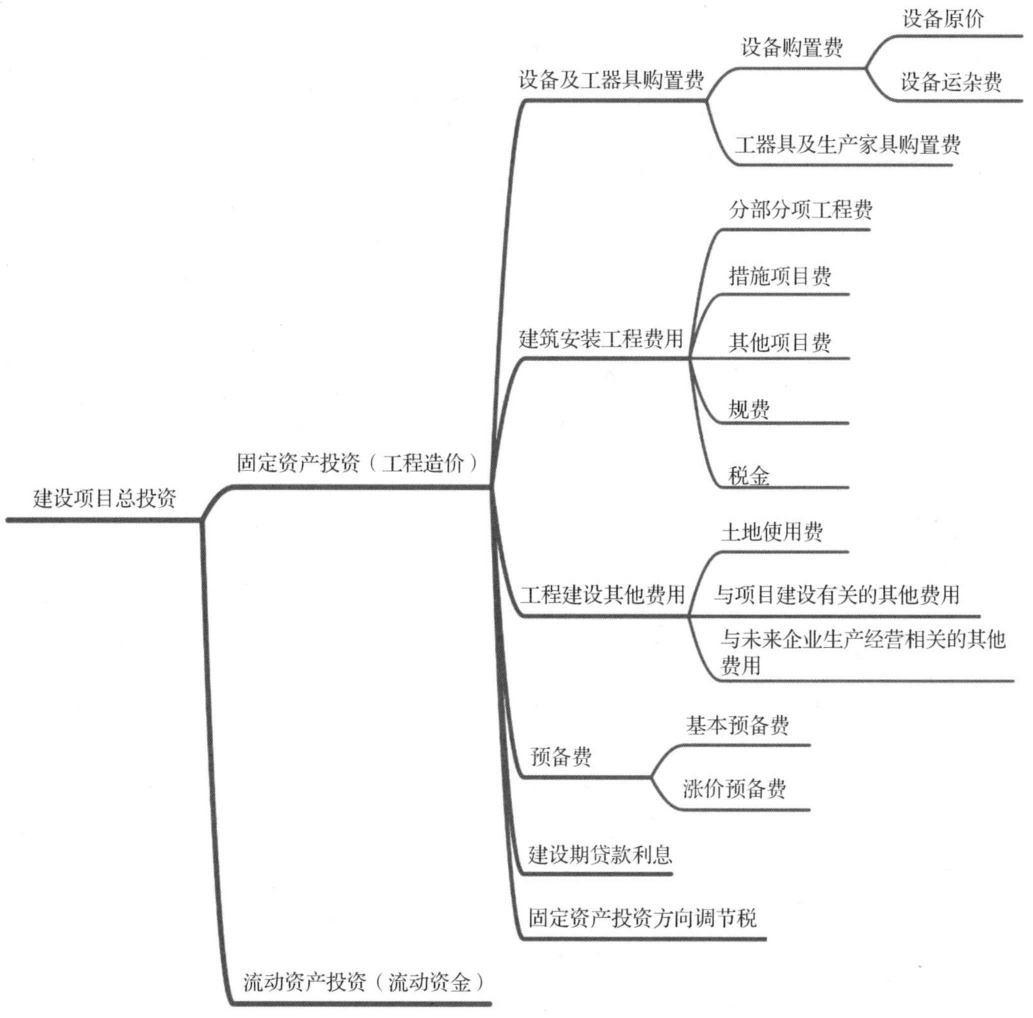

图 2-2　我国现行的建设项目总投资及工程造价的构成

1. 国产设备原价的构成与计算

(1)国产标准设备原价

国产设备是指按照国家主管部门颁布的标准图纸和技术规范，由我国设备生产厂批量生产的，且符合国家质量检验标准的设备。国家标准设备一般以设备制造厂的交货价，即出厂价或订货合同价为设备原价。

(2)国产非标准设备原价(非标设备)

非标准设备是指国家尚无定型标准，不能成批定点生产，使用单位通过贸易不易购到，须根据具体的设计图纸加工制造的设备。非标准设备原价的确定通常有以下几种方法：

①成本计算估价法

$$国产非标准设备原价=制造成本+利润+增值税+设计费 \tag{2-4}$$

②扩大定额估价法

$$国产非标准设备原价=材料费+加工费+其他费+设计费 \quad (2\text{-}5)$$

③类似设备估价法

在类似或系列设备中，当只有一个或几个设备没有价格时，可根据其邻近已有设备价格按下式确定拟估设备的价格。计算公式如下：

$$P=(P_1 \div Q_1 + P_2 \div Q_2) \div 2 \times Q \quad (2\text{-}6)$$

式中：P——拟估国产非标准设备原价；

Q——拟估国产非标准设备总重；

P_1、P_2——已生产的同类国产非标准设备价格；

Q_1、Q_2——已生产的同类国产非标准设备重量。

④概算指标估价法

根据各制造厂或其他有关部门收集的各种类型非标准设备的制造价或合同价资料，经过统计分析综合平均得出每吨设备的价格，再根据该价格进行非标准设备估价的方法，称为指标估价法。计算公式如下：

$$P=Q \times M \quad (2\text{-}7)$$

式中：P——拟估国产非标准设备原价；

Q——拟估国产非标准设备净重；

M——该类设备每吨重的理论价格。

2. 进口设备抵岸价的构成

进口设备的原价是指进口设备抵岸价，即设备抵达买方边境、港口或车站，交纳完各种手续费、税费后形成的价格。抵岸价通常是由进口设备到岸价(CIF)和进口从属费构成。进口设备到岸价(CIF)由货价加国际运费、运输保险费组成。进口从属费包括银行财务费、外贸手续费、关税、进口环节增值税、消费税和车辆购置税。我国进口设备采用最多的是装运港船上交货价。装运港船上交货价又称离岸价格(FOB)，是指卖方在合同规定的装运港把货物装到买方指定的船上，并负责至货物上船为止的一切费用和风险所形成的价格。

进口设备抵岸价的构成可概括为：

进口设备抵岸价=货价(FOB)+国际运费+运输保险费+银行财务费+外贸手续费+关税+进口环节增值税+消费税+车辆购置税 (2-8)

进口设备的货价一般指装运港船上交货价(FOB)，用人民币表示的某种进口设备的价格。进口设备的国际运费是指从装运港站抵达我国港站所需的运费。

对外运输保险是由保险人与被保险人订立保险契约。在被保险人交付议定的保险费后，保险人根据保险契约的规定，对货物在运输过程中发生的承保责任范围内的损失予以经济补偿。中国人民保险公司承保进口货物的保险金额一般按进口货物的到岸价格计算，具体可参照中国人民保险公司的规定。

银行财务费是指在国际贸易结算中，中国银行为进出口商提供金融结算服务所收取的费用。外贸手续费是指按规定的外贸手续费率计取的费用，外贸手续费率一般取1.5%。关税是指国家海关对引进的成套及附属设备、配件等征收的一种税费，按到岸价格计算。进口环节增值税是我国政府对从事进口贸易的单位和个人，在进口商品报关后征收的税种。我国增值税条例规定，进口应税产品均按组成计税价格和增值税税率直接计算应纳税

额。消费税仅对部分进口设备(如轿车、摩托车等)征收。进口车辆需缴进口车辆购置税。

3. 设备运杂费

国产设备运杂费是指由制造厂仓库或交货地点运至施工工地仓库或设备存放地点为止所发生的运输及杂项费用。设备运杂费内容包括:①运费和装卸费;②包装费;③采购及保管费;④设备供销部门的手续费。

采购与仓库保管费是指为组织采购、供应和保管材料、工程设备的过程中所需要的各项费用,包括采购费、仓储费、工地保管费、仓储损耗。

国产设备运杂费计算公式如下:

$$设备运杂费=设备原价\times设备运杂费率 \tag{2-9}$$

2.2.2 建筑安装工程费用

建筑安装工程费用包括分部分项工程费、措施项目费、其他项目费、规费和税金。其中分部分项工程费、措施项目费、其他项目费中包含人工费、材料费、施工机具使用费、企业管理费和利润。

2.2.3 工程建设其他费用

工程建设其他费用包括土地使用费、与建设项目有关的其他费用和与未来企业生产经营有关的其他费用。

1. 土地使用费

土地使用费是指建设项目通过划拨或出让土地使用权的方式取得土地使用权时,所需支付的土地征用及迁移补偿费或土地使用权出让金。土地使用权出让有招标、拍卖和协议转让三种方式。土地使用权出让合同由市级、县级人民政府土地管理部门与土地使用者签订。土地使用费包括土地征用及迁移补偿费和土地使用权出让金。

2. 与建设项目有关的其他费用

与建设项目有关的其他费用主要包括建设单位管理费、勘察设计费、研究试验费、建设单位临时设施费、工程监理费、工程保险费、供电贴费、施工机构迁移费、引进技术和进口设备的其他费用和工程承包费。

3. 与未来企业生产经营有关的其他费用

与未来企业生产经营有关的其他费用包括联合试运转费、生产准备费以及办公和生活家具购置费。

2.2.4 预备费

1. 基本预备费

基本预备费是指在初步设计文件及概算中难以事先预料,而在建设期间可能发生的工程费用,需要事先预留的费用,又称工程建设不可预见费。

基本预备费主要指设计变更及施工过程中可能增加工程量的费用,如局部地基处理、自然灾害、验收复验等增加的费用。基本预备费用于签证与变更。

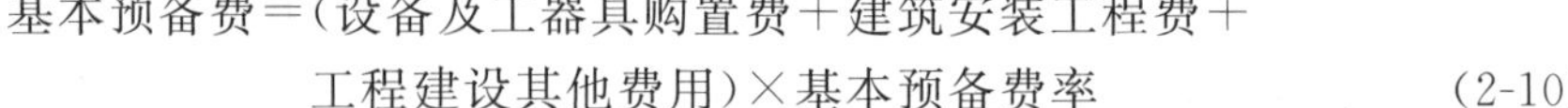

$$\text{基本预备费} = (\text{设备及工器具购置费} + \text{建筑安装工程费} + \text{工程建设其他费用}) \times \text{基本预备费率} \tag{2-10}$$

2.价差预备费

价差预备费是指建设项目在建设期间内由于价格等变化引起工程造价变化的预留费用。费用内容包括人工、设备、材料、施工机械的价差费，建筑安装工程费及工程建设其他费用调整，利率、汇率调整等增加的费用。

价差预备费一般根据国家规定的投资综合价格指数，以估算年份价格水平的投资额为基数，采用复利方法计算，计算公式为：

$$PF = \sum_{i=1}^{n} I_t[(1+f)^m \cdot (1+f)^{t-1} - 1] \tag{2-11}$$

式中：PF——价差预备费；

I_t——建设期中第 t 年的投资额，包括设备及工器具购置费、建筑安装工程费、工程建设其他费用及基本预备费；

n——建设期年份数；

f——年平均投资价格上涨率；

m——建设前期年限（从编制估算到开工建设，单位：年）。

2.2.5 建设期贷款利息

建设期贷款利息包括贷款、出口信贷、外国政府贷款、国际商业银行贷款、发行的债券等在建设期内应偿还的借款利息。

当总贷款是分年均衡发放时，建设期利息的计算可按当年借款在年中支用考虑，即当年贷款按半年计息，上年贷款按全年计息。建设期贷款利息为

$$q_j = (p_{j-1} + 0.5A_j)i \tag{2-12}$$

式中：q_j——建设期第 j 年利息；

p_{j-1}——建设期第 $j-1$ 年末（上年）贷款累计金额与利息金额之和；

A_j——建设期第 j 年贷款金额；

i——年利率

练一练

若为名义年利率，则要换算为实际年利率，其公式为：

$$i_{实} = \left(1 + \frac{i_{名}}{m}\right)^{m-1} \tag{2-13}$$

式中：$i_{实}$——实际年利率；

$i_{名}$——名义利率；

m——一年内的计息次数

2.2.6 固定资产投资方向调节税

为了贯彻国家产业政策，控制投资规模，引导投资方向，调整投资结构，加强重点工程建设，促进国民经济持续、稳定、协调发展，对在我国境内进行固定资产投资的单位和个人征收固定资产投资方向调节税。

根据国家产业政策和项目经济规模，固定资产投资方向调节税实行差别税率。税率

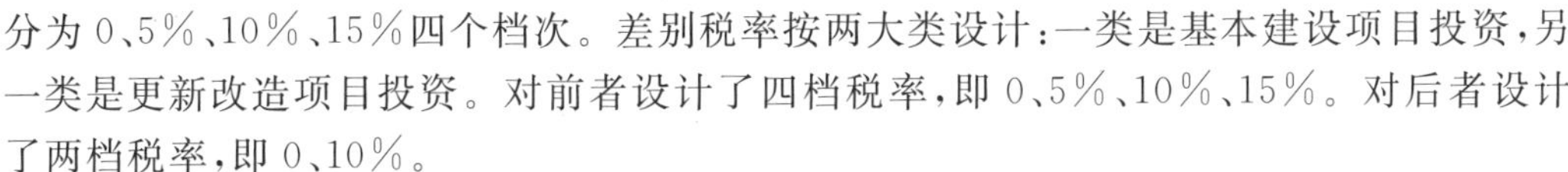

分为 0、5%、10%、15%四个档次。差别税率按两大类设计:一类是基本建设项目投资,另一类是更新改造项目投资。对前者设计了四档税率,即 0、5%、10%、15%。对后者设计了两档税率,即 0、10%。

目前我国已暂停征收固定资产投资方向调节税。

2.3 建筑安装工程费用构成

2.3.1 建筑安装工程费用内容

建筑安装工程费用是施工单位接受建设单位的委托,按照设计图纸完成建筑安装施工过程,所得到的补偿和收入,包括建筑工程费用和安装工程费用。

1. 建筑工程费用内容

(1)各类房屋建筑工程费用和列入其预算的供水、供暖、卫生、通风、煤气等设备费用,机器装设、油饰工程的费用;列入建筑工程预算的各种管道、电力、电信和电缆导线敷设工程的费用。

(2)设备基础、支柱、工作台、烟囱、水塔、水池等构筑物工程以及各种炉窑的砌筑工程和金属结构工程的费用。

(3)为施工而进行的场地平整,工程和水文地质勘查,原有建筑物和障碍物的拆除以及施工临时用水、电、气、路和完工后的场地清理,环境绿化、美化等工作的费用。

(4)矿井开凿、井巷延伸、露天矿剥离,石油、天然气钻井,修建铁路、公路、桥梁、水库、堤坝、灌渠及防洪等工程的费用。

2. 安装工程费用内容

(1)生产、动力、起重、运输、传动和医疗、实验等各种需要安装的机械设备的装配费用,与设备相连的工作台、梯子、栏杆等设施的工程费用,附属于被安装设备的管线敷设工程费用,以及被安装设备的绝缘、防腐、保温、油漆等工作的材料费和安装费。

(2)测定安装工程质量,对单台设备进行单机试运转、对系统设备进行系统联动无负荷试运转工作的调试费。

2.3.2 分部分项工程费

我国现行建筑安装工程费用按照费用构成要素可划分为人工费、材料费、施工机具使用费,企业管理费、利润、规费和税金。其中人工费、材料费、施工机具使用费、企业管理费和利润包含在分部分项工程费、措施项目费和其他项目费中。其具体构成如图 2-3 所示。

分部分项工程费是指各专业工程的分部分项工程应予列支的各项费用。

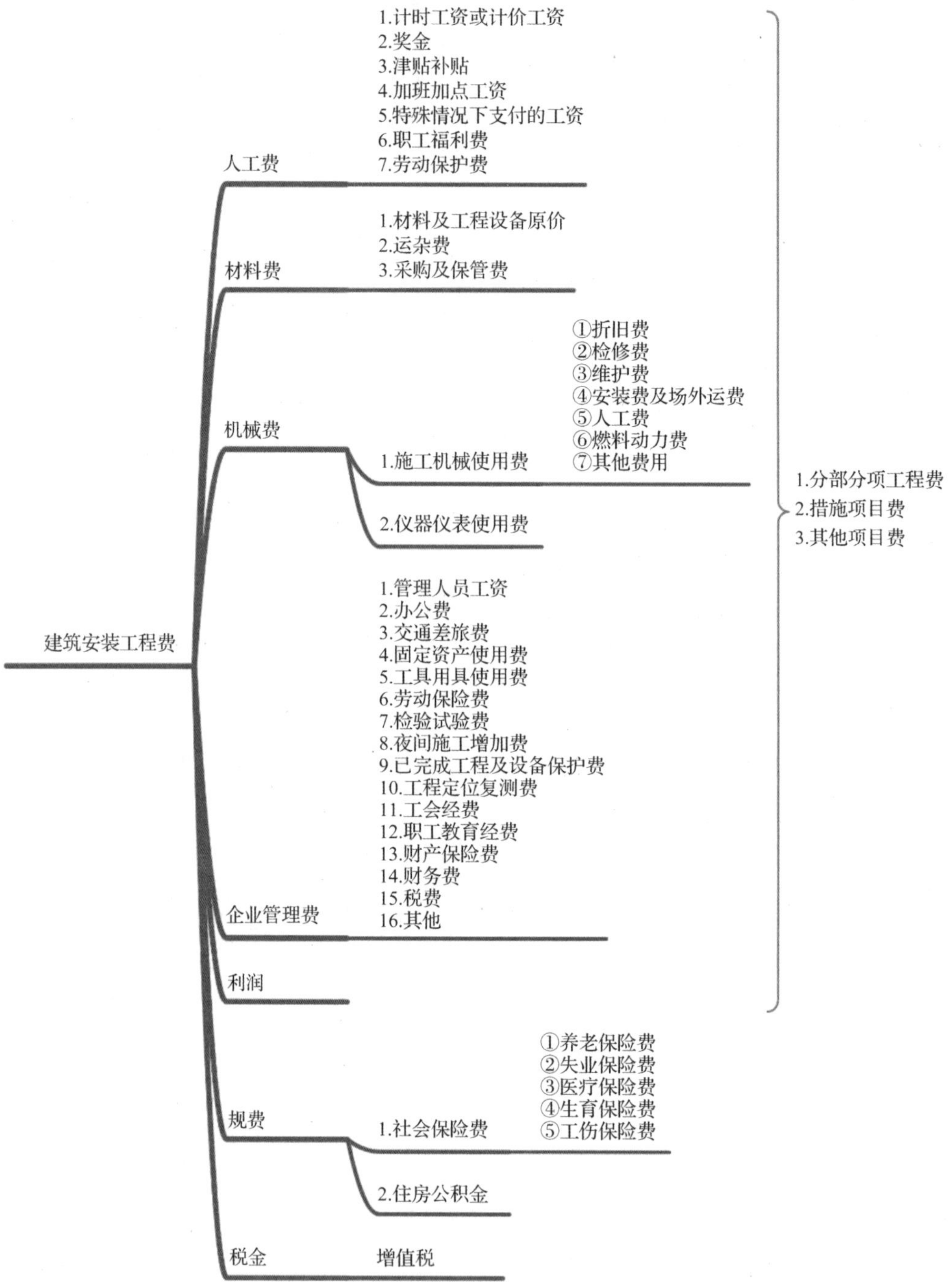

- 建筑安装工程费
  - 人工费
    - 1.计时工资或计价工资
    - 2.奖金
    - 3.津贴补贴
    - 4.加班加点工资
    - 5.特殊情况下支付的工资
    - 6.职工福利费
    - 7.劳动保护费
  - 材料费
    - 1.材料及工程设备原价
    - 2.运杂费
    - 3.采购及保管费
  - 机械费
    - 1.施工机械使用费
      - ①折旧费
      - ②检修费
      - ③维护费
      - ④安装费及场外运费
      - ⑤人工费
      - ⑥燃料动力费
      - ⑦其他费用
    - 2.仪器仪表使用费
  - 企业管理费
    - 1.管理人员工资
    - 2.办公费
    - 3.交通差旅费
    - 4.固定资产使用费
    - 5.工具用具使用费
    - 6.劳动保险费
    - 7.检验试验费
    - 8.夜间施工增加费
    - 9.已完成工程及设备保护费
    - 10.工程定位复测费
    - 11.工会经费
    - 12.职工教育经费
    - 13.财产保险费
    - 14.财务费
    - 15.税费
    - 16.其他
  - 利润
  - 规费
    - 1.社会保险费
      - ①养老保险费
      - ②失业保险费
      - ③医疗保险费
      - ④生育保险费
      - ⑤工伤保险费
    - 2.住房公积金
  - 税金
    - 增值税

（人工费、材料费、机械费、企业管理费、利润合计构成：1.分部分项工程费 2.措施项目费 3.其他项目费）

图 2-3　建筑安装工程费用项目组成框架

建筑安装工程费用简介

1. 专业工程

专业工程是指按现行国家计量规范划分的房屋建筑与装饰工程、仿古建筑工程、通用安装工程、市政工程、园林绿化工程、矿山工程、构筑物工程、城市轨道交通工程、爆破工程等各类工程。

2. 分部分项工程

分部分项工程是指按现行国家计量规范对各专业工程划分的项目。如房屋建筑与装饰工程划分的土石方工程、地基处理与桩基工程、砌筑工程、钢筋及钢筋混凝土工程等。

重要计算公式

各类专业工程的分部分项工程划分见现行国家或行业计量规范：

$$分部分项工程费=\sum(分部分项工程量\times综合单价) \tag{2-14}$$

式(2-14)中，综合单价包括：人工费、材料费、施工机具使用费、企业管理费和利润以及一定范围内的风险费用。

(1)人工费：是指支付给从事建筑安装工程施工的生产工人和附属生产单位工人的各项费用(包含个人缴纳的社会保险费与住房公积金)。内容包括：

①计时工资或计件工资：是指按计时工资标准和工作时间或对已做工作按计件单价支付给个人的劳动报酬。

②奖金：是指对超额劳动和增收节支支付给个人的劳动报酬，如节约奖、劳动竞赛奖等。

③津贴补贴：是指为了补偿职工特殊或额外的劳动消耗和因其他特殊原因支付给个人的津贴，以及为了保证职工工资水平不受物价影响支付给个人的物价补贴，如流动施工津贴、特殊地区施工津贴、高温(寒)作业临时津贴、高空津贴等。

④加班加点工资：是指按规定支付的在法定节假日工作的加班工资和在法定工作日时间外延时工作的加点工资。

⑤特殊情况下支付的工资：是指根据国家法律、法规和政策规定，因病、工伤、产假、计划生育假、婚丧假、事假、探亲假、定期休假、停工学习、执行国家或社会义务等原因按计时工资标准或计时工资标准的一定比例支付的工资。

⑥职工福利费：是指企业按规定标准计提并支付给生产工人的集体福利费、夏季防暑降温费、冬季取暖补贴、上下班交通补贴等。

⑦劳动保护费：是指企业按规定标准发放的生产工人劳动保护用品的支出，如工作服、手套、防暑降温饮料以及在有碍身体健康的环境中施工的保健费用等。

人工费的计算公式为：

$$人工费=\sum(工日消耗量\times日工资单价) \tag{2-15}$$

$$人工费=\sum(工程工日消耗量\times日工资单价) \tag{2-16}$$

式(2-16)适用于工程造价管理机构编制计价定额时确定定额人工费，是施工企业投标报价的参考依据。

(2)材料费：是指工程施工过程中所耗费的原材料、辅助材料、构配件、零件、半成品或成品和工程设备等的费用，以及周转材料的摊销费用。材料费由下列三项费用组成：

①材料及工程设备原价：是指材料、工程设备的出厂价格或商家供应价格，原价包括为方便材料、工程设备的运输和保护而进行必要的包装所需要的费用。

②运杂费：是指材料、工程设备自来源地运至工地仓库或指定堆放地点所发生的全部费用，包括装卸费、运输费、运输损耗及其他附加费等费用。

③采购及保管费：是指为组织采购、供应和保管材料、工程设备的过程中所需要的各项费用，包括采购费、仓储费、工地保管费、仓储损耗等费用。

材料费的计算公式：

$$材料费=\sum(材料消耗量\times材料单价) \tag{2-17}$$

(3)施工机具使用费：是指施工作业所发生的施工机械、仪器仪表使用费，包括施工机械使用费和仪器仪表使用费。其中：

①施工机械使用费：是指施工机械作业所发生的机械使用费。施工机械使用费以施工机械台班耗用量与施工机械台班单价的乘积表示，施工机械台班单价由下列七项费用组成：

折旧费：是指施工机械在规定的耐用总台班内，陆续收回其原值的费用。

检修费：是指施工机械在规定的耐用总台班内，按规定的检修间隔进行必要的检修，以恢复其正常功能所需的费用。

维护费：是指施工机械在规定的耐用总台班内，按规定的维护间隔进行各级维护和临时故障排除所需的费用，包括为保障机械正常运转所需替换设备与随机配备工具附具的摊销费用、机械运转及日常维护所需润滑与擦拭的材料费用及机械停滞期间的维护费用等。

安拆费及场外运费：安拆费是指施工机械(大型机械除外)在现场进行安装与拆卸所需的人工、材料、机械和试运转费用以及机械辅助设施的折旧、搭设、拆除等费用；场外运费是指施工机械(大型机械除外)整体或分体自停放地点运至施工现场或由一施工地点运至另一施工地点的运输、装卸、辅助材料等费用。

人工费：是指机上司机(司炉)和其他操作人员的人工费。

燃料动力费：是指施工机械在运转作业中所耗用的燃料及水、电等费用。

其他费用：是指施工机械按照国家和有关部门规定应缴纳的车船使用税、保险费及年检费用等。

②仪器仪表使用费：是指工程施工所需仪器仪表的使用费。仪器仪表使用费以仪器仪表台班耗用与仪器仪表台班单价的乘积表示，仪器仪表台班单价由折旧费、维护费、校验费和动力费组成。

施工机具使用费的计算公式：

$$施工机械使用费=\sum(台班消耗量\times台班单价) \tag{2-18}$$

$$仪器仪表使用费=工程使用的仪器仪表摊销费+维修费 \tag{2-19}$$

施工企业可以参考工程造价管理机构发布的台班单价，自主确定施工机械使用费的报价。

(4)企业管理费：企业管理费是指建筑安装企业组织施工生产和经营管理所需的费用。其内容包括：

①管理人员工资：是指按规定支付给管理人员的计时工资、奖金、津贴补贴、加班加点工资、特殊情况下支付的工资及相应的职工福利费、劳动保护费等。

②办公费：是指企业管理办公用的文具、纸张、账表、印刷、邮电、书报、办公软件、现场监控、会议、水电、烧水和集体取暖降温（包括现场临时宿舍取暖降温）等费用。

③差旅交通费：是指职工因公出差、调动工作的差旅费、住勤补助费，市内交通费和误餐补助费，职工探亲路费，劳动力招募费，职工退休、退职一次性路费，工伤人员就医路费，工地转移费以及管理部门使用的交通工具的油料、燃料等费用。

④固定资产使用费：是指管理和试验部门及附属生产单位使用的属于固定资产的房屋、设备、仪器（包括现场出入管理及考勤设备、仪器）等的折旧、大修、维修或租赁费。

⑤工具用具使用费：是指企业施工生产和管理使用的不属于固定资产的工具、器具、家具、交通工具和检验、试验、测绘、消防用具等的购置、维修和摊销费。

⑥劳动保险费：是指由企业支付的离退休职工易地安家补助费、职工退职金、六个月以上的病假人员工资、职工死亡丧葬补助费、抚恤费、按规定支付给离休干部的各项经费等。

⑦检验试验费：是指施工企业按照有关标准规定，对建筑以及材料、构件和建筑安装物进行一般鉴定、检查所发生的费用，包括自设试验室进行试验所耗用的材料等费用，不包括新结构、新材料的试验费，对构件做破坏性试验及其他特殊要求检验试验的费用和建设单位委托检测机构进行专项及见证取样检测的费用，对此类检测所发生的费用，由建设单位在工程建设其他费用中列支，但对施工企业提供的具有合格证明的材料进行检测不合格的，该检测费用应由施工企业支付。

⑧夜间施工增加费：是指因施工工艺要求必须持续作业而不可避免的夜间施工所增加的费用，包括夜班补助费、夜间施工降效、夜间施工照明设备摊销及照明用电等费用。

⑨已完工程及设备保护费：是指竣工验收前，对已完工程及工程设备采取的必要保护措施所发生的费用。

拓展：当甲方提出某些计划外的保护要求时，此项可以申请签证费用。

⑩工程定位复测费：是指工程施工过程中进行全部施工测量放线和复测工作的费用。

⑪工会经费：是指企业按《中华人民共和国工会法》规定的全部职工工资总额比例计提的工会经费。

⑫职工教育经费：是指按职工工资总额的规定比例计提，企业为职工进行专业技术和职业技能培训，专业技术人员继续教育、职工职业技能鉴定、职业资格认定以及根据需要对职工进行各类文化教育所发生的费用。

⑬财产保险费：是指施工管理用财产、车辆等的保险费用。

⑭财务费：是指企业为施工生产筹集资金或提供预付款担保、履约担保、职工工资支付担保等所发生的各种费用。

⑮税金：是指根据国家税法规定应计入建筑安装工程造价内的城市维护建设税、教

育费附加和地方教育附加，以及企业按规定缴纳的房产税、车船使用税、土地使用税、印花税、环保税等。

⑯其他：包括技术转让费、技术开发费、投标费、业务招待费、绿化费、广告费、公证费、法律顾问费、审计费、咨询费、危险作业意外伤害保险费等。

其计算公式为：

①以分部分项工程费为计算基础

$$企业管理费费率=\frac{生产工人年平均管理费}{年有效施工天数}\times 人工费占分部分项工程费比例(\%) \quad (2\text{-}20)$$

②以人工费和机械费合计为计算基础

$$企业管理费费率=\frac{生产工人年平均管理费}{年有效施工天数\times(人工单价+每一工日机械使用费)}\times 100\% \quad (2\text{-}21)$$

③以人工费为计算基础

$$企业管理费费率=\frac{生产工人年平均管理费}{年有效施工天数\times 人工单价}\times 100\% \quad (2\text{-}22)$$

(5)利润：是指施工企业完成所承包工程获得的盈利。

①施工企业根据企业自身需求并结合建筑市场实际自主确定，列入报价中。

②工程造价管理机构在确定计价定额中利润时，应以定额人工费(人)或定额人工费＋定额机械费(人＋机)作为计算基数。其费率根据历年工程造价积累的资料，并结合建筑市场实际确定，以单位(单项)工程测算，利润在税前建筑安装工程费的比重可按不低于5%且不高于7%的费率计算。利润应列入分部分项工程和措施项目中。

2.3.3 措施项目费

措施项目费是指为完成建筑安装工程施工，按照安全操作规程、文明施工规定的要求，发生于该工程施工前和施工过程中用作技术、生活、安全、环境保护等方面的各项费用，由施工技术措施项目费和施工组织措施项目费构成，包括人工费、材料费、机械费和企业管理费、利润。

1.施工技术措施项目费

(1)通用施工技术措施项目费：

①大型机械设备进出场及安拆费：是指机械整体或分体自停放场地运至施工现场或由一个施工地点运至另一个施工地点所发生的机械进出场运输、转移(含运输、装卸、辅助材料、架线等)费用及机械在施工现场进行安装、拆卸所需的人工费、材料费、机械费、试运转费和安装所需的辅助设施的费用。

②脚手架工程费：是指施工需要的各种脚手架搭、拆、运输费用以及脚手架购置费的摊销费用。

(2)专业工程施工技术措施项目费：是指根据现行国家各专业工程工程量计算规范或浙江省各专业工程计价定额及有关规定，列入各专业工程措施项目的属于施工技术措施的费用。

(3)其他施工技术措施项目费：是指根据各专业工程特点补充的施工技术措施项目的费用。

施工技术措施项目按实施要求划分，可分为施工技术常规措施项目和施工技术专项措施项目。其中，施工技术专项措施项目是指根据设计或建设主管部门的规定，需由承包人提出专项方案并经论证、批准后方能实施的施工技术措施项目，如深基坑支护、高支模承重架、大型施工机械设备基础等。

2.施工组织措施项目费

(1)安全文明施工：是指按照国家现行的建筑施工安全、施工现场环境与卫生标准和大气污染防治及城市建筑工地、道路扬尘管理要求等有关规定，购置和更新施工安全防护用具及设施、改善安全生产条件和作业环境、防治并治理施工现场扬尘污染所需要的费用。安全文明施工费包括：

①环境保护费：是指施工现场为达到环保部门要求所需要的包括施工现场扬尘污染防治、治理在内的各项费用。

②文明施工费：是指施工现场文明施工所需要的各项费用，一般包括施工现场的标牌设置，施工现场地面硬化，现场周边设立围护设施，现场安全保卫及保持场貌、场容整洁等发生的费用。

③安全施工费：是指施工现场安全施工所需要的各项费用，一般包括安全防护用具和服装，施工现场的安全警示、消防设施和灭火器材，安全教育培训，安全检查及制定安全措施方案等发生的费用。

④临时设施费：是指施工企业为进行建筑工程施工所必须搭设的生活和生产用的临时建筑物、构筑物和其他临时设施等发生的费用。临时设施包括：临时宿舍、文化福利及公用事业房屋与构筑物、仓库、办公室、加工厂(场)以及在规定范围内道路、水、电、管线等临时设施和小型临时设施。临时设施费用包括临时设施的搭设、维修、拆除费或摊销费。

安全文明施工费以实施标准划分，可分为安全文明施工基本费和创建安全文明施工标准化工地增加费(以下简称“标化工地增加费”)。

(2)提前竣工增加费：是指因缩短工期要求发生的施工增加费，包括赶工所需发生的夜间施工增加费、周转材料加大投入量和资金、劳动力集中投入等所增加的费用。

(3)二次搬运费：是指因施工场地条件限制而发生的材料、构配件、半成品等一次运输不能到达堆放地点，必须进行二次或多次搬运所发生的费用。

拓展：当因为非施工方原因发生二次搬运时，此项可以申请签证获得补偿(索赔)。

(4)冬雨季施工增加费：是指在冬季或雨季施工需增加的临时设施、防滑、排除雨雪，人工及施工机械效率降低等费用。

(5)行车、行人干扰增加费：是指边施工边维持行人与车辆通行的市政、城市轨道交通、园林绿化等市政基础设施工程及相应养护维修工程受行车、行人干扰影响而降低工效等所增加的费用。

(6)其他施工组织措施项目费：是指根据各专业工程特点补充的施工组织措施项目的费用。

措施项目费计算公式为：

①国家计量规范规定应予计量(以工程量计算)的措施项目

$$措施项目费 = \sum(措施项目工程量 \times 综合单价) \tag{2-23}$$

②国家计量规范规定不宜计量的措施项目计算方法

a.安全文明施工费：

$$安全文明施工费=计算基数\times安全文明施工费费率(\%) \tag{2-24}$$

计算基数应为定额基价(定额分部分项工程费＋定额中可以计量的措施项目费)、定额人工费或(定额人工费＋定额机械费),其费率由工程造价管理机构根据各专业工程的特点综合确定。

b.夜间施工增加费：

$$夜间施工增加费=计算基数\times夜间施工增加费费率(\%) \tag{2-25}$$

c.二次搬运费：

$$二次搬运费=计算基数\times二次搬运费费率(\%) \tag{2-26}$$

d.冬雨季施工增加费：

$$冬雨季施工增加费=计算基数\times冬雨季施工增加费费率(\%) \tag{2-27}$$

e.已完工程及设备保护费：

$$已完工程及设备保护费=计算基数\times已完工程及设备保护费费率(\%) \tag{2-28}$$

上述b～e项措施项目的计费基数应为定额人工费或(定额人工费＋定额机械费),其费率根据费用定额确定。

2.3.4 其他项目费

1.暂列金额

建设单位在工程量清单中暂定并包括在工程合同价款中的一笔款项。用于施工合同签订时尚未确定或者不可预见的所需材料、工程设备、服务的采购,施工中可能发生的工程变更、合同约定调整因素出现时的工程价款调整以及发生的索赔、现场签证确认等的费用。

暂列金额由建设单位估算,施工过程中由建设单位掌握使用、扣除合同价款调整后如有余额,归建设单位。

2.计日工

在施工过程中,施工企业完成建设单位提出的施工图纸以外的零星项目或工作所需的费用。

计日工由建设单位和施工企业按施工过程中的签证计价。

3.总承包服务费

总承包人为配合、协调建设单位进行的专业工程发包,对建设单位自行采购的材料、工程设备等进行保管以及施工现场管理、竣工资料汇总整理等服务所需的费用。

4.暂估价

招标人在工程量清单中提供的用于支付必然发生但暂时不能确定的材料的单价以

及专业工程的金额。暂估价不列入总价，如有，投标时尽量列出。

2.3.5　规费和税金

1. 规费

规费是指按国家法律、法规规定，由省级政府和省级有关权力部门规定必须缴纳或计取的，应计入建筑安装工程造价内的费用。其内容包括：

(1)社会保险费：

①养老保险费：是指企业按照规定标准为职工缴纳的基本养老保险费。

②失业保险费：是指企业按照规定标准为职工缴纳的失业保险费。

③医疗保险费：是指企业按照规定标准为职工缴纳的基本医疗保险费。

④生育保险费：是指企业按照规定标准为职工缴纳的生育保险费。

⑤工伤保险费：是指企业按照规定标准为职工缴纳的工伤保险费。

(2)住房公积金：是指企业按规定标准为职工缴纳的住房公积金。

2. 税金

税金是指国家税法规定的应计入建筑安装工程造价内的建筑服务增值税。

本章小结

本章主要介绍了我国建设工程造价的构成，主要内容包括固定资产费用构成和建筑安装工程费用构成。固定资产费用包括人工费、材料费、施工机具使用费、企业管理费、利润。建筑安装工程费包括分部分项工程费、措施项目费、其他项目费、规费、税金。

思考练习

1. 某项目建设期 3 年，各年计划投资额如下：第一年静态投资 7200 万元，第二年 10800 万元，第二年 3600 万元，年均投资价格上涨率为 6%，则该项目的涨价预备费为多少万元。

2. 某工程建设期为 3 年，预计设备及工器具购置费、建筑安装工程费、工程建设其他费用及基本预备费的总投资额为 15000 万元，第 1 年投入 30%，第 2 年投入 50%，第 3 年投入 20%，预计建设期物价平均上涨率为 3%，试求：项目建设期间的涨价预备费。

3. 某工程建设期为 3 年，分年均衡进行贷款，第 1 年贷款 300 万元，第 2 年贷款 600 万元，第 3 年贷款 400 万元，贷款年利率为 12%，计算建设项目建设期间贷款利息。

4. 某项目进口一批工艺设备，费用如下：银行财务费 4.25 万元，外贸手续费 18.9 万元，关税税率 20%，增值税税率 17%，抵岸价 1792.19 万元。该批设备无消费税、海关监管手续费，请计算该批进口设备的到岸价格(CIF)。

习题解答

第 3 章　建筑工程预算定额

知识目标

了解建筑工程定额的概念及分类，掌握预算定额的概念、组成及作用。

能力目标

能够解释定额基价的组成，能够熟练地进行预算定额的套用及换算。

思政拓展

思政目标

在授课过程中引入思政元素“敬业爱岗”。在讲解建筑工程预算定额过程中，向学生介绍工程造价管理行业的相关政策文件，帮助学生了解行业发展趋势和主管部门政策导向。同时，要求学生树立敬业爱岗的思想，自觉主动关注行业发展动态，及时更新专业知识和专业技能。

拓展资料

本章思维导图

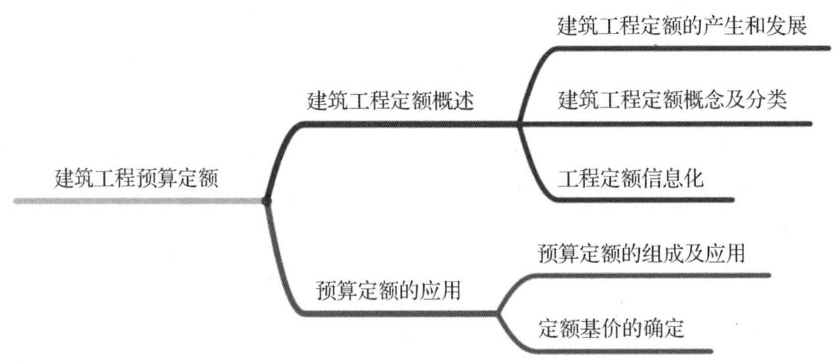

3.1　建筑工程定额概述

3.1.1　工程定额的产生和发展

定额属于管理的范畴，是随着生产的社会化和科学技术的不断进步而发展起来的。定额的产生与管理科学的产生和发展密切相关。定额伴随着管理科学的产生而产生，伴随着管理科学的发展而发展，定额是管理科学的基础。

在人类社会发展的初期，以自给自足为特征的自然经济，其目的在于满足生产者家庭或经济单位（如原始氏族、奴隶主或封建主）的消费需要，生产者是分散的、孤立的，生产规模小，社会分工不发达，这使得个体生产者并不需要什么定额，他们往往凭借个人经验积累进行生产。随着简单商品经济的发展，以交换为目的而进行的商品生产日益扩大，生产方式也发生了变化，出现了作坊和手工场。作坊和手工场的工头依据他们自己的经验指挥和监督他人劳动和物资消耗，这种劳动和物资消耗是依据个人经验建立的，并不能科学地反映生产和生产消耗之间的数量关系。但这一时期是定额产生的萌芽阶段，是从自发走向自觉形成定额和定额管理的雏形阶段。

19 世纪末 20 世纪初，在技术最发达、资本主义发展最快的美国，形成了系统的经济管理理论。定额的产生就是与管理科学的形成和发展紧密联系在一起的，它的代表人物有美国人泰勒和吉尔布雷斯夫妇等。定额的制定和管理成为科学是始于泰勒制，它的创始人是美国工程师泰勒。泰勒的科学管理的目标就是提高工人的劳动效率，他突破了当时传统管理方法的羁绊，通过科学试验，对工作时间的合理利用进行细致研究，制定出标准的操作方法；通过对工人进行训练，要求工人取消不必要的操作程序，并且在此基础上制定出有效的工时定额；用工时定额评价工人工作的好坏。

继泰勒之后，管理理论又有了很大的发展：一方面管理科学从操作方法、作业水平的研究向科学组织的研究上扩展；另一方面利用现代自然科学的新成果作为科学管理的手段。管理科学的发展成果极大促进了定额的发展。

3.1.2　我国工程定额的管理制度

我国工程定额的管理制度，是随着工程技术的产生和发展起来的，既有其必然性，也有其可行性，而且有着非常悠久的历史。

我国定额发展背景

1. 我国古代土木建筑定额管理制度

在我国封建社会，官府宫殿建筑规模宏大，技术要求很高，历代工匠积累了丰富的经验，逐步形成了一套工料限额管理制度。据《辑古纂经》等书记载，唐代就有夯筑城台的用工定额功。公元 1100 年，北宋著名的土木建筑家李诫编的《营造法式》,不仅是土木建筑工程技术的巨著,也是古代工料计量方面的巨著。《营造法式》共有三十四卷,分为释名、各作制度、功限、料例和图样五个部分。第一、二卷是名词术语的考证;第三至十五卷是石作、木作、瓦作等制作的施工技术和方法;第十六至二十五卷是各工种计算用工量的规定;第二十六至二十八卷是各工种计算用料的规定;第二十九至三十四卷是图样。从上述内容可以看出,在《营造法式》三十四卷中,有十三卷是关于算工算料的规定。该书实际上是官府颁布的建筑规范和定额,并一直沿用到明清。清代管辖官府建筑的工部所编著的《工程做法则例》中,有很多内容是关于工料计算规定的,甚至可以说它主要是一部算工算料的定额和定额计算规则,也是现今编制仿古建筑工程预算定额的依据之一。

2. 计划经济体制下的定额管理制度

中华人民共和国成立后,三年经济恢复时期和第一个五年计划时期,中国内地面临着大规模的恢复重建工作,基本建设任务十分繁重。如何将有限的基本建设资金更加合理地利用好,成为该阶段工程造价管理的核心任务。此时,中国内地工程造价管理体现以下特点:

(1)政府特别是中央政府是工程项目的唯一投资主体

由于中华人民共和国成立后长期实施的高度集权的计划经济体制的影响,私人与集体都没有进行工程投资的权利,所有的工程项目从计划、设计、施工和使用都是由政府统一规划的。这也必然造成了工程定额的高度统一。

(2)建筑业不是生产部门,而是消费部门

在 20 世纪 80 年代以前,普遍的观点都否认建筑产品的商品属性,同时人们也一直把建筑业看作是基本建设的附属消费部门,认为不存在独立的建筑产品。

(3)工程造价管理被简单地理解为投资的节约

正是由于前述两个特点的影响,加上基本建设资金的不足,使得政府期望在工程建设中尽量地节约投资费用,通过资金的合理分配与使用而获得更大的效用。

在这种工程造价管理制度下,中国内地引进了苏联的一套定额计价制度。所有的工程项目均是按照事先编制好的国家统一颁发的各项工程建设定额标准进行计价,体现了政府对工程项目的投资管理。由于中国内地长期"管制价格"的影响,各种建设要素(如人工、材料、机械等)的价格长期保持固定不变。因此要素价格和消耗量标准被长期固定下来,以量价合一的单位估价表,由政府主管部门统一颁布实现对工程造价的有效管理。

3. 市场经济体制下计价模式的改革

定额计价制度从产生到完善的数十年中,对中国内地的工程造价管理发挥了巨大作用,为政府进行工程项目的投资控制提供了很好的工具。但是,随着中国内地市场经济体制改革的不断深入,传统的定额计价制度受到了冲击。自 20 世纪 80 年代末 90 年代初开始,建设要素市场的放开,各种建筑材料不再统购统销,随之人力、机械市场等也逐步放开,导致了人工、材料、机械台班的要素价格随市场供求的变化而上下浮动。而定额的编制和颁布需要一定的周期,因此在定额中所提供的要素价格资料总是与市场实际价格不相符合。可见,按照统一定额计算出的工程造价已经不能很好地实现投资控制的目的，从而引起了定额计价制度的改革。

(1)工程造价计价模式第一阶段改革的核心思想是“量价分离”

“量价分离”是指国务院建设行政主管部门制定符合国家有关标准、规范，并反映一定时期施工水平的人工、材料、机械等消耗量标准，实现国家对消耗量标准的宏观管理。对人工、材料、机械的单价等，由工程造价管理机构依据市场价格的变化发布工程造价相关信息和指数，将过去完全由政府计划统一管理的定额计价改变为“控制量、指导价、竞争费”。但是在这一阶段改革中，对建筑产品的商品属性的认识还不够，改革主要围绕定额计价制度的一些具体操作的局部问题展开，并没有涉及其本质内容，工程造价依然停留在政府定价阶段，没有实现工程造价管理体制改革“市场形成价格”这一最终目标。

(2)工程造价计价模式第二阶段改革的核心问题是推行彻底的市场定价模式

20世纪90年代中后期，是中国内地建设市场迅猛发展的时期。1999年，《中华人民共和国招标投标法》(以下简称《招标投标法》)的颁布标志着中国内地建设市场基本形成，人们充分认识到建筑产品的商品属性，且随着计划经济制度的不断弱化，政府已经不再是工程项目唯一的或主要的投资者。而定额计价制度依然保留着政府对工程造价统一管理的色彩，因此在建设市场的交易过程中，传统的定额计价制度与市场主体要求拥有自主定价权之间发生了矛盾和冲突，主要表现为：

①浪费了大量的人力、物力，招投标双方存在着大量的重复劳动。招标单位和投标单位按照同一定额、同一图纸、相同的施工方案、相同的技术规范重复工程量和工程造价的计算工作，没有反映出投标单位“价”的竞争和工程管理水平。

②投标单位的报价按统一定额计算，不能按照自己的具体施工条件、施工设备和技术专长来确定报价；不能按照自己的采购优势来确定材料预算价格；不能按照企业的管理水平来确定工程的费用开支；企业的优势体现不到投标报价中。

很显然，在招投标已经成为工程发包的主要方式之后，如果不对定额计价制度进行根本性的改革，将会使得市场主体之间的竞争演变为计算能力的比较，而不是企业生产和管理能力的竞争。工程项目需要新的、更适应市场经济发展的、更有利于建设项目通过市场竞争合理形成造价的计价方式来确定其建造价格。为此，政府主管部门推行了工程量清单计价制度，以适应市场定价的改革目标。在这种定价方式下，工程量清单报价由招标人给出工程清单，投标人填单价，单价完全依据企业技术、管理水平的整体实力而定，充分发挥工程建设市场主体的主动性和能动性，是一种与市场经济相适应的工程计价方式。

(3)工程量清单计价模式的建立和发展

随着《招标投标法》在2000年的实施，标准的《建设工程施工合同(示范文本)》的推广，以及由于加入WTO导致的与国际市场接轨速度的加快，这些客观条件催生了工程量清单计价模式在我国的建立。

自2000年初开始，广东、吉林、天津等地相继开展了工程量清单计价的试点，在有些省(区、市)和行业的世界银行贷款项目也实行国际通用的工程量清单投标报价，其效果得到了各级工程造价管理部门和各有关方面的赞同，也得到了工程建设主管部门的认可。随着各地试点工作的不断展开，建设部于2002年的工作部署及建设部标准定额司工程造价管理工作的要点中都重点强调了应在全国推行这一计价制度，建设部标准定额研究所受标准定额司的委托，于2002年2月28日开始组织有关部门和地区工程造价专家编制《全国统一工程量清单计价办法》，后为了增强工程量清单计价办法的权威性和强制性，改为《建设工程工程量清单计价规范》(GB 50500—2003)，经建设部批准为国家规范，于2003年7月1日正式施行。这标志着清单计价制度在我国的真正建立。

为配合《建设工程工程量清单计价规范》(GB 50500—2003)的实施，建设部于2003年又公布了《建筑安装工程费用项目组成》(206号文件)，并对《建设工程施工合同(示范文本)》进行修订，使其更加符合工程量清单计价模式所形成的单价合同的特点，这一系列制度的实施都意味着清单计价制度在我国的不断完善。在大力发展清单计价模式的同时，首先建立一套科学、完善的行业定额显得十分必要。

建筑安装工程费用

到目前为止，已建立了法律体系完备、工程计价依据体系完善、信息化定额管理制度健全、强化标准定额实施监督管理的新格局，主要有中华人民共和国住房和城乡建设部令第16号发布《建筑工程施工发包与承包计价管理办法》、《建设工程工程量清单计价规范》(GB 50500—2013)(以下简称《计价规范》)、《房屋建筑与装饰工程工程量计算规范》(GB 508542－013)等9部规范(以下简称《计算规范》)、《建筑工程建筑面积计算规范》(GB/T 50353—2013)、《房屋建筑与装饰工程消耗量定额》(TY 01－31—2015)等3部定额(简称《消耗量定额》)和《建筑安装工程费用组成》(〔建标2013〕44号文)等一系列的计价文件。

3.1.3 建筑工程定额概念及分类

1. 工程定额的分类

工程定额是完成规定计量单位的合格建筑安装产品所消耗资源的数量标准。工程定额是一个综合概念，是建设工程造价计价和管理中各类定额的总称，包括许多种类的定额，可以按照不同的原则和方法对其进行分类。

(1)按定额反映的生产要素消耗内容分类，工程定额可以分为劳动消耗定额、机械消耗定额和材料消耗定额三种。

①劳动消耗定额，简称劳动定额(也称为人工定额)，是在正常的施工技术和组织条件下，完成规定计量单位合格的建筑安装产品所消耗的人工工日的数量标准。劳动定额的主要表现形式是时间定额，但同时也表现为产量定额，时间定额与产量定额互为倒数。

②机械消耗定额，是指在正常的施工技术和组织条件下，完成规定计量单位合格的建筑安装产品所消耗的施工机械台班的数量标准。机械消耗定额是以一台机械一个工作班为计量单位，所以又称为机械台班定额。机械消耗定额的主要表现形式是机械时间定额，同时也以产量定额表现。

③材料消耗定额，是指在正常的施工技术和组织条件下，完成规定计量单位合格的建筑安装产品所消耗的原材料、成品、半成品、构配件、燃料，以及水电等动力资源的数量标准。材料，是工程建设中使用的原材料、成品、半成品、构配件、燃料，以及水电等动力资源的统称，对建设工程的项目投资、建筑产品的成本控制都起着决定性的影响。

(2)按定额的编制程序和用途分类，工程定额可以分为施工定额、消耗量定额、概算定额、概算指标、投资估算指标五种。

①施工定额，是完成一定计量单位的某一施工过程或基本工序所需消耗的人工、材料和机械台班数量标准。施工定额是施工企业(建筑安装企业)为了组织生产和加强管理而在企业内部使用的一种定额，属于企业定额的性质。施工定额是以某一施工过程或本工序作为研究对象，表示生产产品数量与生产要素消耗综合关系编制的定额。施工定额的项目划分很细，是工程定额中分项最细、定额子目最多的一种定额，也是工程定额中的基础性定额。

练一练

②消耗量定额，又称预算定额，是以建筑物或构筑物各个分部分项工程为对象编制的定额。其内容包括劳动定额、机械台班定额、材料消耗定额三个基本部分。从编制程序上看，消耗量定额是以企业定额为基础综合扩大编制的；同时它也是编制概算定额的基础。

③概算定额，是完成单位合格扩大分项工程或扩大结构构件所需消耗的人工、材料和施工机械台班的数量及其费用标准，是一种计价性定额。概算定额是编制扩大初步设计概算、确定建设项目投资额的依据。概算定额的项目划分粗细，与扩大初步设计的深度相适应，一般是在预算定额的基础上综合扩大而成的，每一综合分项概算定额都包含了数项消耗量定额。

④概算指标，是以整个建筑物和构筑物为对象，反映完成一个规定计量单位建筑安装产品的经济消耗指标。概算指标是概算定额的扩大与合并，是以更为扩大的计量单位来编制的。概算指标的内容包括人工、机械台班、材料定额三个基本部分，同时还列出了各结构分部的工程量及单位建筑工程(以体积计或面积计)的造价，是一种计价定额。

⑤投资估算指标，是以建设项目、单项工程、单位工程为对象，反映建设总投资及其各项费用构成的经济指标。它是在项目建议书和可行性研究阶段编制投资估算、计算投资需要量时使用的一种定额。它的概略程度与可行性研究阶段相适应。投资估算指标往往根据历史的预、决算资料和价格变动等资料编制，但其编制基础仍然离不开预算定额、概算定额。

定额对比

上述各种定额间关系的比较可参见表 3-1。

表 3-1　各种定额间关系的比较

定额分类	施工定额	消耗量定额	概算定额	概算指标	投资估算指标
对象	施工过程或基本工序	分项工程和机构构件	扩大的分项工程或扩大的结构构件	单位工程	建设项目、单项工程、单位工程
用途	编制施工预算	编制施工图预算	编制扩大初步设计概算	编制初步设计概算	编制投资估算
项目划分	最细	细	较粗	粗	很粗
定额水平	平均先进水平	平均水平			
定额性质	生产性定额	计价性定额			

(3)按照投资的费用性质分类,工程定额可以分为建筑工程定额、设备安装工程定额、建筑安装工程费用定额、工器具定额及工程建设其他费用定额等。

①建筑工程定额,是建筑工程的企业定额、消耗量定额、概算定额和概算指标的统称。建筑工程,一般理解为房屋和构筑物工程,具体包括一般土建工程、电气(动力、照明、弱电)工程、卫生技术(水、暖、通风)工程、工业管道工程、特殊构筑物工程等。广义上,它除包含房屋和构筑物外,还包含其他各类工程,如公路、铁路、桥梁、隧道、运河、堤坝、港口、电站、机场等工程。

②设备安装工程定额,是设备安装工程的企业定额、消耗量定额、概算定额和概算指标的统称。设备安装工程是对需要安装的设备进行定位、组合、校正、调试等工作的工程。在工业项目中,机械设备安装和电气设备安装工程占有重要的地位。因为生产设备大多要安装后才能运转,不需要安装的设备很少。在非生产性的建设项目中,由于社会生活和城市设施的日益现代化,设备安装工程量也在不断增加。所以,通常把建筑和安装工程作为一个施工过程来看待,即建筑安装工程。

③建筑安装工程费用定额,是指规定计取各项费用的标准,主要包括以下五个费用的内容:

措施费定额,是指为完成工程项目施工,发生于该工程施工前和施工过程中非工程实体项目的措施费用标准。

企业管理费定额,是指建筑安装企业组织施工生产和经营管理所需费用的标准。

利润定额,是指施工企业完成所承包工程获得的盈利标准。

规费定额,是指政府和有关权力部门规定必须缴纳的费用标准。

税金定额,是指按国家税法规定由施工企业代收税金的标准。

④工器具定额,是为新建或扩建项目投产运转首次配置的工具、器具数量标准。工具和器具,是指按照有关规定达不到固定资产标准但起劳动手段作用的工具、器具和生产用家具。

⑤工程建设其他费用定额,是独立于建筑安装工程、设备和工器具购置之外的其他费用开支的标准。工程建设其他费用的发生和整个项目的建设密切相关。它一般要占项目总投资的10%左右。其他费用定额是按各项独立费用分别制定的,以便合理控制这些费用的开支。

(4)按照专业性质分类,工程定额可以分为全国通用定额、行业通用定额和专业专用定额三种。

由于工程建设涉及众多的专业,不同的专业所含的内容也不同,因此就确定人工、材料和机械台班消耗数量标准的工程定额来说,也需按不同的专业分别进行编制和执行。

①建筑工程定额按专业对象分为建筑及装饰工程定额、房屋修缮工程定额、市政工程定额、铁路工程定额、公路工程定额、矿山井巷工程定额等。

②安装工程定额按专业对象分为电气设备安装工程定额、机械设备安装工程定额、热力设备安装工程定额、通信设备安装工程定额、化学工业设备安装工程定额、工业管道安装工程定额、工艺金属结构安装工程定额等。

(5)按主编单位和管理权限分类,工程定额可以分为全国统一定额、行业统一定额、地区统一定额、企业定额、补充定额五种。

①全国统一定额，是由国家建设行政主管部门，综合全国工程建设中技术和施工组织管理的情况编制，并在全国范围内执行的定额。

②行业统一定额，是考虑各行业部门专业工程技术特点，以及施工生产和管理水平编制的，一般只在本行业和相同专业性质的范围内使用。

③地区统一定额，包括省、自治区、直辖市定额。地区统一定额主要是考虑地区性特点和全国统一定额水平作适当调整和补充编制的。

④企业定额，是指由施工企业考虑本企业具体情况，参照国家、部门或地区定额的水平制定的定额。企业定额是施工单位根据本企业的施工技术、机械装备和管理水平编制的人工施工机械台班和材料等的消耗标准。企业定额在企业内部使用，是企业综合素质的一个标志。企业定额水平一般应高于国家现行定额，才能满足生产技术发展、企业管理和市场竞争的需要。在工程量清单计价方式下，企业定额作为施工企业进行建设工程投标报价的计价依据，正发挥着越来越大的作用。

⑤补充定额，是指随着设计、施工技术的发展现行定额不能满足需要的情况下，为了补充缺陷所编制的定额。补充定额只能在指定的范围内使用，可以作为以后修订定额的基础。

上述各种定额虽然适用于不同的情况和有不同的用途，但是它们是一个互相联系的、有机的整体，在实际工作中配合使用。

2.工程定额的性质

工程定额具有科学性、系统性、统一性、指导性、群众性、稳定性和时效性。

(1)科学性。工程定额的科学性，表现在定额是在认真研究客观规律的基础上，遵循客观规律的要求，实事求是地运用科学的方法制定的，是在总结广大工人生产经验的基础上根据技术测定和统计分析等资料，并经过综合分析研究后制定的。工程定额还考虑了已经成熟推广的先进技术和先进的操作方法，正确反映当前生产力水平的单位产品所需要的生产消耗量。

(2)系统性。工程定额是相对独立的系统。它是由多种形式的定额结合而成的有机整体。它的结构复杂，有鲜明的层次，有明确的目标。建设工程是一个庞大的实体系统，工程定额是为这个实体系统服务的。建设工程本身的多种类、多层次就决定了以它为服务对象的工程定额的多种类、多层次。建设工程都有严格的项目划分，如建设项目、单项工程、单位工程、分部分项工程；在计划和实施过程中有严密的逻辑阶段，如可行性研究、设计、施工竣工交付使用及投入使用后的维修。为了与此相适应，必然形成工程定额的多种类、多层次。

(3)统一性。工程定额的统一性，主要是由国家对经济发展有计划的宏观调控职能决定的。为了使国民经济按照既定的目标发展，就需要借助于某些标准、定额、规范等，对建设工程进行规划、组织、调节、控制。而这些标准、定额、规范必须在一定范围内是一种统一的尺度，才能实现上述职能，才能利用它对项目的决策、设计方案、投标报价、成本控制进行比选和评价。为了建立全国统一建设市场和规范计价行为，《计算规范》统一了分部分项工程项目名称、计量单位、工程量计算规则、项目编码。

(4)指导性。随着我国建设市场的不断成熟和规范,工程建设定额尤其是统一定额原具备的法令性特点逐渐弱化,转而对整个建设市场和具体建设产品交易具有指导作用。

工程定额的指导性表现为在企业定额还不完善的情况下,为了有利于市场公平竞争、优化企业管理、确保工程质量和施工安全而制定工程计价标准,能规范工程计价行为,指导企业自主报价,为实行市场竞争形成价格奠定了坚实的基础。企业可在基础定额的基础上,自行编制企业内部定额,逐步走向市场化,与国际计价方法接轨。

(5)群众性。工程定额的群众性是指定额来自群众,又贯彻于群众。工程定额的制定和执行,具有广泛的群众基础。定额的编制采用工人、技术人员和定额专职人员相结合的方式,使得定额能从实际水平出发,既保持一定先进性质,又能把群众的长远利益和当前利益,广大职工的劳动效率和工作质量,国家、企业和劳动者个人三者的物质利益结合起来,充分调动广大职工的积极性,完成和超额完成工程任务。

(6)稳定性。工程定额中的任何一种定额都是一定时期技术发展和管理水平的反映,因而在一段时间内都表现为稳定的状态。根据具体情况不同,稳定的时间有长有短,一般在5～10年,保持工程定额的稳定性是有效地贯彻工程定额所必需的。如果某种工程定额处于经常修改变动之中,那么必然造成执行中的困难和混乱,但是工程定额的不稳定也会给工程定额的编制工作带来极大的困难。而工程定额的稳定性是相对的。

(7)时效性。工程定额中的任何一种定额,都只能反映出一定时期生产力水平,当生产力向前发展时,工程定额就会变得不适应。当工程定额不再起到它应有的作用时,就要重新编制和进行修订。工程定额具有显著的时效性。新的工程定额一旦诞生,旧的工程定额就停止使用。

3.工程定额的地位和作用

(1)工程定额在现代管理中的地位

工程定额是管理科学的基础,也是现代管理科学中的重要内容和基本环节。我国要实现工业化和生产的社会化、现代化,就必须积极地吸收和借鉴各发达国家的先进管理方法,必须充分认识工程定额在社会主义市场经济管理中的地位。

①工程定额是节约社会劳动、提高劳动生产率的重要手段。

②工程定额是组织和协调社会化大生产的工具。

③工程定额是宏观调控的依据。

④工程定额在实现分配、兼顾效率与社会公平方面有巨大的作用。

(2)工程定额的作用

①工程定额在工程价格形成中的作用。工程定额是经济生活中诸多定额中的一类。工程定额是一种计价依据,也是投资决策依据,还是价格决策依据,能够规范市场主体的经济行为,对完善固定资产投资市场和建筑市场都能起到作用。

在市场经济中,信息是其中不可或缺的要素,它的可靠性、完备性和灵敏性是市场成熟和效率的标志。工程定额就是由处理过的工程造价数据积累转化成的一种工程造价信息,它主要是指资源要素消耗量的数据,包括人工材料、施工机械的消耗量。定额管理是对大量市场信息的加工,也是对大量信息进行市场传递,同时也是市场信息的反馈。

在工程承发包过程中招标投标双方之间存在信息不对称问题。投标者知道自己的实力而招标者不知道，因此两者之间存在信息不对称问题。根据信息传递模型，投标者可以采取一定的行动来显示自己的实力。然而，为了使这种行动起到信息传递的功能，投标者必须为此付出足够的代价。也就是说，只有付出成本的行动才是可信的。根据这一原理，可以根据甲乙双方的共同信息和投标企业的私人信息设计出某种市场入壁垒机制，把不合格的竞争者排除在市场之外。这样形成的市场进入壁垒不同于地方保护主义所形成的进入壁垒，可以保护市场的有序竞争。

根据工程招投标信息传递模型，造价管理部门一方面要制定统一的工程量清单中的项目和计算规则；另一方面要加强工程造价信息的收集与发布。同时，还要加快建立企业内部定额体系，并把是否具备完备的私人信息作为企业的市场准入条件。施工企业内部定额既可以作为企业进行成本控制和自主报价的依据，还可以发挥企业实力的信息传递功能。

建设工程概预算的各项技术经济文件均以价值形态贯穿整个建设过程之中，建设工程概预算的衡量标准，即工程定额也贯穿整个建设过程之中，没有工程定额就无法编制建设工程概预算，工程定额是建设工程概算的基础和依据工程定额与建设工程概预算的关系图，如图 3-1 所示。

造价全过程

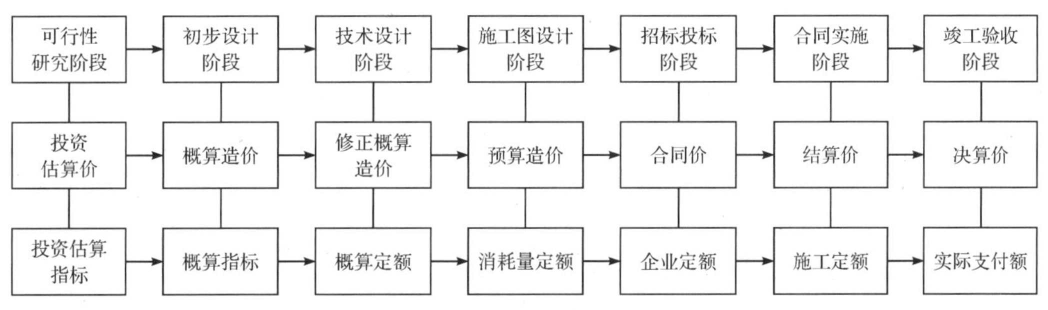

图 3-1　工程定额与建设工程概预算的关系

②工程定额在建设工程管理中的作用。建设工程的特点决定了建设工程投资的特点，建设工程投资的特点又决定了建设工程投资的形成，因此必须依靠工程定额来进行计算。

a. 每个建设工程都是由单项工程、单位工程、分部分项工程组成的，需分层次计算，而分层次计算则离不开工程定额。

b. 国家应制订统一的工程量计算规则、项目划分、计量单位，企业在这三个统一的基础上，在国家定额指导下，结合本企业的管理水平、技术装备程度和工人的操作水平等具体情况，编制本企业的投标报价定额，依据企业定额形成的报价才能在市场竞争中获取较大的优势。

c. 在建设工程投资的形成过程中，工程定额有其特定的地位和作用。

d. 工程定额编制的依据之一是有代表性的已完工程价格资料，通过对其整理、分析、比较，作为编制的依据和参考，有其真实性、合理性和适用性，对建设工程投资的形成也有指导意义。

3.1.4 工程定额信息化

1.工程定额信息的概念和主要内容

(1)工程定额信息的概念。

定额信息化

工程定额信息是一切有关工程定额(量价费)的特征、状态及其变动的消息的组合。在工程承发包市场和工程建设过程中,工程定额总是在不停地运动着、变化着,并呈现出各种不同特征。人们对工程承发包市场和工程建设过程中工程定额运动的变化,是通过工程定额信息来认识和掌握的。

在工程承发包市场和工程建设中,工程定额是最灵敏的调节器和指示器,无论是政府工程定额主管部门还是工程承发包者,都要通过接收工程定额信息来了解工程建设市场动态,预测工程定额发展,决定政府的工程定额政策和工程承发包价。因此,工程定额主管部门和工程承发包者都要接收、加工、传递和利用工程定额信息。工程定额信息是一种社会资源已被大家所认可,特别是在我国推行工程量清单计价制度的今天,市场价格的信息将起到举足轻重的作用,工程定额信息资源开发显得非常重要。

(2)工程定额信息的特点。

①区域性。建筑材料大多质量大、体积大、产地远离消费地点,因而运输量大,费用也较高。尤其不少建筑材料本身的价值或生产价格并不高,如砂、石、土等,但所需要的运输费用很大,为了降低工程成本,必须坚持就地取材,不能舍近求远。因此,建筑材料价格信息的交换和流通具有区域性。

②多样性。我国的工程造价的管理制度正处于探索和发展的初级阶段,各种市场还没有达到规范化要求,要使工程定额管理的信息资料满足这一时期的要求,在信息的内容和形式上应具有多样化的特性。

③专业性。工程定额信息的专业性集中反映在建设工程的专业化上,如建筑、安装、市政、水利、电力工程等,所需的信息有明显专业性的特点。

④系统性。工程定额本身就是一个大的系统,反映定额特性的工程定额信息也具有系统性。各种工程定额的管理活动总是在相应条件下受不同因素的制约和影响。因而从工程定额信息源发出来的信息都不是孤立、紊乱的,而是大量、有序、系统性的。

⑤动态性。工程定额信息也和其他信息一样要保持更新。为此,需要经常不断地收集和补充新的工程定额信息,进行信息更新,真实反映工程定额的动态变化。

⑥季节性。由于建筑生产受自然条件影响大,季节性强,因此,施工内容的安排也必须充分考虑季节因素,因此工程定额的信息也不能完全避免季节性的影响。

(3)工程定额信息的分类。

为便于对信息的管理,有必要将各种信息按一定的原则和方法进行区分和归集,并建立起一定的分类系统和排列顺序。因此,在工程定额信息管理的领域内,也应该按照不同的标准对信息进行分类。

①工程定额信息分类的原则。

稳定性。信息分类应选择分类对象最稳定的本质属性或特征作为信息分类的基础和标准。例如,建筑材料分为钢筋、水泥、木材等,按类型主要分为主要材料、辅助材料、

其他材料等。信息分类体系应建立在对基本概念和划分对象的深入理解基础之上。

兼容性。信息分类体系首先按国际、国内统一标准体系分类，还要考虑项目参与方所应用的编码体系的情况，项目信息的分类体系应能满足不同项目参与方高效信息交换的需要。

扩展性。信息分类体系应具备较强的灵活性，可以在使用过程中进行方便的扩展，以保证增加新的信息类型时，不至于打乱已建立的分类体系，同时一个通用的信息分类体系还应为具体环境中信息分类体系的拓展和细化创造条件。例如，定额编号采用三符号编码，补充项目可以分节补充；如果采用两符号编码，补充定额只能补充到每一章的后面，补充内容就比较乱。又例如，建筑材料不按种类划分，补充的材料只能放到最后；如果按材料种类分档，每种类后面的编码应留有余地。在这一点上，国家计价规范做得比较好。

综合性。信息技术是综合性的资源，是各种分类信息的综合性商务信息交流平台。工程定额信息分类也应从系统工程的角度出发，放在具体的应用环境中进行整体考虑。这体现在信息分类的标准与方法的选择上，应综合考虑项目的实施环境和信息技术工具。

实用性。工程定额信息分类具有实用性，这是工程信息的基本要求，不同定位的专业信息发布更应如此，不但要传播工程定额信息的实用性，更要根据专业侧重点挖掘出工程定额信息背后的实用性，而不应是大面化的信息更新。“以质为本”的信息选择和体现应是工程定额信息的第一优势和基本要求。

②工程定额信息的具体分类。

工程定额信息，从管理组织的角度来分，可以分为系统化工程定额信息和非系统化工程定额信息；从形式来分，可以分为文件式工程定额信息和非文件式工程定额信息。

工程定额信息，按传递方向来分，可以分为横向传递的工程定额信息和纵向传递的工程定额信息；按反映面来分，可以分为宏观工程定额信息和微观工程定额信息。

工程定额信息，从时态上来分，可以分为过去的工程定额信息、现在的工程定额信息和未来工程定额信息。

工程定额信息，按稳定程度来分，可以分为固定工程定额信息和变动工程定额信息。

2.工程定额信息包括的主要内容

(1)信息资源的基本内容。

信息作为一种资源，基本内容通常包括以下几部分：

①人类社会经济活动中经过加工处理有序化并大量积累后的有用信息的集合。

②为某种目的而生产有用信息的信息生产者的集合。

③加工、处理和传递有用信息的信息技术的集合。

④其他信息活动要素(如信息设备、信息活动经费等)的集合。

(2)工程定额信息的主要内容。

从广义上说，所有对工程定额的确定和控制过程起作用的资料都可以称为工程定额信息，如各种定额资料、标准规范、政策文件等。但最能体现信息动态性变化特征，并且在工程价格的市场机制中起重要作用的工程定额信息主要包括以下三类：

①价格信息，包括各种建筑材料、装饰材料、安装材料、人工工资、施工机械台班的最新市场价格。这些信息是比较初级的，一般没有经过系统的加工处理，也可以称为数据。具体表现形式可参见表 3-2。

表 3-2　浙江省各市主要材料市场信息价汇编(2021 年二季度)

序号	名称	规格型号	单位	月份	杭州市	宁波市	温州市
1	热轧带肋钢筋	HRB400 综合	t	4 月	5351	5252	5369
				5 月	5881	5780	5768
				6 月	5337	5282	5340
2	冷拔钢丝	综合	t	4 月	5531	5504	5750
				5 月	6230	6286	6250
				6 月	5900	6032	5880
3	热轧光圆钢筋	HPB300 综合	t	4 月	5478	5405	5631
				5 月	6154	6136	6147
				6 月	5803	5890	5771
4	工字钢	Q235B 综合	t	4 月	5694	5379	5770
				5 月	6192	6520	6650
				6 月	5644	5678	6220
5	槽钢	Q235B 综合	t	4 月	5664	5830	5770
				5 月	6161	6551	6650
				6 月	5613	5658	6220
6	角钢	Q235B 综合	t	4 月	5694	5800	5770
				5 月	6192	6602	6650
				6 月	5644	5729	6220
7	热轧普碳中厚钢板	Q235B8	t	4 月	5948	5962	6210
				5 月	6516	6794	6710
				6 月	6045	5982	6190
8	低合金中厚钢板	Q355B 综合	t	4 月	5978	5861	6380
				5 月	6547	6734	6840
				6 月	6128	5932	6370

②指数，主要指根据原始价格信息加工整理得到的各种工程定额指数，是非常有用的价格信息。表 3-3 为 2021 年 4 月至 2021 年 6 月浙江省房屋建筑工程造价指数。

(3)已完工程信息。已完或在建工程的各种造价信息，可以为在建工程定额的编制提供依据，是非常有参考价值的工程资料。因此，这种信息也可称为工程定额资料。表 3-4 为某文化艺术馆项目信息。

表 3-3　浙江省房屋建筑工程造价指数表(2021 年 4 月至 2021 年 6 月)

指数类别	工程类型	2017 年 1 月(基期)	2020 年 1 月	2021 年 4 月	2021 年 5 月	2021 年 6 月
房屋工程造价综合指数		100.00	118.82	123.67	126.38	124.18
单项工程造价综合指数	多层住宅	100.00	119.42	123.35	126.08	123.85
	高层住宅	100.00	119.14	123.69	126.23	124.05
	多层公共建筑	100.00	118.49	123.43	126.06	123.94
	高层公共建筑	100.00	118.50	123.39	126.30	123.99
	工业厂房	100.00	118.37	124.79	128.16	125.85

表 3-4　某文化艺术馆项目信息

工程基本信息			
项目名称	某文化艺术馆项目	专业分类	建筑安装工程
建设单位	/	建设地点	湖州
建设规模			
建筑面积/m^2	4898.52	地下建筑面积/m^2	1951.43
地上层数	2	地下层数	1
建筑高度/m	/	结构类型	框架
工程分类	文化建筑	类别分类	文化艺术中心
工程造价/元	22603323	单方造价/(元/m^2)	4614.32
工程计价信息			
计价方式	清单计价(13)	计价依据	2018 定额
造价类型	招标控制价	编制日期	2019/9/5
工程主要特征信息			

土方工程:基坑大开挖,含满堂基础、下翻土方、地沟等全部土方开挖(自然地坪标高为黄标 68.87m),采用本工程挖出来的土石方回填,分层回填夯实(回填后多土方回收)。

基坑围护形式:100 厚 C20 喷射混凝土(内掺 2%～5%水泥用量的速凝剂,内配 C8@200×200 网片);ϕ1000 旋挖桩机成孔灌注桩 37 根(有效长度 13.7m);ϕ1000 旋挖桩机成孔灌注桩 47 根(有效长度 14.15m);ϕ800 旋挖桩机成孔灌注桩 14 根(有效长度 8m);Q235 钢材型钢桩。

桩基工程:ϕ200 抗拔锚杆,锚杆长度:5m,141 根:锚杆杆体配筋:3 根直径 20mm 的 3 级钢;注浆材料:灌注 M30 水泥砂浆(水灰比 0.45)并加微膨胀剂,锚杆注浆压力约为 0.5MPa。

混凝土基础:商品混凝土 C30/P6 混凝土基础,MU20 砼实心砖基础。

砌体工程:地下室内墙采用 MU20 砼实心砖,地上部分 200mm 厚墙体采用 B07 加气混凝土砌块,地上部分 100mm 厚墙体采用 B06 加气混凝土砌块。

地下防水:地下室顶板屋面为 4 厚 BAC 耐根穿刺自粘防水卷材+3 厚 BAC 自粘防水卷材;地下室外墙为 3 厚 BAC 自粘防水卷材;地下室底板底面为 1 厚渗透结晶型水泥基防水涂料。

室内防水:卫生间墙面 1.2 厚水泥基防水涂料;卫生间地面 2 厚 JS 防水层;地下室(除卫生间以外)地面 1 厚渗透结晶型水泥基防水涂料;消防水池内壁 1 厚渗透结晶型水泥基防水涂料+3 厚水泥基高分子聚合物复合防水涂料。

屋面防水:平屋面为 4 厚 BAC 自粘防水卷材+2 厚高聚物改性沥青防水涂膜;天沟为 1.5+1.5 厚双层 APF 自粘型防水卷材。

外墙保温:板材保温。

3.工程定额信息管理

(1)工程定额信息管理的基本原则

工程定额的信息管理是指对信息的收集、加工、整理、储存、传递与应用等一系列工作的总称,其目的就是通过有组织的信息流通使决策者能及时、准确地获得相应的信息。为了达到工程定额信息管理的目的,在工程定额信息管理中应遵循以下基本原则。

①标准化原则。要求在项目的实施过程中对有关信息的分类进行统一,对信息流程进行规范,力求做到格式化和标准化,从组织上保证信息生产过程的效率。

②有效性原则。工程定额信息应针对不同层次管理者的要求进行适当加工,针对不同管理层提供不同要求和浓缩程度的信息。这一原则是为了保证信息产品对于决策支持的有效性。

③定量化原则。工程定额信息不应是项目实施过程中产生数据的简单记录,应该经过信息处理人员采用定量工具对有关数据进行分析和比较。采用定量工具对有关数据进行分析和比较是十分必要的。

④时效性原则。考虑到工程定额计价与控制过程的时效性,工程定额信息也应具有相应的时效性,保持工程定额信息的新鲜度。如对材料价格的预测,还应考虑物价上涨指数因素,以保证信息资料能够及时服务于决策。

⑤高效处理原则。通过采用高性能的信息处理工具(如工程定额信息管理系统),尽量缩短信息在处理过程中的延迟,不能因信息处理过慢而使有效的信息过时。

(2)我国工程定额信息管理的现状

在市场经济中,由于市场机制的作用和多方面影响,工程定额的运动变化更快、更复杂。在这种情况下,工程承发包者单独、分散地进行工程定额信息的收集、加工,不但工作困难,而且成本很高。工程定额信息是一种具有共享性的社会资源。因此,政府工程造价主管部门利用自己信息系统的优势,对建筑行业提供信息服务,其社会和经济效益是显而易见的。我国目前的工程定额信息管理主要以国家和地方政府主管部门为主,通过各种渠道进行工程定额信息的搜集、处理和发布。随着我国的建设市场越来越成熟,企业规模不断扩大,一些工程咨询公司和工程定额软件公司也加入了工程定额信息管理的行列。

①全国工程定额信息系统的逐步建立和完善。实行工程定额体制改革后,国家对工程定额的管理逐渐由直接管理转变为间接管理。国家制定统一的工程量计算规则,编制全国统一工程项目编码和定期公布人工、材料、机械等价格信息。随着计算机技术及互联网的广泛应用,国家也开始建立工程定额信息网,定期发布价格信息及其产业政策,为各地方主管部门、各咨询机构、其他造价编制和审定等单位提供基础数据。同时,通过工程定额信息网,采集各地、各企业的工程实际数据和价格,信息主管部门及时依据实际情况,制定新的政策法规,颁布新的价格指数等。各企业和地方主管部门可以通过该定额信息网,及时获得相关的信息。

②地区工程定额信息系统的建立和完善。由于各个地区的生产力发展水平不一致,经济发展不平衡,各地价格差异较大,因此各地区造价管理部门通过建立地区性定额信息系统,定期发布反映市场价格水平的价格信息和调整指数;依据本地区的经济、行业发展情况制定相应的政策措施。通过定额信息系统,地区主管部门可以及时发布价格信

息、政策规定等。同时，通过选择本地区多个具有代表性的固定信息采集点或通过吸收各企业作为基本信息网员，收集本地区的价格信息、实际工程信息，作为本地区造价主管部门制定价格信息的数据和依据，使地区主管部门发布的信息更具有实用性、市场性、指导性。目前，全国有很多地区建立了工程定额信息网。

③工程造价软件公司成为工程定额信息管理的有生力量。随着工程量清单计价方式的应用，施工企业迫切需要建立自己的造价资料数据库，但由于大多数施工企业在规模和能力上都达不到这一要求，因此这些工作在很大程度上委托给工程造价咨询公司或工程造价软件公司去完成，这是我国《计价规范》颁布实施后工程定额信息管理出现的新的趋势。

(3)工程定额信息化的发展趋势

①为工程建设市场服务，开展信息化建设适应建设市场的新形势，着眼于为建设市场服务，为工程定额管理服务。工程建设在国民经济中占有较大的份额，但存在着科技水平不高、现代化管理滞后、竞争能力较弱的问题。我国加入世界贸易组织后，建设管理部门、建筑业企业都面临着与国际市场接轨的问题，以及参与国际竞争的严峻挑战。信息技术的运用，可以促进管理部门依法行政，提高管理工作的公开、公平、公正和透明度，可以促进企业提高产品质量、服务水平和企业效率，达到提高企业自身竞争能力的目的。针对我国目前正在大力推广的工程量清单计价制度，工程定额信息化应该围绕为工程建设市场服务，为工程定额管理改革服务这条主线，组织技术攻关，开展信息化建设。

②实现企业化、产业化、专业化、集约化的目标。我国有关工程造价方面的软件和网络发展很快，为加大信息化建设的力度，全国工程造价信息网正在与各省信息网联网，这样全国造价信息网联成一体，用户可以很容易地查阅到全国、各省(区、市)的数据，从而大大提高各地造价信息网的使用效率。同时把与工程定额信息化有关的企业组织起来，加强交流、协作，避免低层次、低水平的重复开发，鼓励技术创新，淘汰落后，不断提高信息化技术在工程造价中的应用水平，使工程定额信息实现企业化、产业化、专业化、集约化的目标。

③加强工程定额信息标准化、规范化。发展工程定额信息化，要建立有关的规章制度，促进工程技术健康有序地向前发展。为了加强建设信息标准化、规范化，应加快建设系统的信息标准体系，制定信息通用标准和专用标准，编制信息安全保障技术规范和网络设计技术规范。加强全国建设工程定额信息系统的信息标准化工作，包括组织编制建设工程人工、材料、机械、设备的分类及标准代码，工程项目分类标准代码，各类信息采集及传输标准格式等工作，为全国工程定额信息化的发展提供基础。

(4)发达国家及地区的工程定额信息的管理

世界发达国家和地区市场经济体制比较健全和成熟，工程价格通常由市场双方自行确定。在这种情况下，为保障工程定额的科学性，各国都有自己的工程定额信息发布和使用方面的管理体系。

国内外造价对比分析

①英国。在英国，工程定额信息中较重要的是定额指数的发布。按照发布机构分类，工程定额指数可分为政府指数和民间指数。政府指数是由贸工部的建筑市场情报局和国家统计办公室共同负责收集、整理并定期发布的，主要用于政府工程结算调价和估算。私人工程也可参照政府指数调整，但这主要视业主与承包商签

订的合同而定。民间指数是由一些工料测量师行根据其造价资料和信息综合而成的,其中最具权威性的指数是定额指数。这些指数虽属民间性质,但由于他们具有良好的声誉,能够被业主和承包商共同接受,因而有着不可取代的地位。按照指数的内涵划分,主要工程定额指数可分为三类,即投入品价格指数、成本指数和价格指数,分别依据投入品价格、建造成本和建造价格的变化趋势而编制。

建造价格指数从理论上讲应以工程竣工决算所核定的工程总建造费用为依据而制定,然而这样计算出来的指数并没有多少实际意义,因为工程从施工到竣工,再到工程结算完成需要很长时间,上述方法所得指数反映的仅是过去时间的建造价格变化,其准确程度也得不到保证。为此,英国公共和私营部门均采取编制投标价格指数的办法来代替建造价格指数。这是由于业主支付给承包商的建造费用大致上决定于投标价,因此投标价格指数除反映投标价格的变化外,在一定程度上也反映了建造价格的变化趋势。投标价格指数编制的依据主要是中标的承包商在报价时所列的主要项目单价。

②美国。在美国,工程定额信息资料大多由社会咨询机构及各种商业公司编制与提供,即使是政府公布的各类工程造价指南,除了来源于本身所承担的已完工程造价的积累,也要参考各公司出版的资料。其中闵斯(Means)公司出版的 *Means Building Construction Cost Data* 较为著名与具有权威性。其价格资料都是根据从全国各地市场收集到的素材经分析、比较、筛选后取定的,是上一年度市场一般行情的反映,因而比较接近于市场实际,切合实用。在上述的 Means 资料外,还有理查森造价资料、道奇造价资料、布克估价指数、图热价格指数等。

除了社会上提供的基础资料外,各设计公司、估价公司本身内部非常重视自身的资料积累工作,需要时可以很快利用这些资料进行分析比较,从而推断出合适的估价来。他们所进行的资料积累,并不只限于书面,还十分注重实际调查,表现在:在生产效率上,他们甚至对现场工人每天的工时资料都做了记录,整理分析后进入信息库;在设备、材料价格上,凡是需要询价的,都要逐一询价,以矫正原有资料的失实之处,现有这些从实际了解到的资料,既用作眼前工作的编制依据,又为今后工作储备了信息,实现了资料成果社会化、资料积累动态化、资料利用求实化。

美国、英国、日本计价模式对比

③日本。在日本,由日本的建设省每半年报表调查一次工程造价变动情况,每三年修订一次现场经费和综合管理费,每五年修订一次工程概预算定额。此外,由财团法人经济调查会和建筑物价调查会负责国内劳动力价格、一般材料及特殊材料价格的调查和收集,每月向全社会公开发行人工、机械、材料等价格资料,并且还发布主要材料的价格预测及建筑材料价格指数等。调查会每月公布的价格信息主要供编制预算、标底、承包报价参考。

可以看出,英国、美国、日本都是通过政府和民间两种渠道发布工程定额信息的。其中政府主要发布总体性、全局性的各种造价指数信息,民间组织主要发布相关资源的市场行情信息。这种分工既能使政府摆脱许多烦琐的商务性工作,也可以使他们不承担误导市场,甚至是操纵市场的责任。同时可以发挥民间部门造价信息发布速度快,坚持公开、公平和公正的基本原则等优势。而我国的工程定额信息都是通过政府的工程定额管理部门发布的。因此，开创和拓宽民间工程定额信息的发布渠道，是我国今后工程定额管理体制改革的重要内容之一。

3.2　预算定额的应用

3.2.1　预算定额的组成及作用

预算定额是确定一定计量单位的分项工程所需各种消耗量的标准，它的工作主要是确定消耗量。施工单位在施工中必然要使用一定量的人工、材料和机械设备，用量的多少、时间的长短和何时使用，都需要预先计划合理的消耗才会有较好的经济效益。由于预算定额代表社会平均先进水平，因此它是编制需要量的主要依据。工程预算定额可以帮助企业了解工程预算，包括人工、材料、管理等在内各方面经费消耗情况，以便制定合理的施工计划，确保工程施工的科学合理推进，实现工程的盈利和社会效益最大化。

一般而言，工程预算定额有人工定额、材料消耗定额以及机械台班定额组成。人工、材料和机械台班消耗量指标，应根据预算定额编制原则和要求，采用理论与实际相结合、图纸计算与施工现场测算相结合、编制人员与现场工作人员相结合等方法进行计算和确定，使定额既符合政策要求，又与客观情况一致，便于贯彻执行。

1. 人工费

$$\text{人工费} = \sum(\text{工日消耗量} \times \text{日工资单价}) \tag{3-1}$$

$$\text{人工费} = \sum(\text{工程工日消耗量} \times \text{日工资单价}) \tag{3-2}$$

(1)日工资单价

式(3-1)中的日工资单价：

$$\text{日工资单价} = \frac{\text{生产工人平均月工资(计时、计件)} + \text{平均月(奖金} + \text{津贴} + \text{特殊情况下支付的工资)}}{\text{年平均每月法定工作日}} \tag{3-3}$$

式(3-2)中的日工资单价：

日工资单价是指施工企业平均技术熟练程度的生产工人在每日工作日按照规定从事施工作业应得的日工资总额。

(2)预算定额中人工工日消耗量的计算

预算定额中人工工日消耗量是指在正常施工条件下，生产单位合格产品所必须消耗的人工工日数量，是由分项工程所综合的各个工序劳动定额包括的基本用工、其他用工两部分组成的。

①基本用工。基本用工是指完成一定计量单位的分项工程或结构构件的各项工作

过程的施工任务所必须消耗的技术工种用工。按技术工种相应劳动定额工时定额计算，以不同工种列出定额工日。基本用工包括：

完成定额计量单位的主要用工。按综合取定的工程量和相应劳动定额进行计算，计算公式如下：

$$基本用工=\sum(综合取定的工程量\times劳动定额) \tag{3-4}$$

例如工程实际中的砖基础，有 1 砖厚、1 砖半厚、2 砖厚等之分，用工各不相同，在预算定额中由于不区分厚度，需要按照统计的比例，加权平均得出综合的人工消耗。

②其他用工。其他用工是辅助基本用工消耗的工日，包括超运距用工、辅助用工和人工幅度差用工。

a.超运距用工。超运距是指劳动定额中已包括的材料、半成品场内水平搬运距离与预算定额所考虑的现场材料、半成品堆放地点到操作地点的水平运输距离之差。计算公式如下：

$$超运距=预算定额取定运距-劳动定额已包括的运距 \tag{3-5}$$

$$超运距用工=\sum(超运距材料数量\times时间定额) \tag{3-6}$$

需要指出，实际工程现场运距超过预算定额取定运距时，可另行计算现场二次搬运费。

b.辅助用工。辅助用工是指技术工种劳动定额内不包括而在预算定额内又必须考虑的用工。例如机械土方工程配合用工、材料加工（筛砂、洗石、淋化石膏）、电焊点火用工等。计算公式如下：

$$辅助用工=\sum(材料加工数量\times相应的加工劳动定额) \tag{3-7}$$

c.人工幅度差。人工幅度差是预算定额与劳动定额的差额，主要是指在劳动定额中未包括而在正常施工情况下不可避免但又很难准确计量的用工和各种工时损失。内容包括：各工种间的工序搭接及交叉作业相互配合或影响所发生的停歇用工；施工机械在单位工程之间转移及临时水电线路移动所造成的停工；质量检查和隐蔽工程验收工作的影响；班组操作地点转移用工；工序交接时对前一工序不可避免的修整用工；施工中不可避免的其他零星用工。

人工幅度差计算公式如下：

$$人工幅度差=(基本用工+辅助用工+超运距用工)\times人工幅度差系数 \tag{3-8}$$

人工幅度差系数一般为 10%～15%。在预算定额中，人工幅度差的用工量列入其他用工量中。

2.材料费

（1）材料单价

材料单价是指建筑装饰材料由其来源地运到工地仓库（施工现场）后的出库价格，材料从采购、运输到保管全过程所发生的费用，构成了材料单价。

$$材料单价=(材料原价+材料运杂费+运输损耗费)\times(1+采购保管费率) \tag{3-9}$$

①材料原价，即材料出厂价、进口材料的抵岸价或销售部门的批发价。

②材料运杂费，即材料由来源地运至工地仓库或施工现场堆放地点全部过程中所支付的一切费用，包括运输费、装卸费、调车或驳船费。

③运输损耗费，即材料在装卸、运输过程中发生的不可避免的合理损耗。该费用可计入材料运输费，也可以单独计算。

运输损耗费＝(材料原价＋材料运杂费)×运输损耗率　　(3-10)

④采购保管费，即材料部门在组织订货、采购、供应和保管材料的过程中所发生的各种费用，包括采购费、工地管理费、仓储费、仓储损耗等。

采购保管费＝(材料原价＋材料运杂费＋运输损耗费)×采购保管费率　　(3-11)

或　采购保管费＝[(材料原价＋运杂费)×(1＋运输损耗率)×采购保管率]　　(3-12)

(2)预算定额中材料消耗量的计算

①凡有标准规格的材料，按规范要求计算定额计量单位的耗用量，如砖、防水卷材、块料面层等。

②凡设计图纸标注尺寸及下料要求的按设计图纸尺寸计算材料净用量，如门窗制作用材料、方、板料等。

③换算法。各种胶结、涂料等材料的配合比用料，可以根据要求条件换算，得出材料用量。

④测定法，包括实验室试验法和现场观察法，是指各种强度等级的混凝土及砌筑砂浆配合比的耗用原材料数量的计算，须按照规范要求试配，经过试压合格以后并经过必要的调整后得出的水泥、砂子、石子、水的用量。对新材料、新结构不能用其他方法计算定额消耗用量时，须用现场测定方法来确定，根据不同条件可以采用写实记录法和观察法，得出定额的消耗量。

材料损耗量，是指在正常条件下不可避免的材料损耗，如现场内材料运输及施工操作过程中的损耗等。其关系式如下：

材料损耗率＝损耗量/净用量×100％　　(3-13)

材料损耗量＝材料净用量×损耗率(％)　　(3-14)

材料消耗量＝材料净用量＋损耗量　　(3-15)

材料消耗量＝材料净用量×[1＋损耗率(％)]　　(3-16)

【例 3-1】 假设砂浆损耗率为 1％，计算 1m^3 标准砖一砖外墙砌体数和砂浆的净用量。

解　根据以下公式计算砌体砖数和砂浆总损耗量。

①用砖数：$A=\dfrac{1}{\text{墙厚}\times(\text{砖长}+\text{灰缝})\times(\text{砖厚}+\text{灰缝})\times k}$

式中：k——墙厚的砖数×2。

②砂浆用量：$B=1-\text{砖数}\times\text{砖块体积}$

$$1\text{m}^3\text{标准砖一砖外墙砌体砖用量}=\frac{1}{0.24\times(0.24+0.01)\times(0.053+0.01)}\times1\times2=529(\text{块})$$

1m^3 标准砖一砖外墙砌体砂浆的净用量＝1－529×(0.24×0.115×0.053)＝0.226(m^3)

1m^3 标准砖一砖外墙砌体砂浆的总损耗量＝0.226×(1＋1％)＝0.228(m^3)

3.机械费

(1)机械台班单价

机械台班单价是指一台施工机械在一个台班内所需分摊和开支的全部费用之和。其可分为两大类:

①第一类费用。属于不变费用,即不管机械运转情况如何,不管施工地点和条件,都需要指出的比较固定的经常性费用。主要包括:折旧费、大修理费、经常修理费、安拆费及场外运输费。

②第二类费用。属于可变费用,即只有机械运转工作时才发生的费用,且不同地区、不同季节、不同环境下的费用标准也不同。主要包括:台班燃料动力费、台班人工费、台班税费。

(2)预算定额中机械台班消耗量的计算

预算定额中的机械台班消耗量是指在正常施工条件下,生产单位合格产品(分部分项工程或结构构件)必须消耗的某种型号施工机械的台班数量。

机械台班幅度差是指在施工定额中所规定的范围内没有包括,而在实际施工中又不可避免产生的影响机械或使机械停歇的时间。其内容包括:

①施工机械转移工作面及配套机械相互影响损失的时间。

②在正常施工条件下,机械在施工中不可避免的工序间歇。

③工程开工或收尾时工作量不饱满所损失的时间。

④检查工程质量影响机械操作的时间。

⑤临时停机、停电影响机械操作的时间。

⑥机械维修引起的停歇时间。

大型机械幅度差系数为:土方机械 25%,打桩机械 33%,吊装机械 30%。砂浆、混凝土搅拌机由于按小组配用,以小组产量计算机械台班产量,不另增加机械幅度差。其他分部工程中如钢筋加工、木材、水磨石等各项专用机械的幅度差为 10%。

综上所述,预算定额的机械台班消耗量按下式计算:

预算定额机械耗用台班=施工定额机械耗用台班×(1+机械幅度差系数) (3-37)

【例 3-2】 已知某挖土机挖土,一次正常循环工作时间是 40s,每次循环平均挖土量 0.3m^3,机械正常利用系数为 0.8,机械幅度差为 25%。求该机械挖土方 1000m^3 的预算定额机械耗用台班量。

解 机械纯工作 1h 循环次数=3600/40=90(次/台时)

机械纯工作 1h 正常生产率=90×0.3=27(m^3/台班)

施工机械台班产量定额=27×8×0.8=172.8(m^3/台班)

施工机械台班时间定额=1/172.8=0.00579(台班/m^3)

预算定额机械耗用台班=0.00579×(1+25)=0.00723(台班/m^3)

挖土方 1000m^3 的预算定额机械耗用台班量=1000×0.00723=7.23(台班)

3.2.2 定额基价的确定

1. 预算定额内容

预算定额的具体表现形式是单位估价表，包括定额人工、材料和施工机械台班消耗量，又综合了人工费、材料费、机械费和基价。

根据《浙江省房屋建筑与装饰工程预算定额》(2018 版)，预算定额由建筑工程建筑面积计算规范、总说明、定额目录、分部分项工程说明及其相应的工程量计算规则、分项工程定额项目表、附录等组成，可以归纳为以下几项。

(1)文字说明

文字说明是由建筑面积计算规范、总说明、目录、分部分项说明及工程量计算规则所组成。建筑面积计算规范是全国统一的建筑面积计算规则，阐述该规范适用的范围、相关术语及计算建筑面积的规定，是计算建设项目或单项工程建筑面积的主要依据。

总说明阐述预算定额的用途、编制依据、适用范围、编制原则等内容。

分部分项说明阐述该分部工程内综合的内容、定额换算及增减系数的条件及定额应用时应注意的事项等。

分部分项工程量计算规则阐述了该分部工程计算工程量时所遵循的规则，是计算工程量时主要的参考依据。

(2)分项工程定额项目表

分项工程定额项目表是由分项定额所组成的，这是预算定额的核心内容，如表 3-5 所示。

表 3-5 楼地面工程定额项目表

工作内容：清理基层、调运砂浆、抹平、压实　　　　计量单位：$100m^2$

定额编号				11－1	11－2	11－3	11－4
项目				干混砂浆找平层(厚 mm)			素水泥浆一道
				混凝土或硬基层上	填充材料上	每增减 1	
				20			
基价(元)				1746.27	2236.68	62.85	180.25
其中	人工费(元)			803.21	1058.19	15.81	133.77
	材料费(元)			923.29	1153.68	46.07	46.48
	机械费(元)			19.77	24.81	0.97	—
名称		单位	单价(元)	消耗量			
人工	三类工人	工日	155.00	5.182	6.827	0.102	0.863
材料	干混地面砂浆 DS M20	m^3	433.08	2.040	2.550	0.102	—
	纯水泥浆	m^3	430.36	—	—	—	0.102
	水	m^3	4.27	0.400	0.400	—	—
	其他材料费	元	1.00	17.70	22.12	0.88	2.58
机械	干混砂浆罐式搅拌机 2000L	台班	193.83	0.102	0.128	0.005	—

(3)附录

附录中包括砂浆及混凝土强度等级配合比、单独计算的台班费用、建筑工程主要材料损耗率取定表、人工材料机械台班单价取定表等。

2.预算定额应用

(1)直接套用

例 3-3 定额项目表

【例 3-3】 某工程瓷砖地面 600mm^2,其构造为干混砂浆一道,粘贴 500mm×500mm 的单色瓷砖,干混砂浆罐式搅拌机为施工企业自有。试计算该项工程人工费、材料费和机械费之和。

解 以浙江省预算定额为例,根据题中已知该项工作内容与定额中的编号为 12—49 的工程内容一致,所以可以直接套用定额子目(项目表见二维码)。

从定额表中,可确定该项工程:

人工消耗量=25.018×600÷100=150.108(工日)

单色瓷砖消耗量=103×600÷100=618(m^2)

干混抹灰砂浆消耗量=0.51×600÷100=3.06(m^3)

纯水砂浆消耗量=0.1×600÷100=0.6(m^3)

干混砂浆罐式搅拌机=0.026×600÷100=0.156(台班)

人工费=3877.79×600÷100=23266.74(元)

材料费=3505.02×600÷100=21030.12(元)

机械费=5.04×600÷100=30.24(元)

人工费+材料费+机械费=44327.1(元)

(2)定额换算

当项目的设计要求与预算定额项目的工程内容、材料规格、施工方法不同时,就不能直接套用预算定额,必须根据预算定额的相关文字说明换算后再进行套用。

①抹灰砂浆的换算。当设计用抹灰砂浆与定额取定不同时,按定额规定进行换算。抹灰砂浆换算包括抹灰砂浆配合比换算与抹灰砂浆厚度换算。

②抹灰砂浆配合比换算。预算定额中规定凡注明砂浆种类、配合比的,如与设计规定不同可按设计规定调整,但人工、机械消耗量不变。

例 3-4 定额项目表

换入砂浆用量=换出的定额砂浆用量

换入砂浆原材料用量=换入砂浆配合比用量×换出的定额砂浆用量

换算后定额基价=原定额基价+定额砂浆用量×(换入砂浆基价—换出砂浆基价)

【例 3-4】 水刷石中水泥白石子浆 1∶1.5 进行装饰抹灰,求水刷石原材料用量。

解 以浙江省定额为例从定额目录中查得水刷石进行装饰抹灰的定额子目为 11—27(项目表见二维码)。该定额目录采用 1∶2 水泥白石子浆,需进行换算,换算中人工、机械台班用量不变,1∶1.5 的水泥白石子浆消耗量仍为 1.040 m^3/100m^2,两种砂浆配合比详见附录,定额编号 75、76。

1∶1.5 水泥白石子浆用量=1.040 m^3/100m^2

普通硅酸盐水泥 PO 42.5 用量=631×1.040=656.24(kg/100m^2)

白石子用量=1.197×1.040=1.24488(t/100m^2)

水用量＝0.300×1.040＝0.312($m^3/100m^2$)

【例 3-5】 例 3-4 中，求基价。

解　11—27 基价为 71.81 元/m^2，查水泥白石子浆配合比表中 1∶1.5 的水泥白石子浆为 439.66 元/m^3。

换算后的定额计价＝原定额基价＋定额水泥白石子浆用量×(换入水泥白石子浆基价－换出水泥白石子浆基价)

＝71.81 元/m^2＋0.0104m^3/m^2×(439.66 元/m^3－435.67 元/m^3)

＝71.87(元/m^2)

【例 3-6】 参照浙江省定额，见例 3-6 二维码，墙面打底找平，厚 18mm，求换算后内墙的人工、机械、材料用量及换算后的基价。

例 3-6 定额项目表

解　换入厚砂浆总厚度/定额砂浆总厚度＝18/15＝1.2

第一步：计算换算后人工、机械、材料的用量

换算后三类人工消耗量＝1.2×6.510＝7.812(工日/$100m^2$)

换算后干混抹灰砂浆 DP M20.0 消耗量＝1.2×1.590＝1.908($m^3/100m^2$)

换算后水消耗量＝1.2×0.790＝0.948($m^3/100m^2$)

换算后其他材料费消耗量＝1.2×3.000＝3.600(元/$100m^2$)

换算后机械台班消耗量＝1.2×0.80＝0.96(台班/$100m^2$)

第二步：计算换算后人工费、机械费和材料费

换算后人工费＝155 元/工日×7.812 工日/$100m^2$＝1210.86(工日/$100m^2$)

换算后材料费＝446.95 元/m^3×1.908$m^3/100m^2$＋4.27 元/m^3×0.948$m^3/100m^2$＋3.600 元/$100m^2$＝860.429(元/$100m^2$)

换算后的机械费＝193.83 元/台班×0.96 台班/$100m^2$＝186.077(元/$100m^2$)

第三步：计算换算后的基价

换算后基价＝人工费＋材料费＋机械费

＝1210.86 工日/$100m^2$＋860.429 元/$100m^2$＋186.077 元/$100m^2$

＝2257.366(元/$100m^2$)

【例 3-7】 某装饰墙面水泥砂浆粘贴 200mm×300mm 的全瓷面砖，灰缝 5mm，面砖的损耗率为 1.5%，试计算每 $100mm^2$ 面砖消耗量。

解　查浙江省定额 12—48，实际所需与原定额中墙面砖规格是 150mm×220mm 不一致，所以需要转换。

面砖消耗量＝100×(1＋损耗率)/[(块料长＋灰缝)×(块料宽＋灰缝)]

＝100×(1＋1.5%)/[(0.2＋0.005)×(0.3＋0.005)]

＝1623.35(块/$100m^2$)

折合面积＝1623.35×0.2×0.3＝97.4($m^2/100m^2$)

【例 3-8】 某圆弧砖墙面干混砂浆粘贴瓷砖 $120m^2$，试计算其人工费、材料费及机械费之和。

例 3-8 定额项目表

解　根据计算规则可知，由于该墙面为圆弧形，所以需要对人工费、材料费、机械费进行调整。

查表(见二维码)可知,原定额基价为 7378.85 元/100m^2,其中人工费为3877.79 元/100m^2,材料费为 3505.02 元/100m^2,机械费为 5.04 元/100m^2。

换算后的基价=换算前基价±换算前基价×相应调整系数

=7378.85+3877.79×0.15+3505.02×0.05=8135.770(元/100m^2)

人工费+材料费+机械费=8135.770 元/100m^2×120m^2=976292.34(元)

本章小结

建筑工程定额是指在正常的施工条件和合理劳动组织、合理使用材料及机械的条件下,完成单位合格产品所必须消耗资料的数量标准。

建筑工程定额是一个大家族,是工程建设中多种定额的总称,可以按照不同的原则和方法对它进行科学的分类。

预算定额包括劳动定额、材料耗定额和机械台班定额三个基本分,是一种计价性质的定额。

预算定额包括在合格的施工条件下,完成一定计量单位的质量合格的分部分项工程所需人工、材料和机械台班消耗量及货币表现形式,即人工费、材料费和机械费。三者之和为定额基价。计算公式如下:

定额基价=人工费+材料费+机械费

式中:人工费= $\sum$(工日消耗量×日工资单价)或人工费

= $\sum$(工程工日消耗量×日工资单价)

材料费= $\sum$(材料消耗量×材料单价)

机械费= $\sum$(施工机械台班消耗量×机械台班单价)

思考练习

1.已知人工挖某土方 1m^3 的基本工作时间为 1 个工作日,辅助工作时间占工序作业时间的 5%,准备与结束工作时间、补课避免的中断时间、休息时间分别占工作日的 3%、2%、15%,试计算该人工挖土的时间定额。

2.已知砌筑 1m^3 砖墙中砖净量和损耗量分别为 529 块、6 块,百块砖体积按 0.146m^3 计算,砂浆损耗率为 10%。则砌筑 1m^3 砖墙的砂浆用量是多少?

3.其挖掘机配司机 1 人,若年制度工作日为 245 天,年工作台班为 220 台班,人工工日单价为 80 元,则该挖掘机的人工费为多少元/台班?

4.某挖掘机械挖二类土方的台班产量定额为 100m^3/台班。当机械幅度差系数为 20%时,该机械挖二类土方 1000m^3 预算定额的台班耗用量应为多少台班?

习题解答

第 4 章　工程量清单计价规范

知识目标

熟悉工程量清单计价的主要依据——《建设工程工程量清单计价规范》(GB 50500—2013)的基本条款内容，熟悉招标控制价和投标报价的概念及内容，了解合同价款和竣工结算相关内容。

能力目标

在熟悉工程量清单计价规范的基础上，学会工程量清单的编制方法，具备完成实际工程项目工程量清单的编制能力。

思政拓展

思政目标

向学生讲授思政元素“热爱工作”。工作是谋生立命的根，做好一份工作，首先要热爱工作，只有热爱才能用心，才能把工作做好。而用心做好工作需要做到岗位职责、标准熟记于心，精通业务知识和操作技能。

拓展资料

本章思维导图

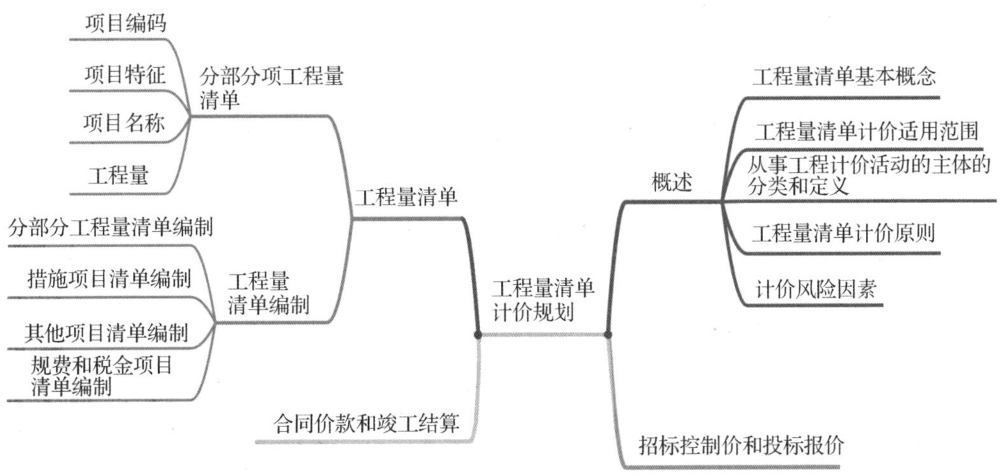

4.1 概　述

4.1.1 工程量清单基本概念

工程量清单计价规范和计算规范由《建设工程工程量清单计价规范》(GB 50500—2013)、《房屋建筑与装饰工程工程量计算规范》(GB 50854—2013)等 9 部规范组成。

《建设工程工程量清单计价规范》(GB 50500—2013)包括总则、术语、一般规定、工程量清单编制、招标控制价、投标报价、合同价款约定、工程计量、合同价款调整、合同价款期中支付、竣工结算与支付、合同解除的价款结算与支付、合同价款争议的解决、工程造价鉴定、工程计价资料与档案、工程计价表格及 11 项附录。

工程量清单是由招标人提供的一种技术文件,是招标文件的组成部分,一经中标签订合同,即为合同文件的组成部分。工程量清单的描述对象是拟建工程,其内容涉及清单项目的特征、数量等,并以表格为主要表现形式。

1.工程量清单

工程量清单是载明建设工程分部分项工程项目、措施项目、其他项目的名称和相应数量以及规费、税金项目等内容的明细清单。

2.招标工程量清单

招标工程量清单是招标人依据国家标准、招标文件、设计文件以及施工现场实际情况编制的,随招标文件发布供投标报价的工程量清单,包括其说明和表格,如表 4-1 和表 4-2所示。

表 4-1　工程项目工程招标工程量清单

<table>
<tr><td colspan="2">工程项目　工程</td></tr>
<tr><td colspan="2">招标工程量清单</td></tr>
<tr><td>招标人:</td><td>造价
咨询人:</td></tr>
<tr><td>(单位盖章)</td><td>(单位盖章)</td></tr>
<tr><td>法定代表人
或其授权人:</td><td>法定代表人
或其授权人:</td></tr>
</table>

（签字或盖章）	（签字或盖章）
编制人：	复核人：
（造价人员签字 盖专用章）	（造价工程师签字 盖专用章）
编制时间：	复核时间：

表 4-2　分部分项工程清单表

工程名称：××××××××××建筑工程　　　标段：　　　第 1 页共 2 页

序号	项目编码	项目名称	项目特征描述	计量单位	工程量	金额（元）		
						综合单价	合价	其中 暂估价
1	010101004001	挖基坑土方	1. 土壤类别：一、二类土 2. 独立基础挖土、2m 以内 3. 弃土运距：投标人自行考虑	m^3	2722			

3. 已标价工程量清单

构成合同文件组成部分的投标文件中已标明价格，承包人已确认的工程量清单，包括其说明和表格。

4.1.2　工程量清单计价适用范围

1. 建设阶段范围

工程量清单计价适用于建设工程发承包及实施阶段的工程造价计价活动。

2. 招投标阶段范围

全用国有资金投资或国有资金为主的工程项目，必须采用工程量清单计价。

(1)国有资金投资的工程建设项目

①使用各级财政预算资金的项目；

②使用纳入财政管理的各种政府性专项建设资金的项目；

③使用国有企事业单位自有资金，并且国有资产投资者实际又有控制权的项目。

(2)国家融资资金投资的工程建设项目

①使用国家发行债券所筹资金的项目；

②使用国家对外借款或者担保所筹资金的项目；

③使用国家政策性贷款的项目；

④国家授权投资主体融资的项目；

⑤国家特许的融资项目。

(3)国有资金(含国家融资资金)为主的工程建设项目

国有资金(含国家融资资金)为主的工程建设项目是指国有资金占投资总额50%以上,或虽不足50%但国有投资者实质上拥有控股权的工程建设项目。

4.1.3 从事工程计价活动的主体的分类和定义

招标工程量清单、招标控制价、投标报价、合同价款约定、工程计量、合同价款调整、合同价款期中支付、竣工结算与支付、合同解除的价款结算与支付、合同价款争议的解决、工程造价鉴定等工程造价文件的编制与审核应由具有专业资格的工程造价人员承担。

1.发包人

发包人是指具有工程发包主体资格和支付工程价款能力的当事人以及取得该当事人资格的合法继承人,有时又称招标人。

2.承包人

承包人是指被发包人接受的具有工程施工承包主体资格的当事人以及取得该当事人资格的合法继承人,有时又称投标人。

3.造价工程师

造价工程师是指取得造价工程师注册证书,在一个单位注册、从事建设工程造价活动的专业人员。

4.工程造价咨询人

工程造价咨询人是指取得工程造价咨询资质等级证书,接受委托从事建设工程造价咨询活动的当事人以及取得该当事人资格的合法继承人。

4.1.4 工程量清单计价原则

1.工程量清单应采用综合单价计价

目前在我国,综合单价是指部分费用综合单价,即综合单价由除了规费和税金之外的费用构成。

2.措施项目规定

措施项目中的安全文明施工费必须按国家或省级、行业建设主管部门的规定计算,不得作为竞争性费用。

3.规费和税金规定

规费和税金必须按国家或省级、行业建设主管部门的规定计算,不得作为竞争性费用。

4.1.5 计价风险因素

1.计价风险基本规定

建设工程发承包,必须在招标文件、合同中明确计价中的风险内容及其范围,不得采用无限风险、所有风险或类似语句规定计价中的风险内容及范围。

2.影响合同价款调整的因素中,应由发包人承担的

(1)国家法律、法规、规章和政策发生变化;

(2)省级或行业建设主管部门发布的人工费调整,但承包人对人工费或人工单价的报价高于发布的除外;

(3)由政府定价或政府指导价管理的原材料等价格进行了调整。

3.市场物价波动

由于市场物价波动影响合同价款的,应由发承包双方合理分摊,按规范要求填写《承包人提供主要材料和工程设备一览表》作为合同附件;当合同中没有约定,发承包双方发生争议时,应按工程量清单计价规范相关规定调整合同价款。

4.承包人自身

由于承包人使用机械设备、施工技术以及组织管理水平等自身原因造成施工费用增加的,应由承包人全部承担。

5.不可抗力问题

当不可抗力发生,影响合同价款时,应按工程量清单计价规范的有关规定执行。

不可抗力

4.2 工程量清单

4.2.1 分部分项工程量清单

1.分部分项工程基本概念

分部分项工程是"分部工程"和"分项工程"的总称。

分部工程是指单位工程按照专业性质、建筑部位等划分的工程。例如,十大分部工程:地基与基础、主体结构、装饰装修、屋面工程、建筑给水排水及采暖、建筑电气、智能建筑、通风与空调、电梯、建筑节能工程。

分项工程是分部工程的组成部分,是按不同施工方法、材料、工序及路段长度等将分部工程划分为若干个分项或项目的工程。例如,土石方工程分为平整场地、人工挖基础土方、回填土等分项工程。

《房屋建筑与装饰工程工程量计算规范》(GB 50854—2013)规定:房屋建筑与装饰工程量清单项目包括土石方工程,地基与桩基础工程,砌筑工程,混凝土及钢筋混凝土工程,厂库房大门、特种门,木结构工程,金属结构工程,屋面及防水工程,防腐、隔热、保温

工程，楼地面工程，墙、柱面工程，顶棚工程，门窗工程，油漆涂料、裱糊工程，其他工程。

装配式建筑相关工程量计算主要包含在附录E钢筋及钢筋混凝土工程、附录F金属结构工程、附录G木结构工程中。

2.分部分项工程量清单的编制

分部分项工程量清单必须载明项目编码、项目名称、项目特征、计量单位和工程量。分部分项工程量清单必须根据相关工程现行国家计量规范规定的项目编码、项目名称、项目特征、计量单位和工程量计算规则进行编制。

项目编码

(1)项目编码

分部分项工程量清单的项目编码用阿拉伯数字标识。分部分项工程量清单的编码以5级编码设置，用12位阿拉伯数字表示，如表4-3所示。

表4-3　项目编码举例

数位	1	2	3	4	5	6	7	8	9	10	11	12
编号	0	1	0	1	0	1	0	0	4	0	0	1
	一级		二级		三级		四级(3位数)			五级(3位数)招标人按序编制工程量清单项目名称编码		
	计量规范中规定的编码(9位)——全国统一											

一、二、三、四级编码即12位阿拉伯数字中的前9位数字，其编码规则是全国统一的，按照《计量规范》中规定的编码设置。第一级编码表示工程分类顺序码，第二级编码表示专业工程顺序码，第三级编码表示分部工程顺序码，第四级编码表示分项工程项目名称顺序码。例如，计量规范中010101004(9位)代表“挖基坑土方的分部分项工程”。第五级编码(即第10至12位阿拉伯数字)为工程量清单项目名称顺序码，应该根据拟建工程的工程量清单项目名称设置，不得有重号；这三位清单项目编码数字由招标人针对招标项目的具体情况编制，应从001起顺序编制。

(2)分部分项工程量清单项目名称

分部分项工程量清单的项目名称应按计量规范中的项目名称结合拟建工程的实际确定。

计量规范中的分项工程项目名称如有缺项，招标人可作补充，并报当地工程造价管理机构(省级)备案。

例如，计量规范中“墙面一般抹灰”这个分项工程名称，可以根据拟建项目的墙面抹灰内容细化为“外墙面一般抹灰”和“内墙面一般抹灰”。

(3)分部分项工程量清单项目特征

项目特征是对项目的准确描述，是构成分部分项项目自身价值的本质特征，是区分清单项目的依据，是确定一个清单项目综合单价不可或缺的重要依据，是履行合同义务的基础。

项目特征由清单编制人视项目具体情况确定，以准确描述清单项目为准；不能因为工程内容有描述，就简化或取消项目特征的描述。

项目特征的描述应按照各个专业工程计量规范的附录中规定的项目特征，结合技术规范、标准图集、施工图纸，按照工程结构、使用材质及规格或安装位置等实际情况予以详细描述，以满足组成综合单价为前提。

在各个专业工程计量规范附录中还有关于工程量清单各项目的“工作内容”描述。工作内容是指完成清单项目可能发生的具体工作和操作程序。在编制工程量清单时，不需要描述工作内容。工作内容决定清单计价时的综合单价的组价内容，如图 4-1 和表 4-4 所示。

图 4-1　墙面勾缝

表 4-4　墙面勾缝(编码:011201)

项目编码	项目名称	项目特征	计量单位	工程量计算规则	工作内容
011201003	墙面勾缝	1. 勾缝类型 2. 勾缝材料种类	m^2	按设计图示尺寸以面积计算。扣除墙裙、门窗洞口及单个＞0.3m^2 的孔洞面积，不扣除踢脚线、挂镜线和墙与构件交接处的面积，门窗洞口和孔洞的侧壁及顶面不增加面积。附墙柱、梁、垛、烟囱侧壁并入相应的墙面面积内	1. 基层清理 2. 砂浆制作、运输 3. 勾缝

(4)计量单位

计量单位应采用基本单位，除各专业另有特殊规定外均按以下单位计量：

①以重量计算的项目——吨或千克(t 或 kg)；

②以体积计算的项目——立方米(m^3)；

③以面积计算的项目——平方米(m^2)；

④以长度计算的项目——米(m)；

⑤以自然计量单位计算的项目：个、套、块、樘、组、台……

⑥没有具体数量的项目——宗、项……

各专业有特殊计量单位的，再另外加以说明，当计量单位有两个或两个以上时，应根据所编工程量清单项目的特征要求，选择一个最适宜表现该项目特征并方便计量的单位。

(5)工程数量的计算

工程数量主要根据设计图纸和工程量计算规则计算得到。除另有说明外，所有清单项目的工程量应以实体工程量为准，并以完成后的净值计算；投标人投标报价时，应在单价中考虑施工中的各种损耗和需要增加的工程量。

(6)分部分项工程量清单与计价表

工程量计算结果和分部分项工程费用计算结果要填入分部分项工程量清单与计价表，如表 4-5 所示。

表 4-5　分部分项工程量清单与计价表

序号	项目编码	项目名称	项目特征描述	计量单位	工程量	金额/元	
						综合单价	合价

编制分部分项工程量清单与计价表格时，由招标人负责前六项内容的填写，金额部分在编制招标控制价或投标报价时填写。项目编码、项目名称、项目特征、计量单位和工程量的编制要符合前面叙述的要求。

4.2.2　措施项目清单

1. 措施项目概念

措施项目是指为完成工程项目施工，发生于该工程施工准备和施工过程中的技术、生活、安全、环境保护等方面的项目。

措施项目费用注意事项

2. 措施项目类型

措施项目有两种类型：总价措施项目和单价措施项目。

(1)总价措施项目

总价措施项目是工程量清单中以总价计价的项目，即此类项目在相关工程现行国家计量规范中无工程量计算规则，以总价(或计算基础乘以费率)计算的项目。不能计算工程量的项目清单，以(项)为计量单位，工程量为 1。计量规范中总价措施项目有安全文明施工费、提前竣工增加费、二次搬运费、冬雨季施工增加费、行车行人干扰增加费、其他施工组织措施费等。

(2)单价措施项目的编制

单价措施项目是工程量清单中以单价计价的项目。单价措施项目宜采用分部分项工程量清单的方式编制，列出项目编码、项目名称、项目特征、计量单位和工程量计算规则，即根据合同工程图纸(含设计变更)和相关工程现行国家计量规范规定的工程量计算规则进行计量，与已标价工程量清单相应综合单价进行价款计算的项目。计量规范中单价措施项目有脚手架工程、混凝土模板及支架、垂直运输、超高施工增加、大型机械设备进出场及安拆、施工排水和施工降水等。

3.措施项目清单编制

措施项目清单必须根据相关工程现行国家计量规范的规定编制。措施项目清单应根据拟建工程的实际情况列项。因为措施项目有两种类型，所以措施项目清单与计价表也有两种表格形式：措施项目清单与计价表（一）和措施项目清单与计价表（二）。

（1）措施项目清单与计价表（一）

措施项目清单与计价表（一）是指适用于以“项”计价的措施项目，如安全文明施工费、夜间施工费、二次搬运费等以一定计费基数乘以一定费率的措施项目。

这个表格是总价措施项目清单与计价表中，用来计算不能计算工程量的措施项目费用，如表 4-6 所示。

表 4-6　措施项目清单与计价表（一）

序号	项目编码	项目名称	计算基础	费率/%	金额/元
		安全文明施工费			
		提前竣工增加费			
		二次搬运费			
		冬雨季施工增加费			
		行车行人干扰增加费			
		其他施工组织措施费			
合　　计					

注：①措施项目清单与计价表（一），用于计算总价措施费。

②总价措施费在计算时，要根据国家和地区的措施费计算文件、招标文件要求，各地区水文地质、环境、气候、安全等因素条件来选取计算基数和费率。

③各项措施费的计算公式：各项措施费＝计算基数×费率（%）。

（2）措施项目清单与计价表（二）

措施项目清单与计价表（二）用于计算能计算工程量的单价措施费用。它的格式和使用与分部分项工程量清单与计价表格形式基本相同，如表 4-7 所示。

表 4-7　措施项目清单与计价表（二）

工程名称：　　　　　　标段：　　　　第　页　　共　页

序号	项目编码	项目名称	计算基础	工程量	金额/元	
					综合单价	合价

4.2.3　其他项目清单

1.其他项目清单概述

其他项目清单是指分部分项工程量清单、措施项目清单所包含的内容以外，因招标人的特殊要求而发生的与拟建工程有关的其他费用项目和相应数量的清单。其他项目清单宜按照计量规范给定的格式编制，出现未包含在表格中内容的项目，可根据工程实际情况补充。

2.其他项目清单包含的内容

(1)暂列金额

暂列金额是指招标人在工程量清单中暂定并包括在合同价款中的一笔款项，用于工程合同签订时尚未确定或者不可预见的所需材料、工程设备、服务的采购，施工中可能发生的工程变更、合同约定调整因素出现时的合同价款调整以及发生的索赔、现场签证确认等的费用。

暂列金额应根据工程特点按有关计价规定估算。

(2)暂估价

暂估价包括材料暂估单价、工程设备暂估单价、专业工程暂估价。

招标人在工程量清单中提供的用于支付必然发生但暂时不能确定价格的材料、工程设备以及专业工程的金额。

暂估价中的材料、工程设备暂估单价应根据工程造价信息或参照市场价格估算，列出明细表；专业工程暂估价应分不同专业，按有关计价规定估算，列出明细表。

(3)计日工

计日工是在施工过程中，承包人完成发包人提出的工程合同范围以外的零星项目或工作，按合同中约定的单价计价的一种方式。

计日工应列出项目名称、计量单位和暂估数量。

(4)总承包服务费

总承包人为配合协调发包人进行的专业工程发包，对发包人自行采购的材料、工程设备等进行保管以及施工现场管理、竣工资料汇总整理等服务所需的费用。总承包服务费应列出服务项目及其内容等。

3.其他项目清单与计价汇总表

其他项目清单与计价汇总表如表4-8所示。

表4-8　其他项目清单与计价汇总表

序号	项目名称	计量单位	金额/元	备注
1	暂列金额			
2	暂估价			
2.1	材料(工程设备)暂估价			
2.2	专业工程暂估价			
3	计日工			
4	总承包服务费			
5	其他			

其他项目清单与计价表的填写要求：

(1)暂列金额应按招标工程量清单中列出的金额填写；

(2)暂估价中的材料、工程设备暂估单价应按招标工程量清单中列出的单价计入综合单价；

(3)暂估价中的专业工程金额应按招标工程量清单中列出的金额填写；

(4)计日工应按招标工程量清单中列出的项目根据工程特点和有关计价依据确定综合单价计算。

4.2.4　规费和税金项目清单

1.规费

规费是根据国家法律、法规规定，由省级政府或省级有关权力部门规定施工企业必须缴纳的，应计入建筑安装工程造价的费用。

规费项目清单应按照下列内容列项：

(1)社会保险费

社会保险费包括养老保险费、失业保险费、医疗保险费、生育保险费和工伤保险费。养老保险费是指单位按照规定为职员向社会保险机构缴纳的养老保险费；失业保险费是指单位按照规定为职员以失业保险缴费比例缴纳的费用；医疗保险费是指职员、单位和国家按一定的缴费比例三方共同出资而形成的费；生育保险费一般指生育保险金，国家或社会对生育的职员给予必要的经济补偿和医疗保健；工伤保险是由单位缴纳，依照工伤保险规定的缴费比例缴纳的费用。

(2)住房公积金

社会保险费与住房公积金以定额人工费为计算基础，根据工程所在的省、自治区、直辖市或行业建设主管部门规定费率计算。

(3)工程排污费

工程排污费是指工程在实施过程中由政府环境保护部门统一按规定收取的排污费用。

出现计价规范未列的项目，应根据省级政府或省级有关部门的规定列项。

2.税金

税金是指按国家税法规定的应计入建筑安装工程造价内的增值税、城市维护建设税、教育费附加以及地方教育附加。

税金的计算公式为：

$$税金=税前造价\times综合税率(\%) \tag{4-1}$$

4.3 招标控制价和投标报价

4.3.1 招标控制价

1.招标控制价的定义

招标控制价是招标人根据国家或省级、行业建设主管部门颁发的有关计价依据和办法，按设计施工图纸计算的，对招标工程限定的最高工程造价。国有资金投资的工程建设项目必须实行工程量清单招标，并必须编制招标控制价。

建筑市场中招标控制价的编制主体包括建设单位、工程造价咨询单位和招标代理机构。招标控制价是在开标前一定时间内向所有投标人公布，招标控制价在工程招标之前和招标过程中对承包商在报价上的选择起着重要的作用。

招标控制价与标底的区别

2.增值税下招标控制价的编制要点

增值税模式下，工程造价(含税)＝税前工程造价×(1＋9％)。要想形成一个正确的控制价，必须运用“价税分离”计价规则，把“可抵扣的增值税”从价格之中给“掰”出来。在计价过程中，普遍采用的是“造价信息”所公布的价格，在营业税模式下，直接载入造价信息即可，而在增值税计税模式下，需采用其不含税市场价。需要市场询价的材料或设备，在询价时，必须要问不含税价格和税率，以及能否开可抵扣的增值税专用发票等。

3.招标控制价的编制依据

招标控制价的编制依据主要有：计价和计量规范，国家或省级、行业建设主管部门颁发的建设工程设计文件及相关资料，拟定的招标文件及招标工程量清单，与建设项目相关的标准、规范、技术资料，施工现场情况，工程特点及常规施工方案，工程造价管理机构发布的工程造价信息。当工程造价信息没有发布时，招标控制价参照市场价、其他相关资料拟定。

招标控制价的编制内容主要包括分部分项工程费、措施项目费、其他项目费、规费和税金的编制。招标控制价的计价方法是工程量清单计价方法。由于编制人是招标人，所以计价过程中所使用的计价依据与投标报价时的计价依据有一些区别，招标控制价计价的程序可参照程序表进行，如表4-9所示。

表 4-9　单位工程招标控制价汇总表

工程名称：　　　　　　　　　　　　标段：　　　　　　　　　　　　第　页共　页

序号	汇总内容	计算方法	金额/元
1	分部分项工程	$\sum$（工程量×综合单价）	
	…		
2	措施项目费	总价措施费＋单价措施费	
	其中：安全文明施工费	按规定计算	
3	其他项目费	3.1＋3.2＋3.3＋3.4	
3.1	暂列金额	按照招标工程量清单中的数值填写	
3.2	专业暂估价	按照招标工程量清单中的数值填写	
3.3	计日工	按照规定计算	
3.4	总承包服务费	按照规定计算	
4	规费	按照规定计算	
5	税金	(1＋2＋3＋4)×税率	
	单位工程招标控制价	1＋2＋3＋4＋5	

4. 招标控制价计价时应注意的问题

(1)材料价格的确定

招标控制价计价时所采用的材料价格应该是工程造价管理机构通过工程造价信息渠道发布的材料价格；对于工程造价信息未发布材料价格的材料，其价格应该通过市场调查确定。未采用工程造价管理机构发布的材料价格时，需要在招标文件或答疑补充文件中对招标控制价中采用的与工程造价信息不一致的材料市场价格进行说明。

(2)施工机具的选型

施工机具的选型直接关系到综合单价的计算结果，应根据工程特点和施工条件，本着“经济适用、先进高效”的原则确定。

(3)工程定额的使用

应该正确、全面地使用地区或行业的工程定额、费用定额和相关文件。

(4)不可竞争费

不可竞争费一定要按照相关规定执行。

4.3.2 投标报价

投标报价是投标人投标时响应招标文件的要求所报出的对已标价工程量进行汇总后的总价。投标报价是由投标人按照招标文件的要求，根据工程特点，并结合自身施工技术、装备和管理水平，依据有关计价规定进行的工程造价计算，是投标人期望达成的工程交易价格。它不能高于招标控制价。同时，投标报价的计算方法还要与采用的承包合同的形式相协调。

投标报价应由投标人或受其委托具有相应资质的工程造价咨询人编制。

1.投标报价的编制原则

投标报价是投标的关键性工作。报价是否合理，不仅直接关系到投标的成败，还关系到中标后企业的盈亏。投标报价的编制原则如下：

(1)投标人应自主确定投标报价；

(2)投标报价不得低于工程成本；

(3)投标人必须按招标工程量清单填报价格。

投标报价时分部分项工程量清单的项目编码、项目名称、项目特征、计量单位、工程量必须与招标分部分项工程量清单一致。

投标人的投标报价高于招标控制价，予以废标处理。

2.投标报价的编制依据和方法

(1)投标报价的编制依据

《建设工程工程量清单计价规范》(GB 50500—2013)中规定了投标报价的编制依据：

①《建设工程工程量清单计价规范》(GB 50500—2013)；

②国家或省级、行业建设主管部门颁发的计价办法；

③企业定额，国家或省级、行业建设主管部门颁发的计价定额和计价办法；

④招标文件、招标工程量清单及其补充通知、答疑纪要；

⑤建设工程设计文件及相关资料；

⑥施工现场情况、工程特点及投标时拟订的施工组织设计或施工方案；

⑦与建设项目相关的标准、规范等技术资料；

⑧市场价格信息或工程造价管理机构发布的工程造价信息；

⑨其他相关资料。

(2)投标报价的编制方法

投标报价的编制方法与招标控制价的编制方法相同，都是根据招标文件中规定的方法进行。国有资金投资项目必须使用工程量清单计价办法。

在编制投标报价之前，需要先对清单工程量进行复核。工程量的多少是选择施工方法、安排人力和机械、准备材料时必须考虑的因素，会影响分部分项工程的单价，因此一定要对工程量进行复核。

投标报价前，应首先根据招标人提供的工程量清单编制分部分项工程量清单与计价表，措施项目清单与计价表，其他项目清单与计价表，规费、税金项目清单与计价表，进行计算；计算完毕后汇总得到单位工程投标报价汇总表，再层层汇总，分别得出单项工程投标报价汇总表和工程项目投标总价汇总表。

3.分部分项工程量清单与计价表的编制步骤

(1)复核分部分项工程量清单中的工程量和项目是否准确；

(2)研究分部分项工程量清单中的项目特征描述；

(3)进行清单综合单价的计算；

(4)根据投标策略，结合自身实力进行工程量清单综合单价的调整；

(5)编制分部分项工程量清单与计价表。

分部分项工程量清单计价表中的项目编码、项目名称、项目特征、项目计量单位以及工程数量必须与招标文件中提供的清单内容一致。投标单位仅填报清单综合单价和合价。

4.投标报价综合单价的确定

编制分部分项工程量清单与计价表的核心是确定综合单价。综合单价的确定方法与招标控制价中综合单价的确定方法相同，但确定的依据有所差异。编制投标报价分部分项工程费的综合单价时，要注意以下问题：

(1)综合单价的确定一定要与招标工程量清单中的项目特征描述相一致

工程量清单中项目特征的描述决定了清单项目的实质，直接决定了工程的价值，是投标人确定综合单价最重要的依据。在招投标过程中，若招标文件中分部分项工程量清单的项目特征描述与设计图纸不符，投标人应以分部分项工程量清单中的项目特征描述为准，确定投标报价的综合单价。若施工中施工图纸或设计变更与工程量清单项目特征描述不一致，发承包双方应按实际施工的项目特征依据合同约定重新确定综合单价。

(2)综合单价的确定一定要依据企业定额

企业定额是施工企业根据本企业具有的管理水平，拥有的施工技术和施工机械装备水平而编制的，是施工企业完成一个规定计量单位工程项目所需的人工、材料、施工机械台班的消耗标准，是在施工企业内部进行施工管理的标准，也是施工企业投标报价时确定综合单价的依据之一。投标企业没有企业定额时可根据企业自身情况参照地区或行业的工程定额进行调整。

(3)综合单价的确定要使用企业管理费费率、利润率

企业管理费费率可由投标人根据本企业近年的企业管理费核算数据自行测定，当然也可以参照当地造价管理部门发布的平均参考值确定。利润率可由投标人根据本企业当前盈利情况、施工水平、拟投标工程的竞争情况以及企业当前经营策略自主确定。

(4)综合单价的确定要正确确定和使用资源价格

综合单价中的人工费、材料费、机械费是以企业定额的工、料、机消耗量乘以工、料、机的实际价格得出的，因此投标人拟投入的工、料、机等资源的可获取价格直接影响综合单价的高低。

(5)综合单价的确定要考虑风险费用

综合单价中应包括招标文件中划分的应由投标人承担的风险范围及其费用。招标文件中没有明确的，应提请招标人明确。

招标文件中要求投标人承担的风险费用，投标人应在综合单价中予以考虑，通常以风险费率的形式进行计算。风险费率应根据招标人的要求，结合投标企业当前风险控制水平进行定量测算。在施工过程中，出现的风险内容及其范围在招标文件规定的范围内时，综合单价不得变动，工程款不作调整。

根据国际惯例和我国工程建设特点，发承包双方对施工过程阶段的风险宜采用如下分摊原则：

①在合同履行期内，工程主要材料的市场价格波动幅度过大时，建设工程合同价款

应予以调整。发承包双方应该在招标文件或施工合同中对此类风险的范围和变动幅度予以明确约定，进行合理分摊。一般来说，根据工程特点和工期要求，采用的风险分摊方式是：承包人承担8%以内的材料、工程设备价格风险，10%以内的施工机具使用费风险。

②政策性调整导致的价格风险，如国家法律、法规、规章或有关政策的出台导致工程规费、税金发生变化，机构根据上述变化进行调整。承包人不承担此类风险，应按照有关调整文件执行。

③承包人根据自身技术水平，管理、经营状况能够自主确定的风险，如承包人的管理费、利润等风险，承包人应参照工程造价管理机构发布的费率，结合市场情况和企业自身实际情况合理确定、自主报价，风险由承包人承担，原则上不进行调整。

(6)综合单价的确定要使用材料暂估价

招标文件中提供了暂估单价的材料，其单价按暂估单价计入综合单价。

(7)综合单价的确定要注意清单单位含量工程量的计算

投标报价分部分项工程费综合单价的计算，与招标控制价分部分项工程费综合单价的计算一样，都要注意清单单位含量工程量的计算。

(8)综合单价的计算

投标报价分部分项工程费的综合单价计算公式见式(4-1)至式(4-3)

①综合单价中人工费的计算：

综合单价中的人工费＝清单单位含量工程量×(定额人工消耗量×自主确定的人工工日单价) (4-2)

②综合单价中材料费的计算

综合单价中的材料费＝清单单位含量工程量×(定额材料消耗量×自主确定的材料单价) (4-3)

③综合单价中施工机具使用费的计算

综合单价中的施工机具使用费＝清单单位含量工程量×(定额施工机具消耗量×自主确定的施工机具台班单价) (4-4)

④综合单价中管理费的计算

综合单价管理费按照投标企业自身的管理效率和管理水平确定计算方法和费率。

⑤综合单价中利润的计算

利润按照投标企业的投标报价策略来确定计算方法和费率。

⑥综合单价中风险费用的计算

综合单价中风险费用的计算根据招标文件中的规定进行。

⑦分部分项工程综合单价的组价

分部分项工程综合单价的组价＝人工费＋材料费＋施工机具使用费＋管理费＋利润＋风险费 (4-5)

(9)综合单价的计算用表

综合单价分析表如表4-10所示。

表 4-10　综合单价分析表

项目编码		项目名称		计量单位				工程量			
清单综合单价组成明细											
定额编号	定额项目名称	定额单位	数量	单价/元				合价/元			
				人工费	材料费	施工机具使用费	管理费和利润	人工费	材料费	施工机具使用费	管理费和利润
人工单价		小计									
元/工日		未计材料费									
清单项目综合单价											
材料明细表	主要材料的名称、规格、型号					单位	数量	单价	合价	暂估价	暂估合价

5.措施项目清单与计价表的编制

投标人可根据工程项目实际情况以及施工组织设计或施工方案自主确定措施项目费。招标人在招标文件中列出的措施项目清单是根据一般情况确定的，没有考虑投标人的具体情况。因此，投标人投标报价时应根据自身拥有的施工装备、技术水平和采用的施工方法确定措施项目，对招标人所列的措施项目进行调整。

措施项目费的计价方式应根据工程量清单计价规范中的规定确定，可以计算工程量的措施项目采用综合单价的方式计价，其余的措施项目采用以“项”为计量单位的方式计价。措施项目费由投标人自主确定，但其中的安全文明施工费应按国家或省级、行业建设主管部门的规定确定。投标报价措施项目费的表格同招标控制价的表格，只是计算时应注意自主报价。

6.其他项目清单与计价表的编制

投标报价时，投标人对其他项目费的确定应遵循以下原则。

(1)暂列金额

暂列金额应按照其他项目清单中列出的金额填写，不得变动。

暂列金额

(2)暂估价

暂估价不得变动和更改。暂估价中的材料暂估价必须按照招标人提供的暂估单价计入分部分项工程费中的综合单价，专业工程暂估价必须按照招标人提供的其他项目清单中列出的金额填写。

(3)计日工

计日工应按照其他项目清单中列出的项目和估算的数量自主确定各项综合单价并

计算费用。

(4)总承包服务费

总承包服务费应根据招标人在招标文件中列出的分包专业工程内容、供应材料和设备情况,由投标人按照招标人提出的协调、配合与服务要求以及施工现场管理需要自主确定。

7.规费和税金清单与计价表的编制

规费和税金应按国家或省级、行业建设主管部门的规定计算,不得作为竞争性费用。费用的计算方法和表格同招标控制价。

8.投标价的汇总

投标人的投标总价应当与组成工程量清单的分部分项工程费,措施项目费,其他项目费和规费、税金的合计金额相一致,即投标人在进行工程项目工程量清单招标的投标报价时,不能进行投标总价优惠(或降价、让利),投标人对投标总价的任何优惠(或降价、让利)均应反映在相应清单项目的综合单价中。

4.4 合同价款和竣工结算

4.4.1 合同价款

合同价款是指发承包双方在工程合同中约定的工程造价。其包括分部分项工程费、措施项目费、其他项目费、规费和税金的合同总金额,也称签约合同价。

1.合同价款的定义

合同价款的确定方式一般有两种:一种是通过招投标程序进行承包商的选择时,中标价即为合同价;另一种是发包方和承包方通过协商谈判进行承包商的选择时,以施工图预算为基础确定的工程造价即为合同价。按照国内、国际的行业惯例,建设工程合同价款可以分为固定价格合同价款、可调价格合同价款、成本加酬金合同价款三种类型,发承包人可约定采用其中一种。

(1)固定价格合同价款

合同双方在专用条款内约定合同价款包含的风险范围内合同价款不再调整。风险范围以外的合同价款调整方法,应当在专用条款内约定。固定价格合同价款分为两种形式:一是固定总价合同价款,又称总价包干或总价闭口,指发承包双方在合同中约定一个总价,承包人据此完成全部合同内容,建设工程合同中的施工单价和工程量均不再调整;二是固定单价合同价款,又称单价包干或单价闭口。所谓单价包干,是指承包人在投标时,按招标文件就分部分项工程所列出的工程量表确定各分部分项工程费用的合同类

型，这类合同单价不可调，承包人的工程款总量通过单价乘以实际完成工程量来确定。

(2)可调价格合同价款

可调价格合同价款可根据双方的约定而调整，双方在专用条款内约定合同价款调整方法。可调价格包括可调综合单价和措施项目费等，双方应在合同中约定综合单价和措施项目费的调整方法。

(3)成本加酬金合同价款

成本加酬金合同价款包括成本和酬金两部分，成本按现行计价依据以合同约定的办法计算；酬金按工程成本乘以通过竞争确定的费率计算，从而确定工程竣工结算价。

实行工程量清单计价的工程，应采用固定单价合同价款；建设规模较小，技术难度较低，工期较短，且施工图设计已经审查批准的建设工程，可采用固定总价合同价款；紧急抢险、救灾以及施工技术特别复杂的建设工程可采用成本加酬金合同价款。

2. 对合同价款需要约定的内容

合同价款需要在施工合同中进行约定，约定的内容有：预付工程款的数额、支付时间及抵扣方式，安全文明施工措施的支付计划、使用要求等，工程计量与支付工程进度款的方式、数额及时间，工程价款的调整因素、方法、程序、支付及时间，施工索赔与现场签证的程序、金额确认与支付时间，承担计价风险的内容、范围以及超出约定内容、范围的调整办法，工程竣工价款结算编制与核对、支付及时间，工程质量保证金的数额、预留方式及时间，违约责任以及发生合同价款争议时的解决方法及时间，与履行合同、支付价款有关的其他事项等。

4.4.2　竣工结算

竣工结算价款是指发承包双方依据国家有关法律、法规和标准的规定，按照合同约定确定的，包括在履行合同过程中按合同约定进行的合同价款调整，承包人按合同约定完成了全部承包工作后，发包人应付给承包人的合同总金额。

交工验收和竣工验收的区别

1. 竣工结算的编制

工程完工后，发承包双方必须在合同约定时间内办理工程竣工结算。工程竣工结算应由承包人或受其委托的具有相应资质的工程造价咨询人编制，并应由发包人或受其委托的具有相应资质的工程造价咨询人核对。

当发承包双方或一方对工程造价咨询人出具的竣工结算文件有异议时，可向工程造价管理机构投诉，申请对其进行执业质量鉴定。工程造价管理机构对投诉的竣工结算文件进行质量鉴定，宜按相关规定进行。

竣工结算办理完毕后，发包人应将竣工结算文件报送工程所在地或有该工程管辖权的行业管理部门的工程造价管理机构备案，竣工结算文件应作为工程竣工验收备案、交付使用的必备文件。

2. 结算款编制

(1)承包人提交竣工结算款支付申请。承包人根据办理的竣工结算文件向发包人提交竣工结算款支付申请。申请应包括下列内容：

①竣工结算合同价款总额；

②累计已实际支付的合同价款；

③应预留的质量保证金；

④实际应支付的竣工结算款金额。

发包人应在收到承包人提交的竣工结算款支付申请后7d内予以核实，向承包人签发竣工结算支付证书。发包人在签发竣工结算支付证书后的14d内，应按照竣工结算支付证书甲列明的金额向承包人支付结算款。

发包人在收到承包人提交的竣工结算款支付申请后7d内不予核实，不同承包人签发竣工结算支付证书的，视为承包人的竣工结算款支付申请已被发包人认可；发包人应在收到承包人提交的竣工结算款支付申请7d后的14d内，按照承包人提交的竣工结算款支付申请中列明的金额向承包人支付结算款。

发包人未按照工程量清单计价规范中的规定支付竣工结算款的，承包人可催告发包人支付，并有权获得延迟支付的利息。发包人在竣工结算支付证书签发后或者在收到承包人提交的竣工结算款支付证书签发后56天内仍未支付的，除法律另有规定外，承包人可与发包人协商将该工程折价，也可直接向人民法院申请将该工程依法拍卖。承包人应就该工程折价或拍卖的价款优先受偿。

(2)质量保证金

发包人应按照合同约定的质量保修金比例从每支付期应支付给承包人的进额式结算款中预留质量保证金。承包人未按照合同约定履行属于自身责任工程缺陷修复义务的，发包人有权从质量保证金中扣除用于缺陷修复的各项支出。经查验，工程缺陷属于发包人原因造成的，应由发包人承担查验和缺陷修复的费用。

在合同约定的缺陷责任期终止后，发包人应按照工程量清单计价规范中的规定，将剩余的质量保证金返还给承包人。

3.最终结清

缺陷责任期终止后，承包人应按照合同约定向发包人提交最终结清支付申请。发包人对最终结清支付申请有异议的，有权要求承包人进行修正和提供补充资料。承包人修正后，应再次向发包人提交修正后的最终结清支付申请。

发包人应在收到最终结清支付申请后的14d内予以核实，并应向承包人签发最终结清支付证书。发包人未在约定的时间内核实，又未提出具体意见的，应视为承包人提交的最终结清支付申请已被发包人认可。发包人应在签发最终结清支付证书后的14d内，按照最终结清支付证书中列明的金额向承包人支付最终结清款。

发包人未按期支付的，承包人可催告发包人支付，并有权获得延迟支付的利息。最终结清时，承包人被预留的质量保证金不足以抵减发包人工程缺陷修复费用的，承包人应承担不足部分的补偿责任。承包人对发包人的最终结清款有异议时，应按照合同中约定的争议解决方式处理。

4.合同解除的价款结算与支付

发承包双方协商一致解除合同的，应按照达成的协议办理结算和支付合同价款。

(1)由于不可抗力解除合同

由于不可抗力致使合同无法履行而解除合同的，发包人应向承包人支付合同解除之日前已完成工程但尚未支付的合同价款。此外，还应支付下列金额：

①工程量清单计价规范中规定的由发包人承担的费用。

②已实施或部分实施的措施项目应付价款。

③承包人为合同工程合理订购且已交付的材料和工程设备货款。

④承包人撤离现场所需的合理费用，包括员工遣送费和临时工程拆除、施工设备运离现场的费用。

⑤承包人为完成合同工程而预期开支的任何合理费用，且该项费用未包括在其他各项支付之内。发承包双方办理结算合同价款时，应扣除合同解除之日前发包人应向承包人收回的价款。当发包人应扣除的金额超过了应支付的金额时，承包人应在合同解除后的 56d 内将其差额退还给发包人。

(2)由于违约解除合同

①由于承包人违约解除合同

因承包人违约解除合同的，发包人应暂停向承包人支付任何价款。发包人应在合同解除后 28d 内核实合同解除时承包人已完成的全部合同价款以及按施工进度计划已运至现场的材料和工程设备货款，按合同约定核算承包人应支付的违约金以及造成损失的索赔金额，并将结果通知承包人。发承包双方应在 28d 内予以确认或提出意见，并应办理结算合同价款。如果发包人应扣除的金额超过了应支付的金额，承包人应在合同解除后的 56d 内将其差额退还给发包人。发承包双方不能就解除合同后的结算达成一致的，按照合同约定的争议解决方式处理。

②由于发包人违约解除合同

因发包人违约解除合同的，发包人除应按照规范相关规定向承包人支付各项价款外，应按合同约定核算发包人应支付的违约金以及给承包人造成的损失或损害的索赔金额费用。该笔费用应由承包人提出，发包人核实后应与承包人协商确定后的 7d 内向承包人签发支付证书。协商不能达成一致的，应按照合同约定的争议解决方式处理。

5.合同价款争议的解决途径

合同价款争议是指发承包双方在施工合同价款的确定、调整和结算等过程中所发生的争议。根据发生争议的合同类型不同，合同价款争议可分为总价合同价款争议、单价合同价款争议、成本加酬金合同价款争议；按照争议发生的阶段不同，合同价款争议可分为合同价款确定争议、合同价款调整争议和合同价款结算争议；按照争议的成因不同，合同价款争议可分为合同无效的价款争议、工程延误的价款争议、质量争议的价款争议以及工程索赔的价款争议。

施工合同价款争议的解决途径主要有四种：和解、调解、仲裁和诉讼。和解的方式是自行解决争议的方式，这是最好的方式；调解的方式是由有关部门帮助解决的方式；仲裁的方式是由仲裁机关解决的方式;诉讼的方式是向人民法院提起诉讼以寻求纠纷解决的方式。

(1)和解

和解是指当事人因合同发生纠纷时可以再行协商,在尊重双方利益的基础上,就争议的事项达成一致意见,从而解决争议的方式。和解是当事人自由选择的在自愿原则下解决合同纠纷的方式,而不是合同纠纷解决的必经程序。当事人也可以不经和解而直接选择其他解决纠纷的途径。

案例阐述

工程量清单计价规范中规定,发承包双方可以通过以下途径进行和解:

①协商和解。合同价款争议发生后,发承包双方任何时候都可以进行协商。协商达成一致的,双方应签订书面和解协议,和解协议对发承包双方均有约束力。如果协商不能达成一致协议,则发包人或承包人都可以按合同约定的其他方式解决争议。

②监理或造价工程师暂定。若发包人和承包人之间就工程质量、进度、价款支付与扣除、工期延期、索赔、价款调整等发生任何法律上、经济上或技术上的争议,首先应根据已签约合同的规定,提交合同约定职责范围内总监理工程师或造价工程师解决,并应抄送另一方。总监理工程师或造价工程师在收到此提交后14d内应将暂定结果通知发包人和承包人。发承包双方对暂定结果认可的,应以书面形式予以确认,暂定结果成为最终决定。

发承包双方在收到监理工程师或造价工程师的暂定结果通知之后14d内对暂定结果不予以确认也未提出不同意见的,应视为发承包双方已认可该暂定结果。

发承包双方或一方不同意暂定结果的,应以书面形式向总监理工程师或造价工程师提出,说明自己认为正确的结果,同时抄送另一方,此时该暂定结果成为争议。在暂定结果对发承包双方当事人的履约不产生实质影响的前提下,发承包双方应实施该结果,直到按照发承包双方认可的争议解决办法被改变为止。

(2)调解

调解是指双方当事人自愿在第三者(即调解人)的主持下,在查明事实、分清是非的基础上,由第三者对纠纷双方当事人进行劝导,促使他们互谅互让,达成和解协议,从而解决纠纷的活动。工程量清单计价规范中规定了以下调解方式:

①管理机构的解释或认定。合同价款争议发生后,发承包双方可就工程计价依据的争议以书面形式提请工程造价管理机构对争议以书面文件形式进行解释或认定。工程造价管理机构应在收到申请后的10个工作日内就发承包双方提请的争议问题进行解释或认定。发承包双方或一方在收到工程造价管理机构书面解释或认定后仍可按照合同约定的争议解决方式提请仲裁或诉讼。除工程造价管理机构的上级管理部门做出了不同的解释或认定,或在仲裁裁决或法院判决中不予采信的外,工程造价管理机构做出的书面解释或认定应为最终结果,并应对发承包双方均有约束力。

②双方约定争议调解人进行调解。其通常按照以下程序进行:

a.约定调解人。发承包双方应在合同中约定或在合同签订后共同约定争议调解人,负责双方在合同履行过程中发生争议的调解。合同履行期间,发承包双方可协议调换或终止任何调解人,但发包人或承包人都不能单独采取行动。除非双方另有协议,在最终结清支付证书生效后,调解人的任期即应终止。

b. 争议的提交。如果发承包双方发生了争议，任何一方均可将该争议以书面形式提交给调解人，并将副本抄送另一方，委托调解人调解。发承包双方应按照调解人提出的要求，给调解人提供需要的资料、现场进入权及相应设施。调解人应被视为不是在进行仲裁人的工作。

c. 进行调解。调解人应在收到调解委托后 28d 内或由调解人建议并经发承包双方认可的其他期限内提出调解书，发承包双方接受调解书的，经双方签字后作为合同的补充文件，对发承包双方均具有约束力，双方都应立即遵照执行。

d. 异议通知。当发承包双方中的任何一方对调解人的调解书有异议时，应在收到调解书后 28d 内向另一方发出异议通知，并应说明争议的事项和理由。但除非调解书在协商和解或仲裁裁决、诉讼判决中做出修改，或合同已经解除，承包人应继续按照合同实施工程。

当调解人已就争议事项向发承包双方提交了调解书，而任何一方在收到调解书后 28d 内均未发出表示异议的通知时，调解书对发承包双方均产生约束力。

6. 仲裁、诉讼

仲裁是指合同当事人在发生纠纷时，依照合同中的仲裁条款或者事先达成的仲裁协议，自愿向仲裁机构提出申请，由仲裁机构做出裁决的一种解决争议的办法。诉讼是指人民法院根据合同当事人的请求，在所有诉讼参与人的参加下，审理和解决合同争议的活动，以及由此产生的一系列法律关系的总和。

以何种方式解决争议，关键看合同中是如何进行约定的。

(1)仲裁方式的选择

发承包双方经和解或调解均未达成一致意见，其中一方已就此争议事项根据合同约定的仲裁协议申请仲裁时，应同时通知另一方。

仲裁可在竣工之前或之后进行，但发包人、承包人、调解人各自的义务不得因在工程实施期间进行仲裁而有所改变。当仲裁在仲裁机构要求停止施工的情况下进行时，承包人应对合同工程采取保护措施，由此增加的费用应由败诉方承担。

在发承包双方通过和解或调解形成的有关暂定、和解协议或调解书已经有约束力的情况下，当发承包中的一方未能遵守暂定、和解协议或调解书时，另一方可在不损害其可能具有的任何其他权利的情况下，将未能遵守暂定或不执行和解协议、调解书的事项提交仲裁。

(2)诉讼方式的选择

发包人、承包人在履行合同时发生争议，双方不愿和解、调解或者和解、调解不成，又没有达成仲裁协议的，可依法向人民法院提起诉讼。

本章小结

本章介绍了我国建设工程量清单计价的相关知识，分析了工程量清单计价的主要依据——《建设工程工程量清单计价规范》(GB 50500—2013)的基本条款内容。

工程量清单包括分部分项工程量清单、措施项目清单、规费和税金清单、其他项目清单等。

工程量清单计价采用综合单价计价模式。招标控制价是招标人根据国家或省级、行业建设主管部门颁发的有关计价依据和办法，按设计施工图纸计算的，对招标工程限定的最高工程造价。投标报价是投标人投标时响应招标文件的要求所报出的对已标价工程量进行汇总后的总价。

合同价款是指发承包双方在工程合同中约定的工程造价。竣工结算时，发承包双方依据国家有关法律、法规和标准的规定，按照合同约定确定的，包括在履行合同过程中按合同约定进行的合同价款调整，确定发包人应付给承包人的合同总金额。

思考练习

1. 简述《建设工程工程量清单计价规范》(GB 50500—2013)的基本条款。
2. 综合单价如何确定？
3. 《建设工程工程量清单计价规范》(GB 50500—2013)中有哪些总价措施项目？
4. 简述招标控制价的作用。
5. 简述投标报价的原则。
6. 合同价款争议解决的途径有哪些？

习题解答

第5章　建筑工程建筑面积计算

知识目标

了解建筑面积的作用；熟悉建筑面积的基本概念；掌握《建筑工程建筑面积计算规范》(GB/T 50353—2013)的各项计算规则。

能力目标

思政拓展

具备熟练运用《建筑工程建筑面积计算规范》(GB/T 50353—2013)对实际工程的建筑面积进行计算的能力。

思政目标

拓展资料

在讲解建筑工程建筑面积计算规则过程中适时引入思政元素"中国梦"。住有所居，是每个家庭的梦想。党的十八大以来，棚户区改造、公共租赁住房等保障性住房的建设和供给持续发力，让百姓的安居梦逐步化为现实。

本章思维导图

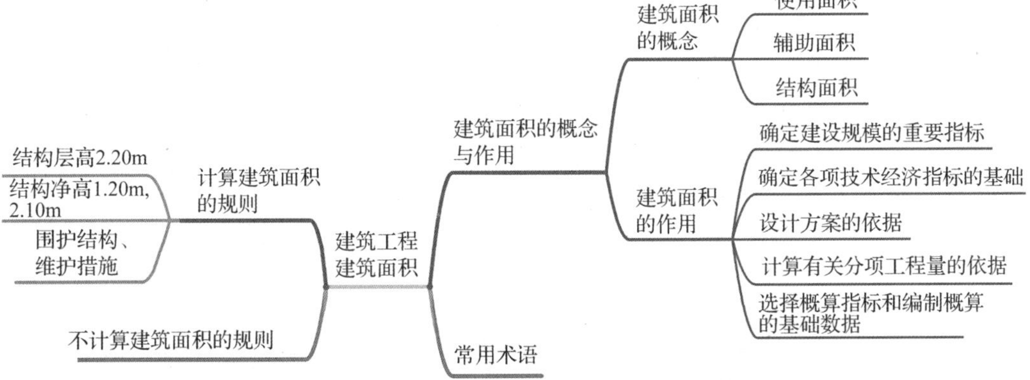

5.1 建筑面积的概念与作用

5.1.1 建筑面积的概念

建筑面积是指根据国家有关规范计算的建筑物各层水平面积之和，即建筑物各层外墙结构外围水平面积之和。建筑面积包括使用面积、辅助面积和结构面积三个部分。使用面积是指建筑物各层平面布置中，可直接为生产或生活使用的净面积之和，如住宅建筑中的居室、客厅、书房等。辅助面积是指建筑物各层平面布置中为辅助生产或生活所占净面积的总和，如楼梯间、走廊、电梯间。使用面积与辅助面积的总和称为“有效面积”。结构面积是指建筑物各层平面布置中的墙体、柱等结构所占面积的总和。使用面积、辅助面积和结构面积如图 5-1 所示。

BIM 工建

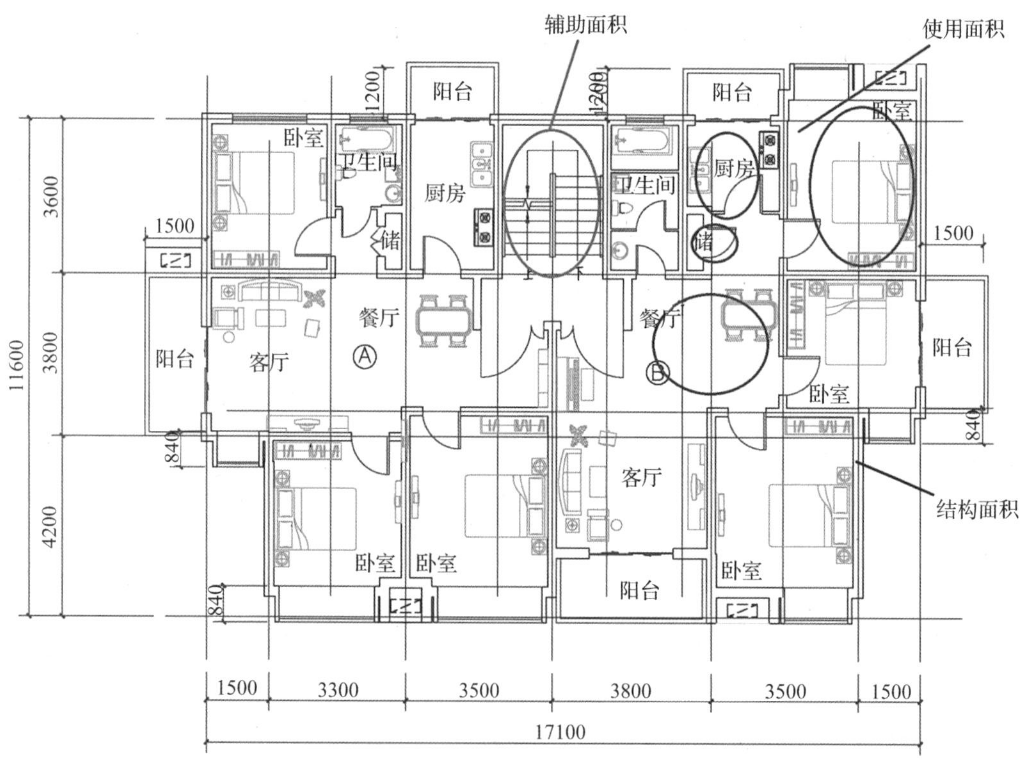

图 5-1 某住宅标准层建筑平面图

5.1.2　建筑面积的作用

1. 确定建设规模的重要指标

根据项目立项批准文件所核准的建筑面积，是初步设计的重要控制指标。对于国家投资项目，施工图的建筑面积不得超过初步设计的 5%，否则必须重新报批。

专业术语简介

2. 确定各项技术经济指标的基础

建筑面积与使用面积、辅助面积、结构面积之间存在一定的比例关系。设计人员在进行建筑或结构设计时，在计算建筑面积的基础上再分别计算出结构面积、有效面积等技术经济指标。

3. 设计方案的依据

建筑设计和建设规划中，经常使用建筑面积控制某些指标，如容积率、建筑密度、建筑系数等。在评价设计方案时，通常采用居住面积系数、土地利用系数、有效面积系数、单方造价等指标，它们都与建筑面积密切相关。因此，为了评价设计方案，必须准确计算建筑面积。

4. 计算有关分项工程量的依据

在编制一般土建工程预算时，建筑面积是确定一些分项工程量的基本数据。应用统筹计算方法，根据底层建筑面积，就可以很方便地推算出室内回填土体积、地(楼)面面积和天棚面积等。另外，建筑面积也是脚手架、垂直运输机械费用的计算依据。

5. 选择概算指标和编制概算的基础数据

概算指标通常以建筑面积为计量单位。用概算指标编制概算时，要以建筑面积为计算基础。

5.2　建筑面积计算规则

根据《建筑工程建筑面积计算规范》(GB/T50353—2013)的规定，建筑面积计算规则包括计算建筑面积的范围和不计算建筑面积的范围两部分内容。

专业术语简介

5.2.1　常用术语

(1)建筑面积(construction area)：建筑物(包括墙体)所形成的楼地面面积。

(2)自然层(floor)：按楼地面结构分层的楼层。

(3)结构层高(structure story height)：楼面或地面结构层上表面至上部结构层上表面之间的垂直距离。

(4)围护结构(building enclosure)：围合建筑空间的墙体、门、窗。

(5)建筑空间(space):以建筑界面限定的、供人们生活和活动的场所。

(6)结构净高(structure net height):楼面或地面结构层上表面至上部结构层下表面之间的垂直距离。

(7)围护设施(enclosure facilities):为保障安全而设置的栏杆、栏板等围挡。

(8)地下室(basement):室内地平面低于室外地平面的高度超过室内净高的 1/2 的房间。

(9)半地下室(semi-basement):室内地平面低于室外地平面的高度超过室内净高的 1/3,且不超过 1/2 的房间。

(10)架空层(stilt floor):仅有结构支撑而无外围护结构的开敞空间层。

(11)走廊(corridor):建筑物中的水平交通空间。

(12)架空走廊(elevated corridor):专门设置在建筑物的二层或二层以上,作为不同建筑物之间水平交通的空间。

(13)结构层(structure layer):整体结构体系中承重的楼板层。

(14)落地橱窗(french window):突出外墙面且根基落地的橱窗。

(15)凸窗(飘窗)(bay window):凸出建筑物外墙面的窗户。

(16)檐廊(eaves gallery):建筑物挑檐下的水平交通空间。

(17)挑廊(overhanging corridor):挑出建筑物外墙的水平交通空间。

(18)门斗(air lock):建筑物入口处两道门之间的空间。

(19)雨篷(canopy):建筑出入口上方为遮挡雨水而设置的部件。

(20)门廊(porch):建筑物入口前有顶棚的半围合空间。

(21)楼梯(stairs):由连续行走的梯级、休息平台和维护安全的栏杆(或栏板)、扶手以及相应的支托结构组成的作为楼层之间垂直交通使用的建筑部件。

(22)阳台(balcony):附设于建筑物外墙,设有栏杆或栏板,可供人活动的室外空间。

(23)主体结构(major structure):接受、承担和传递建设工程所有上部荷载,维持上部结构整体性、稳定性和安全性的有机联系的构造。

(24)变形缝(deformation joint):防止建筑物在某些因素作用下引起开裂甚至破坏而预留的构造缝。

(25)骑楼(overhang):建筑底层沿街面后退且留出公共人行空间的建筑物。

(26)过街楼(overhead building):跨越道路上空并与两边建筑相连接的建筑物。

(27)建筑物通道(passage):为穿过建筑物而设置的空间。

(28)露台(terrace):设置在屋面、首层地面或雨篷上的供人室外活动的有围护设施的平台。

(29)勒脚(plinth):在房屋外墙接近地面部位设置的饰面保护构造。

(30)台阶(step):联系室内外地坪或同楼层不同标高而设置的阶梯形踏步。

5.2.2 计算建筑面积的规则

(1)建筑物的建筑面积应按自然层外墙结构外围水平面积之和计算。结构层高在 2.20m 及以上的,应计算全面积;结构层高在 2.20m 以下的,应计算 1/2 面积。计算示例如图 5-2 所示。

练一练

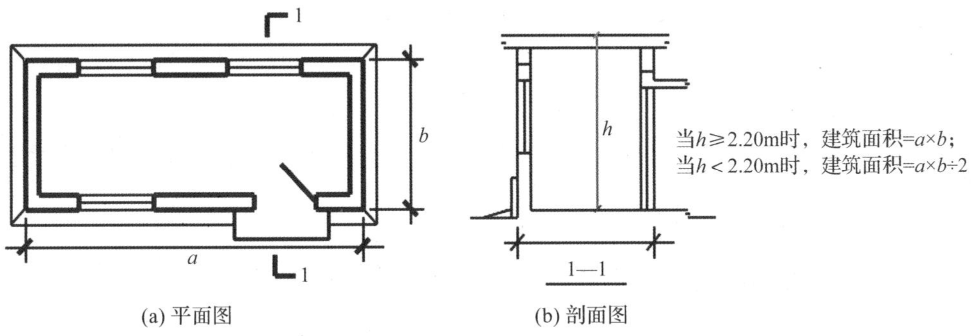

图 5-2　某住宅标准层平面图和剖面图

(2)建筑物内设有局部楼层时，对于局部楼层的二层及以上楼层，有围护结构的应按其围护结构外围水平面积计算，无围护结构的应按其结构底板水平面积计算，且结构层高在 2.20m 及以上的，应计算全面积，结构层高在 2.20m 以下的，应计算 1/2 面积。计算示例如图 5-3 所示。

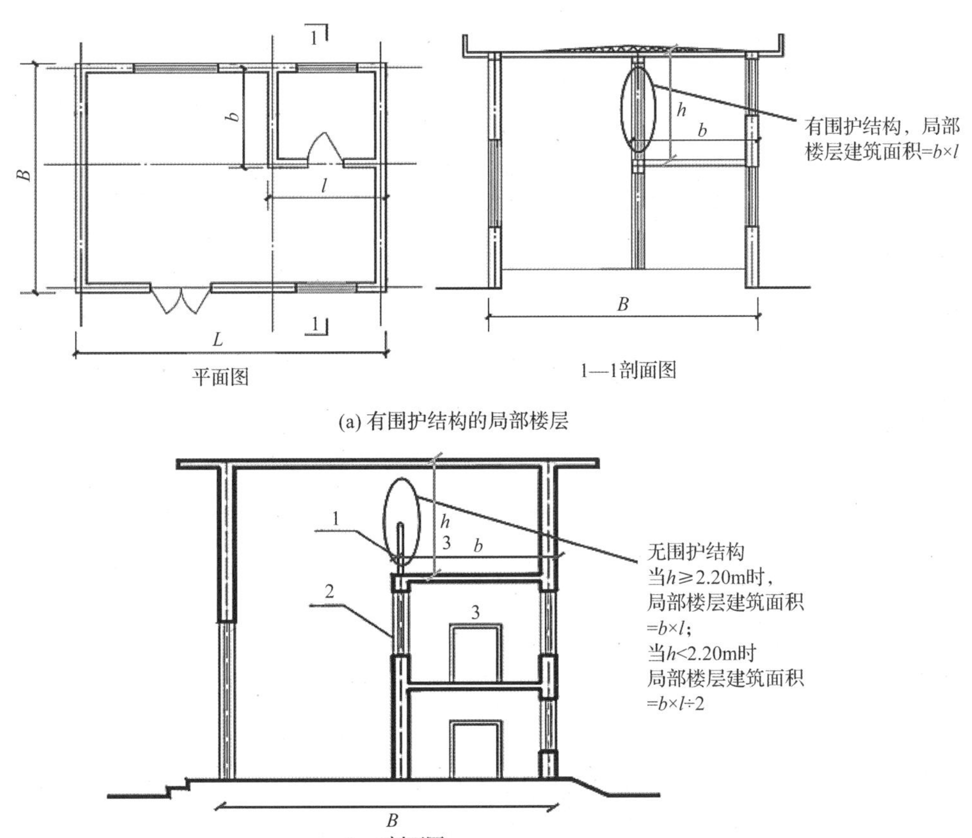

1-维护设施；2-围护结构；3-局部楼层

图 5-3　设有局部楼层的平面图和剖面图

(3)对于形成建筑空间的坡屋顶,结构净高在 2.10m 及以上的部位应计算全面积;结构净高在 1.20m 及以上至 2.10m 以下的部位应计算 1/2 面积;结构净高在 1.20m 以下的部位不应计算建筑面积。计算示例如图 5-4 所示。

(4)对于场馆看台下的建筑空间,结构净高在 2.10m 及以上的部位应计算全面积;结构净高在 1.20m 及以上至 2.10m 以下的部位应计算 1/2 面积;结构净高在 1.20m 以下的部位不应计算建筑面积。计算示例见图 5-5。

室内单独设置的有围护设施的悬挑看台,应按看台结构底板水平投影面积计算建筑面积。

有顶盖无围护结构的场馆看台应按其顶盖水平投影面积的 1/2 计算面积。计算示例如图 5-6 所示。

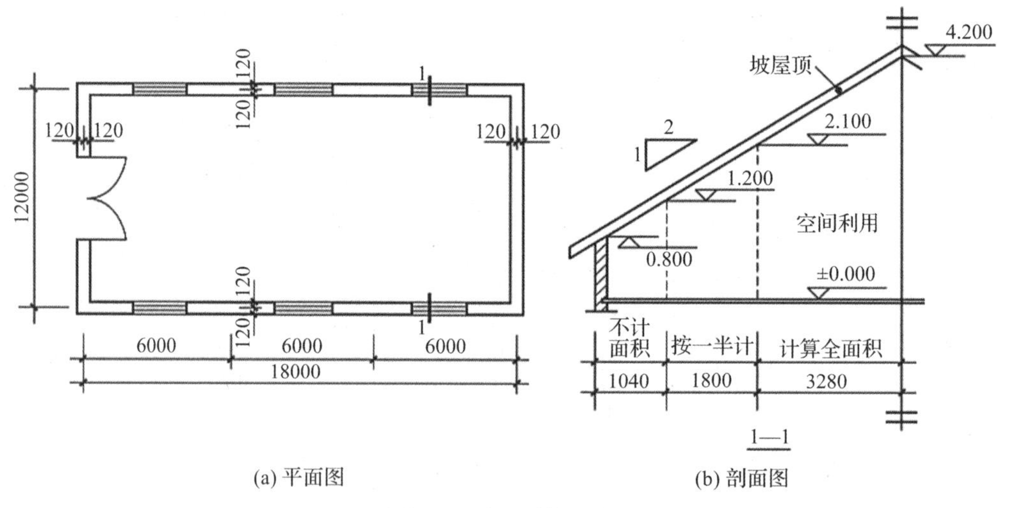

(a) 平面图　　(b) 剖面图

图 5-4　坡屋顶剖面图

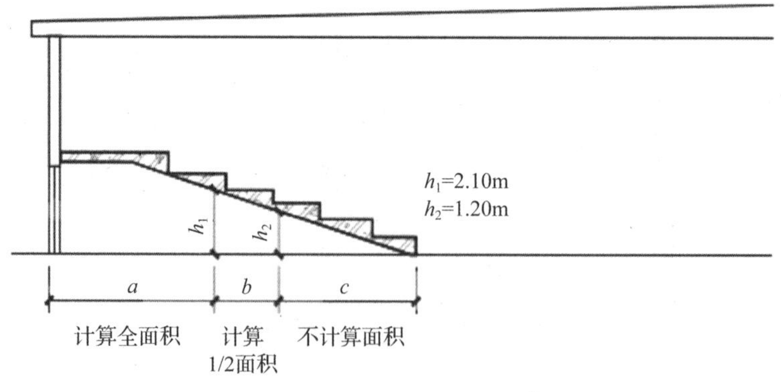

图 5-5　某场馆看台下的建筑空间

图 5-6 某体育馆看台下的建筑空间

(5)地下室、半地下室应按其结构外围水平面积计算。结构层高在 2.20m 及以上的,应计算全面积;结构层高在 2.20m 以下的,应计算 1/2 面积。

(6)出入口外墙外侧坡道有顶盖的部位,应按其外墙结构外围水平面积的 1/2 计算面积。计算示例见图 5-7。

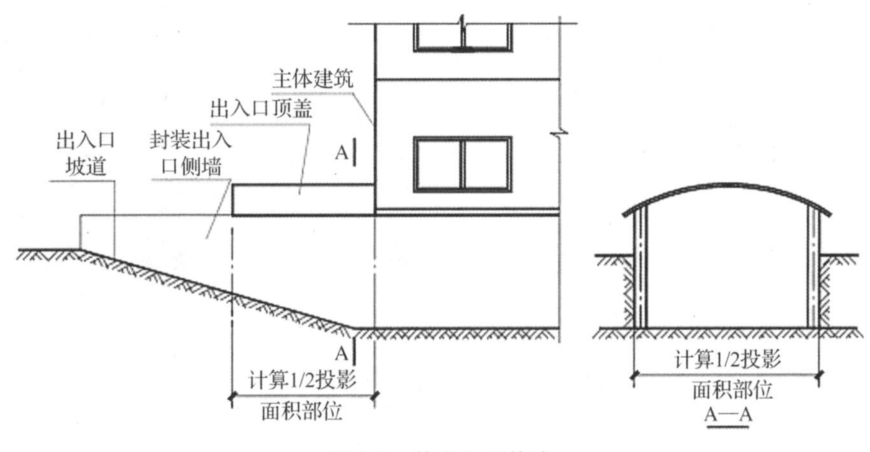

图 5-7 某出入口外墙

(7)建筑物架空层及坡地建筑物吊脚架空层,应按其顶板水平投影计算建筑面积。结构层高在 2.20m 及以上的,应计算全面积;结构层高在 2.20m 以下的,应计算 1/2 面积。计算示例见图 5-8。

(8)建筑物的门厅、大厅应按一层计算建筑面积,门厅、大厅内设置的走廊应按走廊结构底板水平投影面积计算建筑面积。结构层高在 2.20m 及以上的,应计算全面积;结构层高在 2.20m 以下的,应计算 1/2 面积。如图 5-9 所示,大厅部分按一层计算建筑面积,走廊按走廊结构底板水平投影面积计算建筑面积。

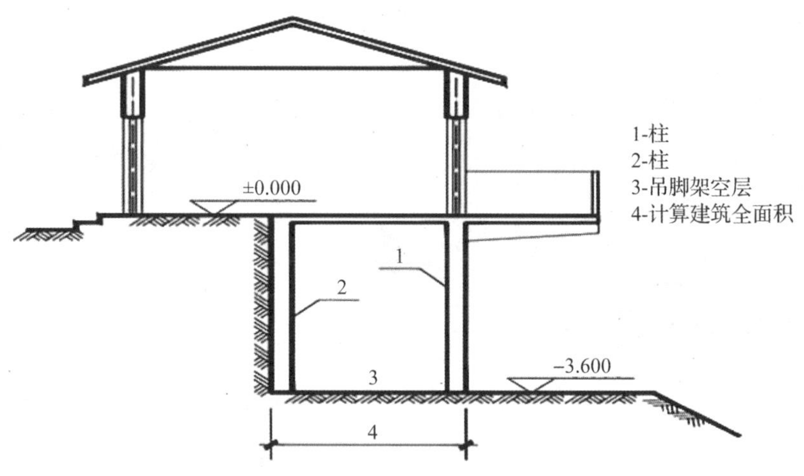

图 5-8 某建筑物架空层

图 5-9 某建筑物大厅

(9)建筑物间的架空走廊,有顶盖和围护设施的,应按其围护结构外围水平面积计算全面积;无围护结构、有围护设施的,应按其结构底板水平投影面积计算 1/2 面积。图 5-10 为有围护结构的架空走廊,图 5-11 为无围护结构的架空走廊。

(10)立体书库、立体仓库、立体车库,有围护结构的,应按其围护结构外围水平面积计算建筑面积;无围护结构、有围护设施的,应按其结构底板水平投影面积计算建筑面积。无结构层的应按一层计算,有结构层的应按其结构层面积分别计算。结构层高在 2.20m 及以上的,应计算全面积;结构层高在 2.20m 以下的,应计算 1/2 面积。如图 5-12 所示的立体仓库、立体车库均无结构层,按一层计算建筑面积。

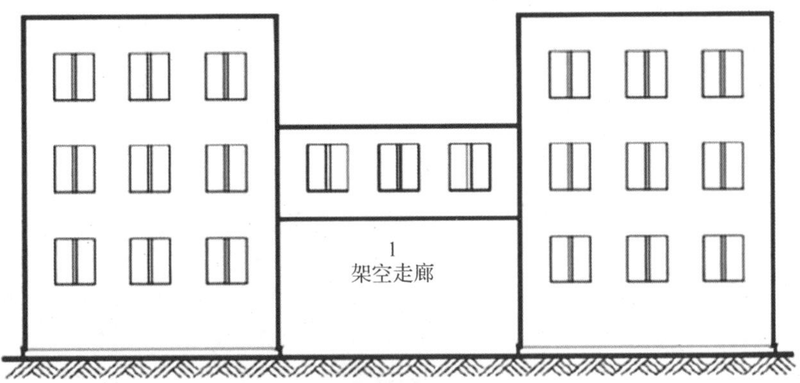

图 5-10　有围护结构的架空走廊

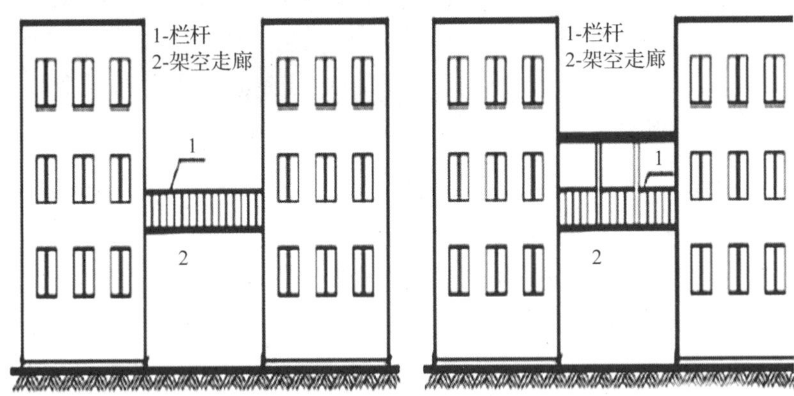

图 5-11　无围护结构的架空走廊

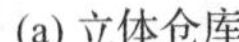

(a) 立体仓库

(b) 立体车库

图 5-12　无结构层立体仓库与立体车库

(11)有围护结构的舞台灯光控制室,应按其围护结构外围水平面积计算。结构层高在2.20m及以上的,应计算全面积;结构层高在2.20m以下的,应计算1/2面积。图5-13为有围护结构的舞台灯光控制室,层高超过2.2m,按建筑平面图中结构外边线围起的几何图形面积进行计算。

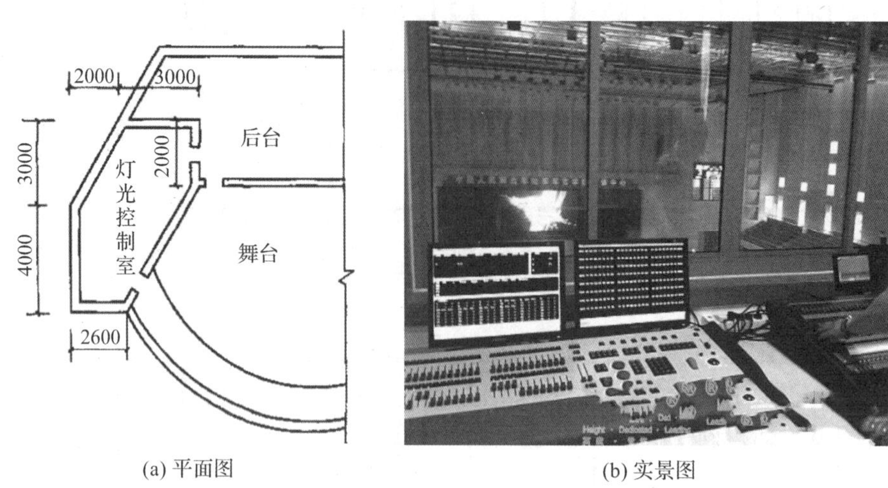

(a) 平面图　　(b) 实景图

图5-13　有围护结构舞台灯光控制室

(12)附属在建筑物外墙的落地橱窗,应按其围护结构外围水平面积计算。结构层高在2.20m及以上的,应计算全面积;结构层高在2.20m以下的,应计算1/2面积。图5-14为某建筑外墙的落地橱窗和不落地橱窗。

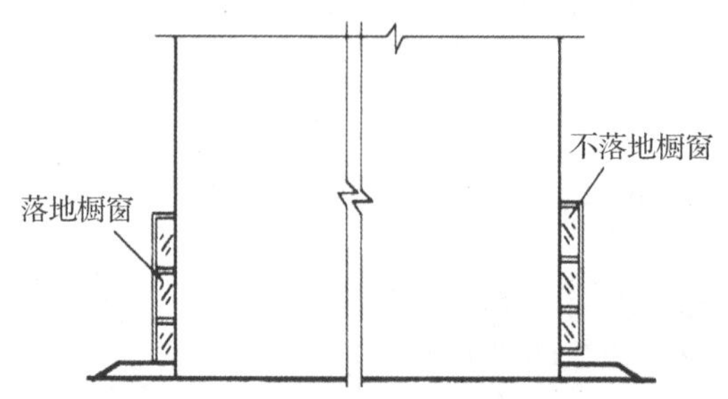

图5-14　某建筑外墙的落地橱窗和不落地橱窗

(13)窗台与室内楼地面高差在0.45m以下且结构净高在2.10m及以上的凸(飘)窗,应按其围护结构外围水平面积计算1/2面积。图5-15为飘窗的示意图。

飘窗详图

(14)有围护设施的室外走廊(挑廊),应按其结构底板水平投影面积计算1/2面积;有围护设施(或柱)的檐廊,应按其围护设施(或柱)外围水平面积计算1/2面积。图5-16为有围护设施的走廊、挑廊、檐廊的示意图。

(15)门斗应按其围护结构外围水平面积计算建筑面积,结构层高在2.20m及以上的,应计算全面积;结构层高在2.20m以下的,应计算1/2面积。计算示例如图5-17所示。

图 5-15　某住宅飘窗

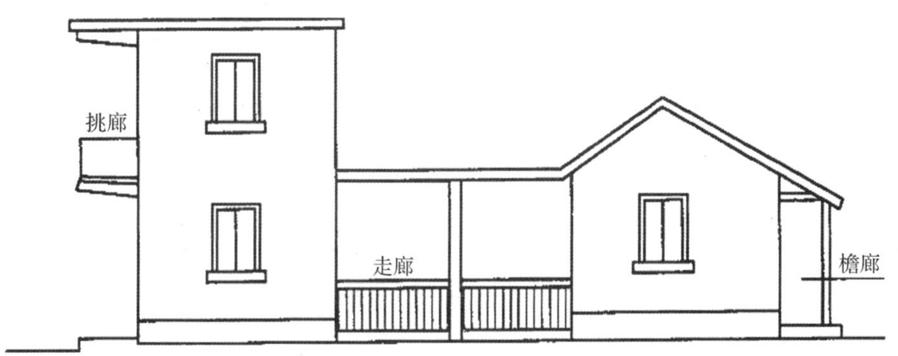

图 5-16　有围护设施的走廊、挑廊、檐廊

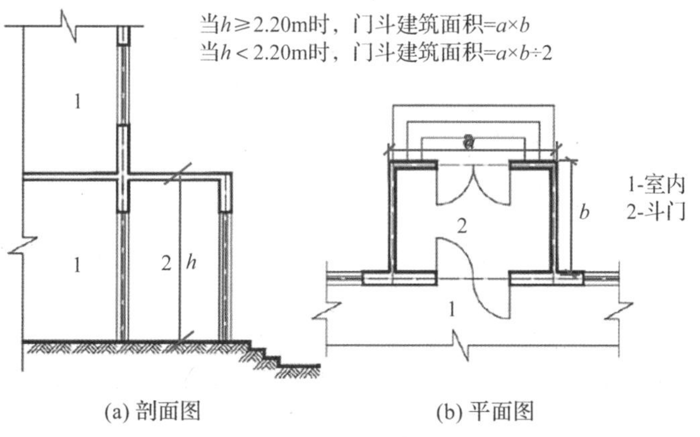

(a) 剖面图　　(b) 平面图

图 5-17　门斗

(16)门廊应按其顶板的水平投影面积的 1/2 计算建筑面积;有柱雨篷应按其结构板水平投影面积的 1/2 计算建筑面积;无柱雨篷的结构外边线至外墙结构外边线的宽度在 2.10m 及以上的,应按雨篷结构板的水平投影面积的 1/2 计算建筑面积。图 5-18 为有柱雨篷的示意图。

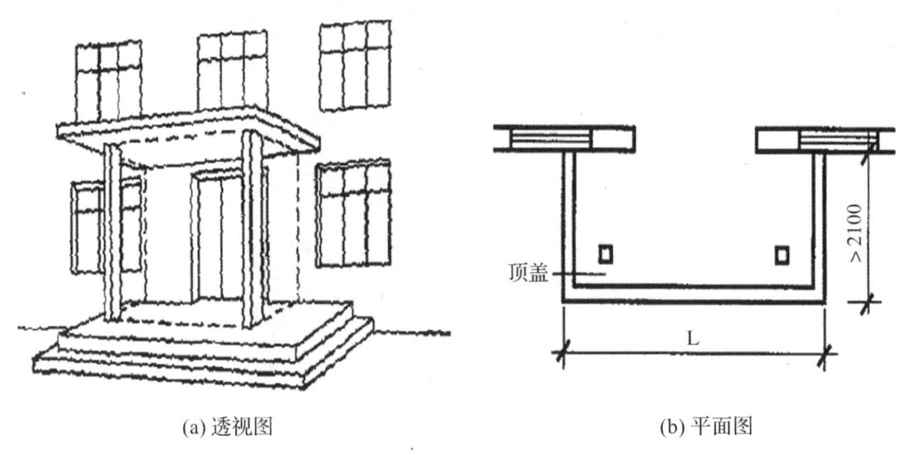

图 5-18　有柱雨篷

(17)设在建筑物顶部的、有围护结构的楼梯间、水箱间、电梯机房等,结构层高在 2.20m 及以上的应计算全面积;结构层高在 2.20m 以下的,应计算 1/2 面积。有围护结构的楼梯间计算如图 5-19 所示。

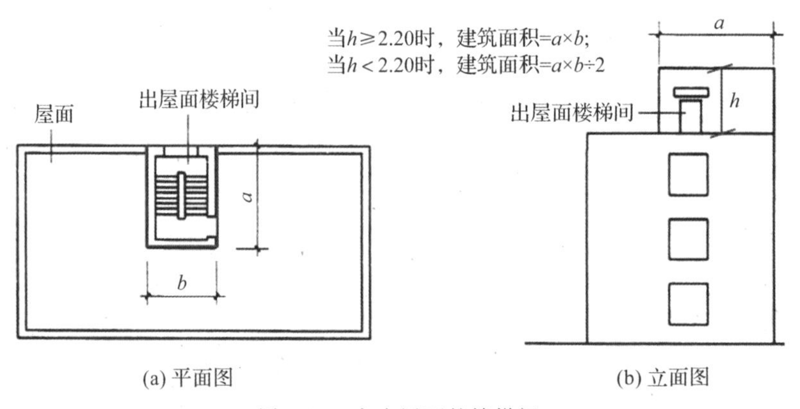

图 5-19　突出屋面的楼梯间

(18)围护结构不垂直于水平面的楼层,应按其底板面的外墙外围水平面积计算。结构净高在 2.10m 及以上的部位,应计算全面积;结构净高在 1.20m 及以上至 2.10m 以下的部位,应计算 1/2 面积;结构净高在 1.20m 以下的部位,不应计算建筑面积。计算示例如图 5-20 所示。

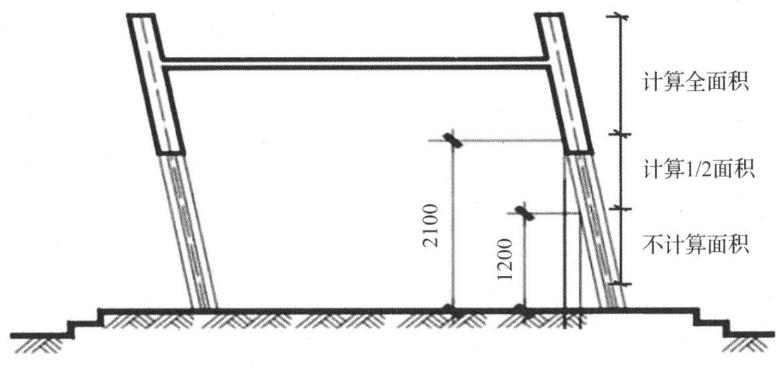

图 5-20　围护结构不垂直于水平面的楼层

(19)建筑物的室内楼梯、电梯井、提物井、管道井、通风排气竖井、烟道，应并入建筑物的自然层计算建筑面积。如图 5-21 所示的电梯井应按 5 层计算建筑面积。

现场展示

有顶盖的采光井应按一层计算面积，且结构净高在 2.10m 及以上的，应计算全面积；结构净高在 2.10m 以下的，应计算 1/2 面积。计算示例如图 5-22 所示。

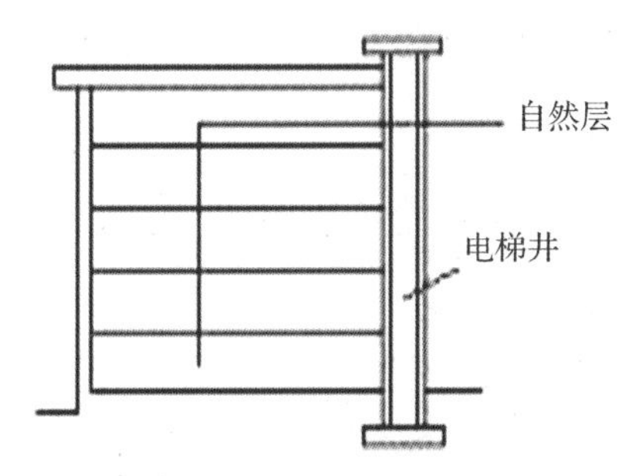

图 5-21　电梯井

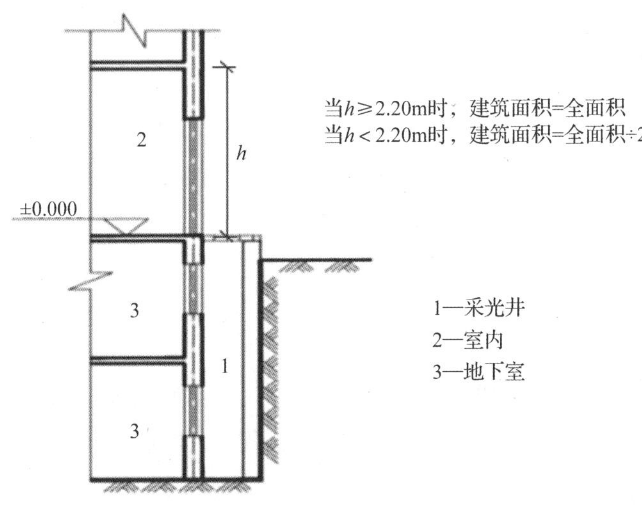

图 5-22　采光井

(20)室外楼梯应并入所依附建筑物自然层,并应按其水平投影面积的 1/2 计算建筑面积。计算示例如图 5-23 所示。

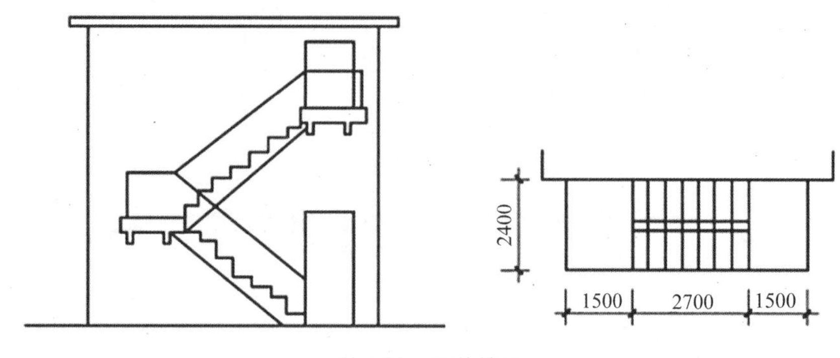

图 5-23　室外楼梯

(21)在主体结构内的阳台,应按其结构外围水平面积计算全面积;在主体结构外的阳台,应按其结构底板水平投影面积计算 1/2 面积。如图 5-24 所示,阳台 1 计算全面积,阳台 2 至阳台 5 计算 1/2 面积。

(22)有顶盖无围护结构的车棚、货棚、站台、加油站、收费站等,应按其顶盖水平投影面积的 1/2 计算建筑面积。有顶盖无围护结构的车棚如图 5-25 所示。

(23)以幕墙作为围护结构的建筑物,应按幕墙外边线计算建筑面积。

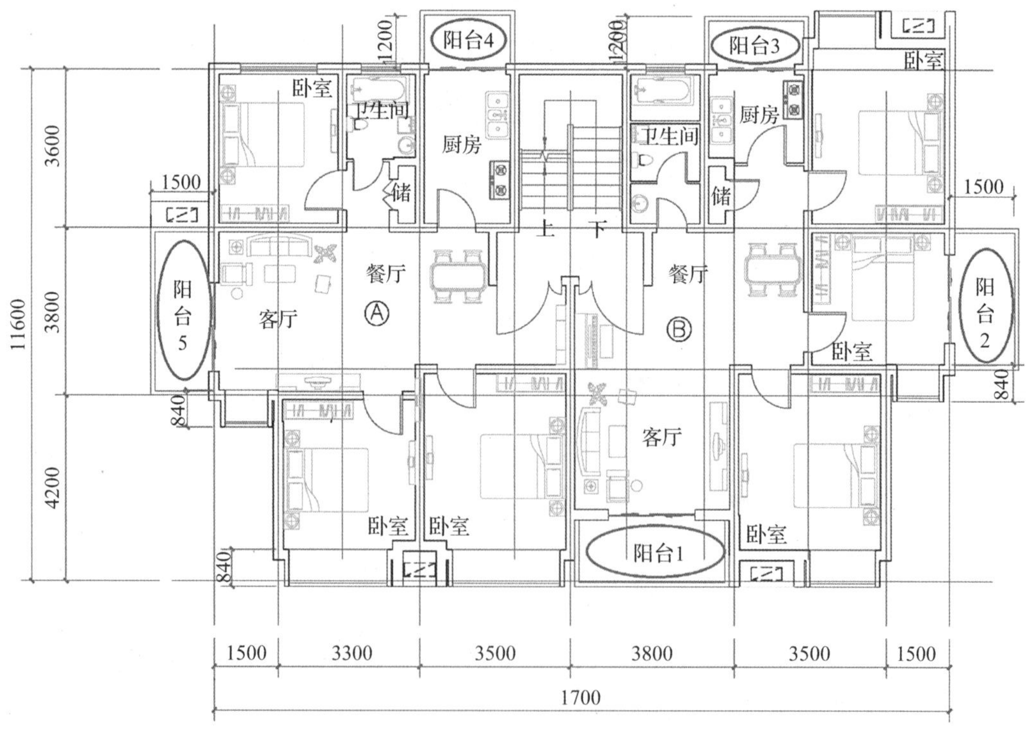

图 5-24　某建筑平面图

图 5-25　有顶盖无围护结构的车棚

(24)建筑物的外墙外保温层，应按其保温材料的水平截面积计算，并计入自然层建筑面积。计算范围如图 5-26 所示。

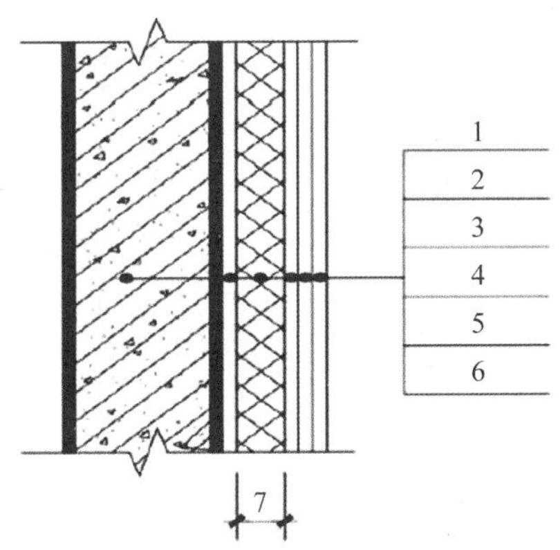

图 5-26　建筑物外墙保温

(25)与室内相通的变形缝，应按其自然层合并在建筑物建筑面积内计算。对于高低联跨的建筑物，当高低跨内部连通时，其变形缝应计算在低跨面积内。

(26)对于建筑物内的设备层、管道层、避难层等有结构层的楼层，结构层高在 2.20m 及以上的，应计算全面积；结构层高在 2.20m 以下的，应计算 1/2 面积。

5.2.3　不计算建筑面积的规则

(1)与建筑物内不相连通的建筑部件。其指的是依附于建筑物外墙外不与户室开门连通，起装饰作用的敞开式挑台(廊)、平台，以及不与阳台相通的空调室外机搁板(箱)等设备平台部件。

(2)骑楼、过街楼底层的开放公共空间和建筑物通道,如图 5-27 所示。

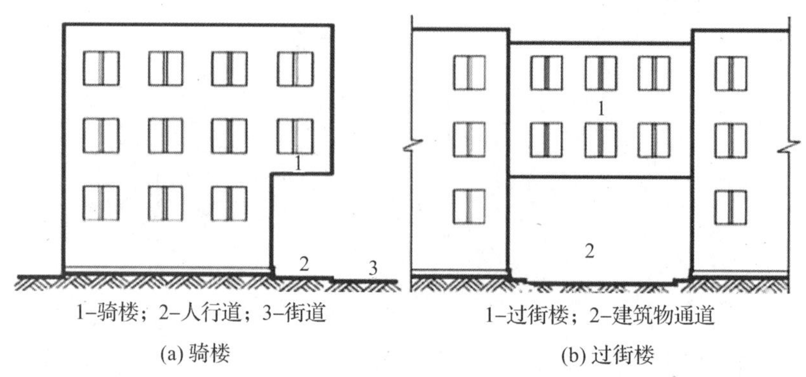

图 5-27　开放空间和建筑物通道

(3)舞台及后台悬挂幕布和布景的天桥、挑台等。其指的是影剧院的舞台及为舞台服务的可供上人维修、悬挂幕布、布置灯光及布景等搭设的天桥和挑台等构件设施,如图 5-28 所示。

(4)露台、露天游泳池、花架、屋顶的水箱及装饰性结构构件。室外花架走廊如图 5-29 所示。

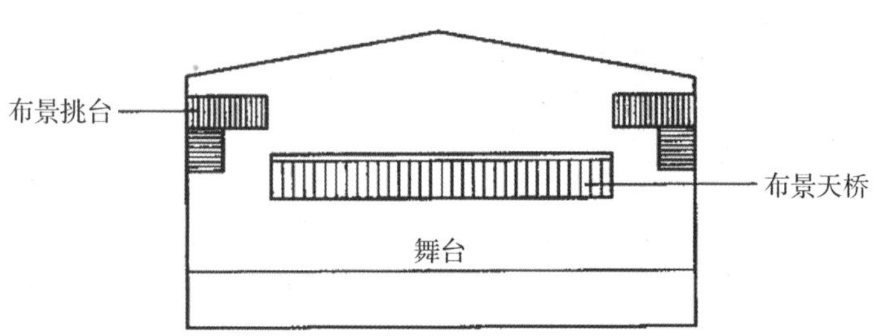

图 5-28　舞台及后台布景

图 5-29　室外花架走廊

(5)建筑物内的操作平台、上料平台、安装箱和罐体的平台。

(6)勒脚、附墙柱、垛、台阶、墙面抹灰、装饰面、镶贴块料面层、装饰性幕墙，主体结构外的空调室外机搁板(箱)、构件、配件，挑出宽度在 2.10m 以下的无柱雨篷和顶盖高度达到或超过两个楼层的无柱雨篷。空调室外机搁置板如图 5-30 所示。

图 5-30　空调室外机搁置板

(7)窗台与室内地面高差在 0.45m 以下且结构净高在 2.10m 以下的凸(飘)窗，窗台与室内地面高差在 0.45m 及以上的凸(飘)窗。

(8)室外爬梯、室外专用消防钢楼梯，如图 5-31 所示。

图 5-31　室外爬梯

(9)无围护结构的观光电梯，如图 5-32 所示。

图 5.32 无围护结构的观光电梯

(10)建筑物以外的地下人防通道,独立的烟囱、烟道、地沟、油(水)罐、气柜、水塔、贮油(水)池、贮仓、栈桥等构筑物。

本章小结

本章详细介绍了《建筑工程建筑面积计算规范》(GB/T 50353—2013)的内容,包括建筑面积的概念、作用,计算建筑面积时的常用术语,计算建筑面积的规则,不计算建筑面积的规则等。

拓展练习

思考练习

1. 某工程地下室平面图和剖面图如图 5-33 所示,地下室入口有永久性顶盖,试计算其建筑面积。

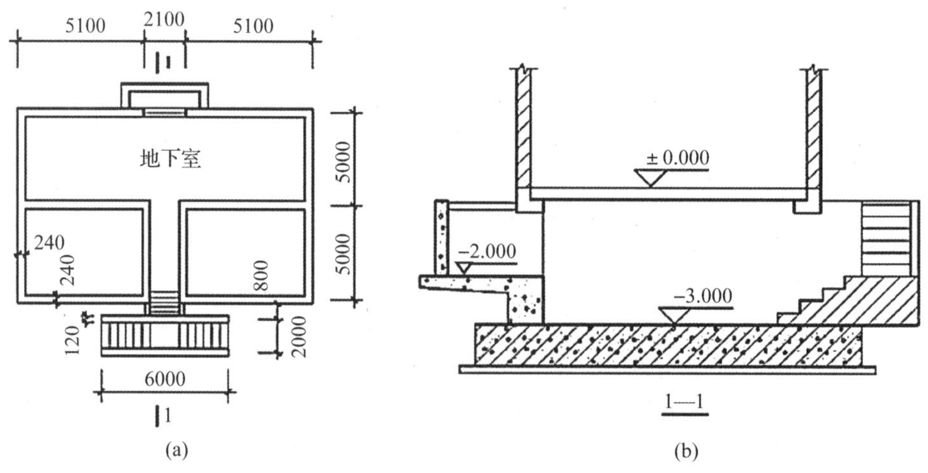

图 5-33 某工程地下室平面图和剖面图

2. 某民用住宅平面图和立面图如图 5-34 所示，雨篷的水平投影面积为 3300mm×1500mm，试计算其建筑面积。

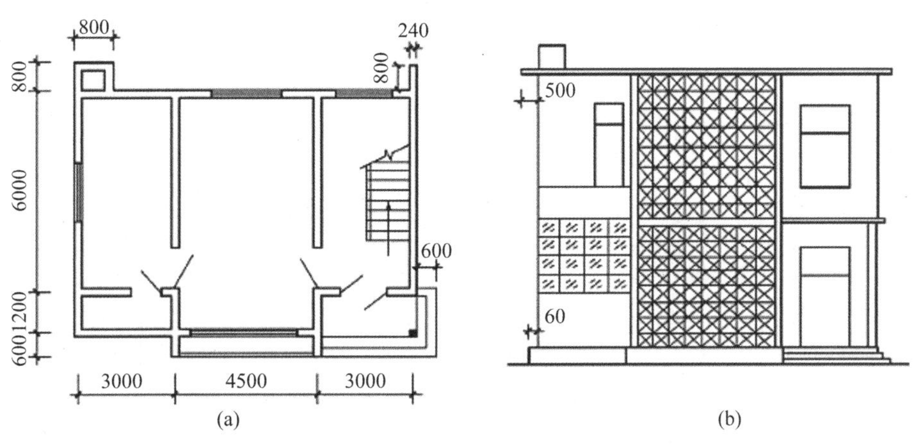

图 5-34　某民用住宅平面图和立面图

3. 某单层建筑物外墙轴线尺寸如图 5-35 所示，墙厚均为 240mm，轴线居中，试计算其建筑面积。

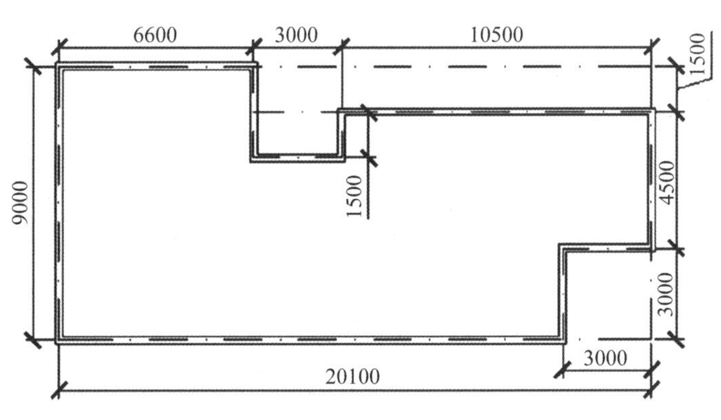

图 5-35　某单层建筑物平面图

4. 某五层建筑物的各层建筑面积一样，底层外墙尺寸如图 5-36 所示，轴线居中，墙厚均为 240mm，试计算其建筑面积。

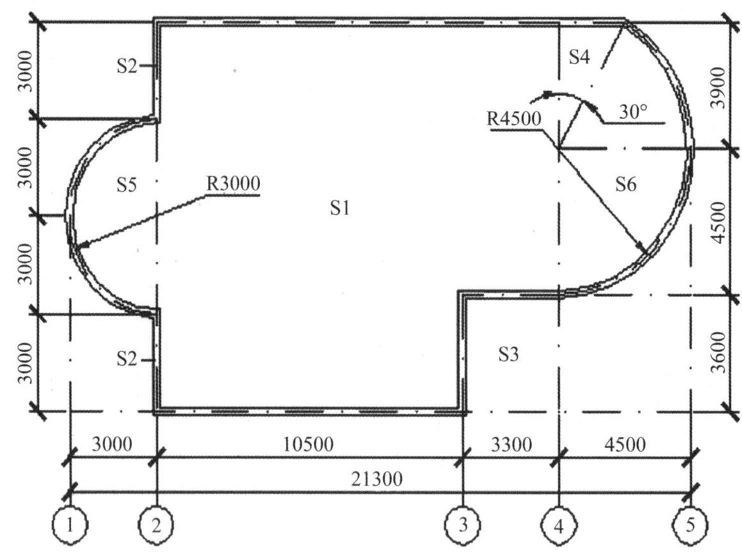

图 5-36　某五层建筑平面图

习题解答

第 6 章　建筑工程分部分项工程量计算

知识目标

了解工程量的基本概念，熟悉列项的基本步骤，掌握土石方工程、桩基工程、砌筑工程、混凝土工程、钢筋工程、屋面防水及保温隔热等分部分项工程量的计算规则。

能力目标

具备熟练运用清单规则与定额规则进行建筑工程量计算的能力。

思政目标

在授课过程中引入思政元素"工匠精神"。工程量计算是一项庞杂而烦琐的工作，做好这项工作离不开执着专注、精益求精、一丝不苟的工作态度。

建设项目的划分

本章思维导图

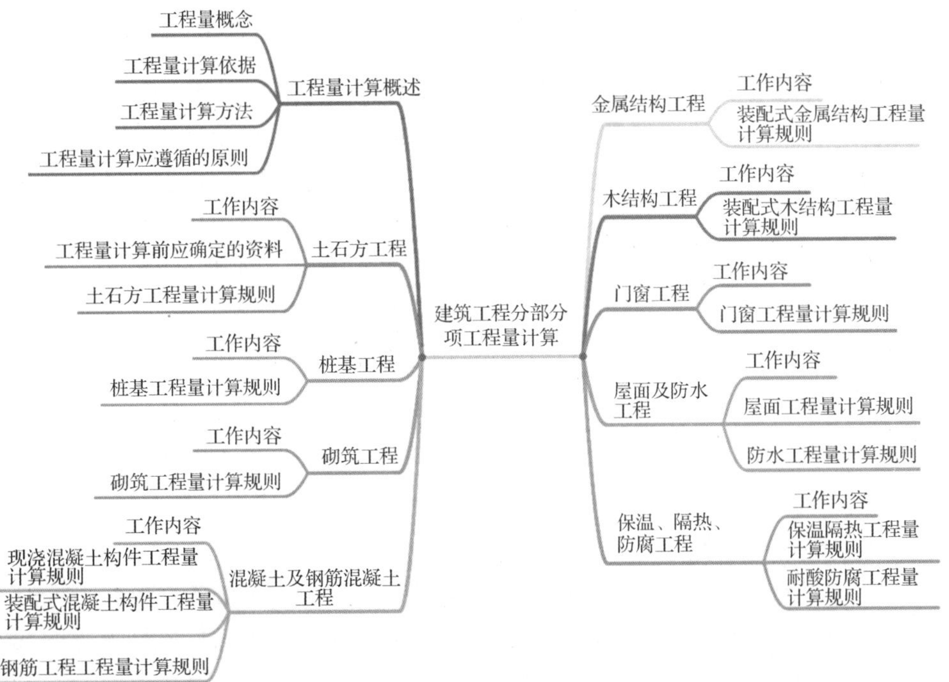

6.1 工程量计算概述

6.1.1 工程量概念

工程量是根据设计的施工图纸，按一定的计算规则进行计算，以物理计量单位或自然计量单位所表示的实物数量。物理计量单位是以物体的物理属性为计量单位，一般是指法定计量单位，如长度单位为 m，面积单位为 m^2，体积单位为 m^3，质量单位为 kg 等。如楼梯扶手、栏杆以“m”为计量单位，墙面抹灰以“m^2”为计量单位，混凝土柱以“m^3”为计量单位，钢筋以“t”为计量单位。自然计量单位一般是以物体的自然形态表示的计量单位，如套、组、台、件、个、孔等，灌注桩后压桩以“孔”为计量单位。

建设项目所处的阶段及设计深度不同，工程计量对应的计量单位、计量方法及精确程度也随之变化。工程量计算的主要工作就是对选定的计量对象进行工程量计算，工程量计算的准确与否，直接影响工程造价的准确性和合理性，也直接影响其他与工程造价有关的工作的准确性。在整个工程造价编制工作中，工程量计算所花的劳动量占整个工程造价编制工作量的 70%左右。因此，在工程造价编制过程中，必须对工程量计算这个重要环节给予充分的重视。

1.清单工程量

清单工程量是根据设计的施工图纸及清单规范的计算规则，以物理计量单位表示的某一清单主项工程的实体工程量，并以完成后的净值计算。《房屋建筑与装饰工程工程量计算规范》(GB 50854—2013)规定：清单项目是分项工程综合实体，其工作内容除了主项工程工作内容外，还包括若干附项工程工作内容，清单工程量的计算规则只针对主项工程。虽然清单工程量仅为清单主项工程的工程量，但清单项目特征反映了综合实体的全部工程内容。由于清单工程量计算不一定能完全反映全部工程内容，因此承包商在根据清单工程量进行投标报价时，应在综合单价中考虑主项工程量和附项工程量。

2.定额工程量

定额工程量也称计价工程量，是根据设计的施工图纸、施工方案及地区建筑工程定额计算规则，以物理计量单位表示的某一定额分项工程的实体工程量，其工作内容仅包括定额分项工程工作内容。

定额工程量是计算工程投标报价的重要基础。清单工程量是各承包商报价的统一计算口径，但不能作为承包商投标报价的工程量，这是因为清单工程量只是清单主项的实体工程量，而不是施工单位实际完成的施工工程量。因此，承包商在根据清单工程量进行投标报价时，应根据拟建工程施工图、施工方案、使用定额对应的工程量计算规则，计算出用以满足清单项目工程量计价的主项工程量和附项工程量实际完成的工程量，即为定额工程量。

6.1.2　工程量计算依据

1.经审核批准的施工图纸及配套的标准图集

施工图纸是计算工程量的基础资料，因为施工图纸反映出了建筑物或构筑物的结构构造以及各部位的尺寸和工程做法，是计算工程量的基本依据。在取得施工图和设计说明等资料后，必须全面、细致地熟悉和核对有关图纸和资料，检查图纸是否齐全、正确。经审核、修正后的施工图才能作为计算工程量的依据。

2.工程量清单计价规范和预算定额

目前，国家现行的工程量清单计价规范仍为 2013 版的，即《房屋建筑与装饰工程工程量计算规范(GB 50854—2013)》。各省、自治区、直辖市颁发的地区性建筑工程和装饰工程预算定额中比较详细地规定了定额分项工程量的计算规则，浙江省目前采用的是《浙江省房屋建筑与装饰工程预算定额(2018)》。

3.经审核批准的施工组织设计、施工技术方案

施工图纸主要表现拟建工程的实体项目，分项工程的具体施工方法和措施应按施工组织设计或施工技术方案确定。例如计算开挖基础土方时，施工方法是采用人工开挖还是机械开挖，基坑周围是否需要放坡、预留工作面或做支撑防护，对这类问题就需要借助施工组织设计或者施工技术措施加以解决。工程量中有时还要结合施工现场的实际情况进行。例如平整场地和余土外运工程量，一般在施工图纸上是不反映的，应根据建设基地的具体情况予以计算确定。

4.其他

市场信息价文件、工程承发包合同文件、造价工作手册等辅助资料。

6.1.3　工程量计算方法

1.工程量计算步骤

(1)根据工程内容和预算定额项目，列出计算工程量分部分项工程名称。

(2)根据一定的计算顺序和计算规则，列出计算式。

(3)根据施工图纸上的设计尺寸及有关数据，代入计算式进行数值计算。

(4)对计算结果的计量单位进行调整，使之与规范或定额中相应分部分项工程的计量单位保持一致。

2.工程量计算顺序

计算工程量应按照一定的顺序进行，既可以节省看图时间，加快计算进度，又可以避

免漏算或重复计算。

(1)单位工程计算顺序

①按施工的先后顺序计算,即按照工程施工实际的施工顺序进行计算,如一般框架结构建筑的施工顺序为土方、基础、框架、墙体、装修等顺序。用这种方法计算工程量,要求具有一定的施工经验,能掌握施工组织的全部过程,并要求对定额和图纸的内容十分熟悉,否则容易漏项。

②按定额项目的顺序计算,即按定额的章、节、子项目顺序,由前及后,逐项对照,核对定额项目内容与图纸设计内容一致。这种方法适合初学者或缺少现场经验、对施工顺序不够了解的造价工作者,可有效避免缺项漏项。但也要注意,施工图中有的项目可能套不上定额项目,这时应单独列项,编制补充定额,切不可因定额缺项而漏项。

(2)分项工程计算顺序

①按顺时针方向计算。先从平面图的左上角开始,自左至右,然后再由上而下,最后转回到左上角为止,这样按顺时针方向转圈依次进行计算工程量,如图 6-1 所示。如计算外墙、地面、天棚装饰等工程量都可以采用此法。

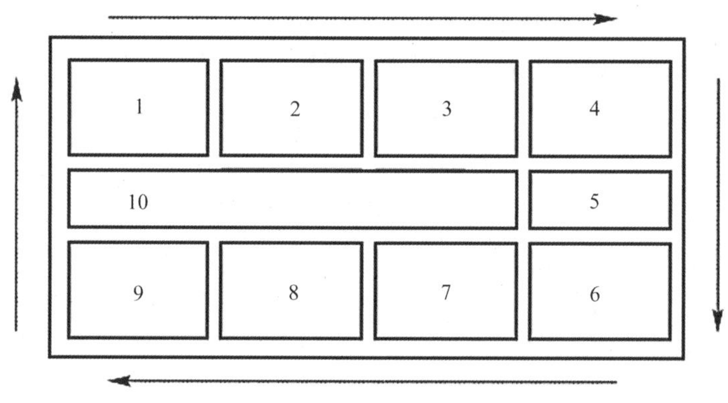

图 6-1　按顺时针方向计算

②按先横后竖、先上后下、先左后右的顺序计算。在平面图上从左上角开始,按“先横后竖、从上到下、自左而右”的顺序进行计算。在横向采用“先左后右、从上到下”;在竖向采用“先上后下、从左到右”。如内墙挖沟槽土方量、内墙条形基础垫层工程量、内墙墙体工程量等。

③按构件编号顺序计算。例如钢筋混凝土构件、门、窗、屋架等,可分别按所注编码逐一分别计算。

④按轴线编号顺序计算。按横向轴线从①～⑩编码顺序计算横向构造工程量;按竖向轴线从Ⓐ～Ⓓ编码顺序计算纵向构造工程量,如图 6-2 所示。这种方法适用于计算内外墙的挖基槽、内外墙基础、墙体等分项工程量。

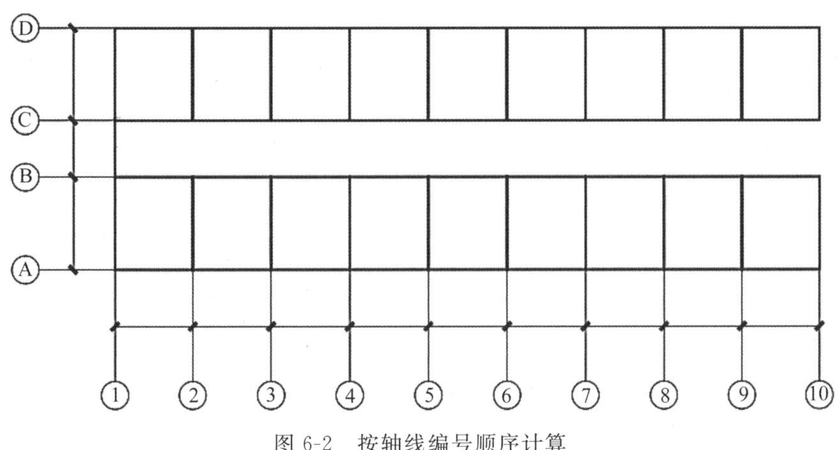

图 6-2　按轴线编号顺序计算

6.1.4 工程量计算应遵循的原则

1.工程量计算规则要一致

工程量计算必须与现行国家工程量计算规范或所在地区的定额规定的工程量计算规则相一致。例如,外地槽工程量计算中,地槽长度外墙按外墙中心线长度计算,内墙按基础底(含垫层)净长计算等。

2.计算口径要一致

计算工程量时,根据施工图纸列出的工程项目的口径(指工程项目所包括的工作内容),必须与现行国家工程量计算规范规定的相应清单项目或所在地区的定额的口径相一致,即不能将清单项目中已包含了的工作内容拿出来另列子目计算。

3.计算单位要一致

计算工程量时,所计算工程项目的工程量单位必须与现行国家工程量计算规范中相应清单项目或所在地区的定额项目计量单位相一致。

4.计算精度要一致

工程量的数字计算一般应精确到小数点后三位,汇总时其准确度取值要达到:立方米(m^3)、平方米(m^2)、米(m)、千克(kg),取两位小数,第三位小数四舍五入;吨(t)取三位小数,第四位小数四舍五入;件、台、套等取整数。

5.计算尺寸的取定要准确

计算工程量时,首先要对施工图尺寸进行核对,并对各项目计算尺寸的取定要准确。

无特殊说明,本教材工程量计算规则遵循的清单规范指《房屋建筑与装饰工程工程量计算规范(GB 50854—2013)》,定额指《浙江省房屋建筑与装饰工程预算定额(2018)》。由于定额和清单规范许多计算规则一致,加上定额比清单规范项目划分更细,因此在后续章节中以《浙江省房屋建筑与装饰工程预算定额(2018)》中的工程量计算规则为主进行讲解,清单工程量计算规则会以二维码的形式体现,以便查阅。

6.2 土石方工程

6.2.1 工作内容

土石方工程主要包括土石方的开挖、运输、回填、场地排水等工作。土石方按以下类型进行划分：

(1)平整场地：指建筑物所在现场厚度在±30cm以内的土方就地挖、填及整平。

(2)挖沟槽：底宽≤7m，且底长>3倍底宽的挖土即为挖沟槽。

(3)挖基坑：底长≤3倍底宽，且底面积≤150m^{2}的挖土即为挖基坑。

(4)一般土石方：超出平整场地、挖沟槽、挖基坑范围的即为挖一般土石方。

6.2.2 工程量计算前应确定的资料

1.土壤分类

土壤的分类应按表6-1确定，如土壤类别不能准确划分时，招标人可注明为综合，由投标人根据地勘报告决定报价。

表6-1 土壤分类

土壤分类	土壤名称	开挖方法
一、二类土	粉土、砂土(粉砂、细砂、中砂、粗砂、砾砂)、粉质黏土、弱中盐渍土、软土(淤泥质土、泥炭、泥炭质土)、软塑红黏土、冲填土	用锹、少许用镐、条锄开挖。机械能全部铲挖满载者
三类土	黏土，碎石土(圆砾、角砾)混合土、可塑红黏土、硬塑红黏土、强盐渍土、素填土、压实填土	主要用镐、条锄，少许用锹开挖。机械需部分刨松方能铲挖满载者或可直接铲挖但不能满载者
四类土	碎石土(卵石、碎石、漂石、块石)、坚硬红黏土、超盐渍土、杂填土	全部用镐、条锄挖掘，少许用撬棍挖掘。机械需普遍刨松方能铲挖满载者

2.干土、湿土的划分

干土、湿土的划分，以地质勘测资料的地下常水位为准。常水位以上为干土，以下为湿土；或土壤含水率≥25%时为湿土。

3.施工方案

需明确人工还是机械，是否需要放坡、支挡土板、工作面等。放坡系数按表6-2确定。工作面宽度按表6-3和表6-4规定计算。

表 6-2　放坡系数

土类别	放坡起点	人工挖土	机械挖土		
			在坑内挖土	在坑上挖土	顺沟槽在坑上作业
一、二类土	1.20	1∶0.5	1∶0.33	1∶0.75	1∶0.5
三类土	1.50	1∶0.33	1∶0.25	1∶0.67	1∶0.33
四类土	2.00	1∶0.10	1∶0.10	1∶0.33	1∶0.25

表 6-3　基础施工所需工作面宽度计算

基础材料	每边各增加工作面宽度/mm
砖基础	200
浆砌毛石、条石基础	150
混凝土基础垫层支模板	300
混凝土基础支模板	300
基础垂直面做防水层	1000(防水层面)

表 6-4　管沟施工每侧所需工作面宽度计算

管沟材料管道结构宽/mm	≤500	≤1000	≤2500	>2500
混凝土及钢筋混凝土管道/mm	400	500	600	700
其他材质管道/mm	300	400	500	600

6.2.3　土石方工程量计算规则

1.平整场地

工程量按建筑物外墙外边线每边各加 2m 计算，以平方米(m^2)为单位。若建筑物首层平面形状为矩形，工程量可按式(6-1)计算：

平整场地的定额工程量＝首层建筑面积＋2×外墙外边线＋16　(6-1)

土石方工程清单工程量计算规范

平整场地公式的解释说明

【例 6-1】　图 6-3 为某建筑物的首层平面图，请计算其平整场地的清单工程量和定额工程量。

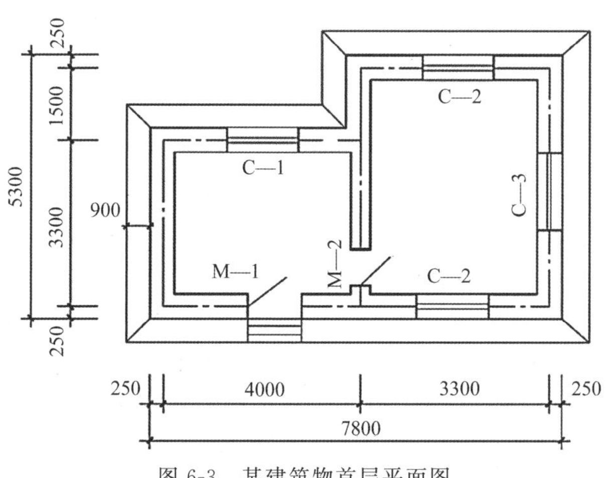

图 6-3　某建筑物首层平面图

解

①平整场地清单工程量$=7.8\times5.3-4\times1.5=35.34(m^2)$

②平整场地定额工程量$=35.34+2\times2\times(7.8+5.3)+16=103.74(m^2)$

2.挖沟槽土方

工程量按图示尺寸以体积(m^3)计算,其计算式为:

$$V=L\times S \tag{6-2}$$

式中:V——挖沟槽工程量。

L——地槽长度。外墙按外墙中心线长度计算,内墙按基础(含垫层)底净长计算,不扣除工作面及放坡重叠部分的长度,附墙垛突出部分按砌筑工程规定的砖垛折加长度合并计算;不扣除搭接重叠部分的长度,垛的加深部分亦不增加。

S——沟槽断面积。沟槽在开挖时会采用不同的断面形式,图6-4所示的为不放坡、单面放坡、双面放坡三种沟槽开挖方式,按相应的公式计算其断面积。

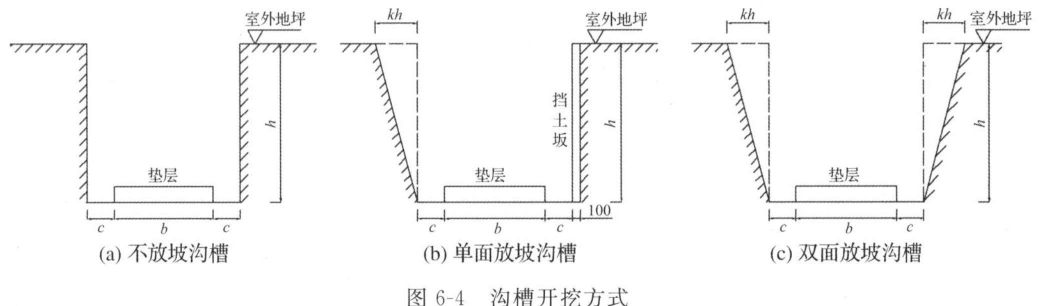

图6-4 沟槽开挖方式

①不放坡

$$S=(b+2c)h \tag{6-3}$$

②单面放坡

$$S=(b+2c+0.1+0.5kh)h \tag{6-4}$$

③双面放坡

$$S=(b+2c+kh)h \tag{6-5}$$

式中:S——沟槽断面积,m^2;

b——垫层宽度,m;

c——工作面宽度,m;

k——放坡系数;

沟槽垫层施工

h——挖土深度,m。基础土石方的深度按基础(含垫层)底标高至交付施工场地标高确定,交付施工场地标高不明确时,应按自然地面标高确定。挖地下室等下翻构件土石方,深度按下翻构件基础(含垫层)底至地下室基础(含垫层)底标高确定。

【例6-2】 某基础平面图和剖面图如图6-5所示,已知该场地土为三类土,采用人工挖土,挖土深度为2.8m,求挖该沟槽土方的工程量。

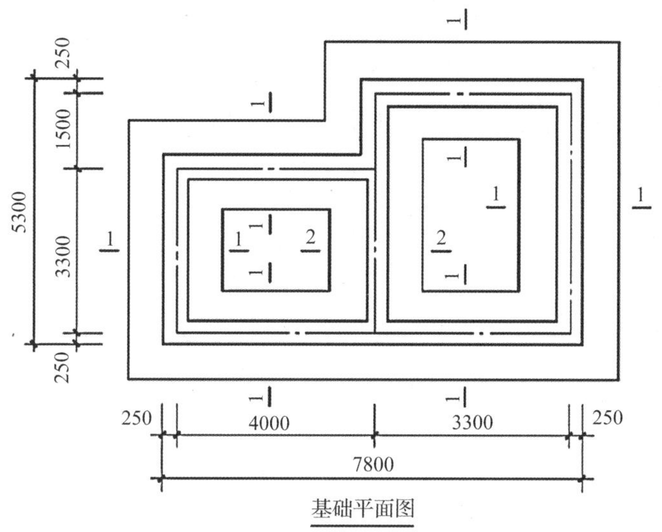

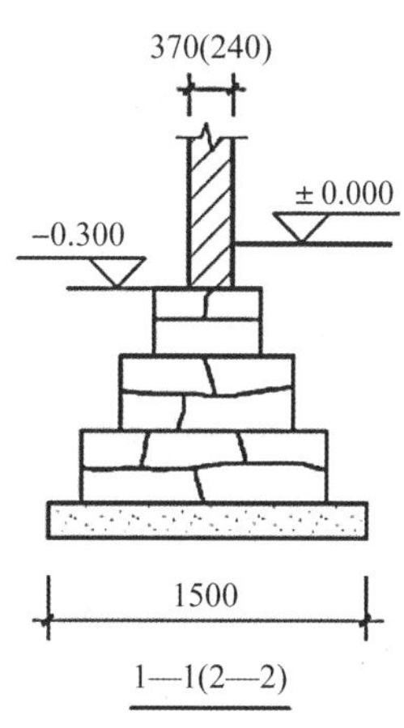

图 6-5　某基础平面图与剖面图

解

$L(1-1)=(4\times2+3.3\times4+1.5\times2)=24.20(\mathrm{m})$

$L(2-2)=3.3-0.24=3.06(\mathrm{m})$

$V=(b+2c+kh)hL=(1.5+0.15\times2+0.33\times2.8)\times2.8\times(24.2+3.06)$

$=207.92(\mathrm{m}^3)$

3. 挖基坑土方

基坑开挖

工程量以体积计算，以独立基础的基坑为例，其工程量根据以下几种形式分别计算。

(1)矩形不放坡基坑工程量：

$$V=abh \tag{6-6}$$

式中：a——基坑长度，m；

b——基坑宽度，m；

h——挖土深度，m。

(2)矩形放坡基坑工程量：

$$V=(a+2c+kh)(b+2c+kh)h+k^2h^3/3 \tag{6-7}$$

式中：a——基坑长度，m；

b——基坑宽度，m；

h——挖土深度，m；

c——工作面宽度，m；

k——放坡系数。

【例 6-3】　如图 6-6 所示，已知一矩形基坑为四类土，顺沟槽在坑上作业，求挖该基坑土方的工程量。

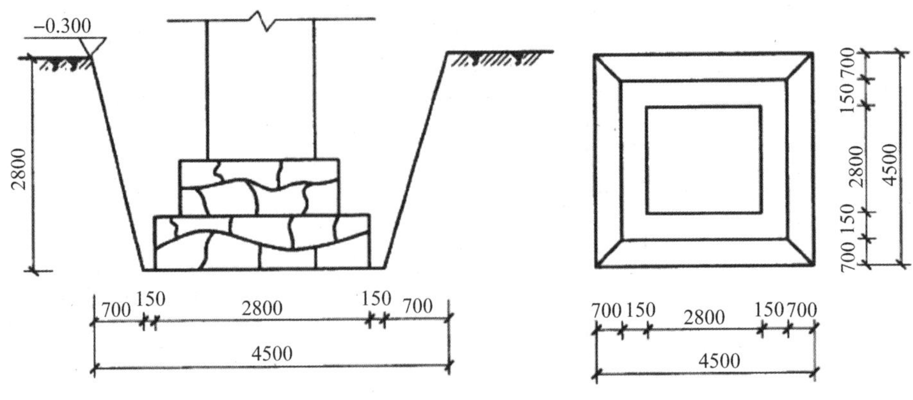

图 6-6　某矩形基坑平面图

解　$V=(a+2c+kh)(b+2c+kh)h+k^2h^3/3$

$=(2.8+0.15\times2+0.25\times2.8)\times(2.8+0.15\times2+0.25\times2.8)\times2.8+1/3\times0.25^2\times2.8^3=40.89(\text{m}^3)$

(3)圆形不放坡基坑工程量：

$$V=\pi R^2h \tag{6-8}$$

式中：R——基坑半径，m；

h——挖土深度，m。

(4)圆形放坡基坑工程量：

$$V=1/3\pi h(R_1^2+R_2^2+R_1R_2) \tag{6-9}$$

式中：R_1——基坑坑顶半径，m；

R_2——基坑坑底半径，m；

h——挖土深度，m。

4.挖一般土方

工程量按设计图示尺寸以体积计算。

5.土方回填

工程量按设计图示尺寸以体积计算，分为以下三种情况：

(1)沟槽、基坑回填。按挖方体积减去交付施工标高(或自然地面标高)以下埋设的建(构)筑物、各类构件及基础(含垫层)等所占的体积计算。

(2)室内回填。按主墙间的净面积乘以回填土厚度计算，不扣除间隔墙。

(3)场地回填。按回填面积乘以平均回填厚度计算。

6.3　地基处理与边坡支护工程

6.3.1　工作内容

地基处理一般是指用于改善支承建筑物的地基(土或岩石)的承载能力或改善其变形性质或渗透性质而采取的工程技术措施。常用的地基处理方法有换填垫层法、强夯法、砂石桩法、振冲法、水泥土搅拌法、高压喷射注浆法、预压法、夯实水泥土桩法、水泥粉煤灰碎石桩法、石灰桩法、灰土挤密桩法和土挤密桩法等。

支护结构是由承受土压力与水压力的围护墙体系、保持结构整体稳定的支撑体系两者共同搭建的一个空间整体结构。其中,围护墙体系可选择挡板、排桩、土钉墙、地下钢筋混凝土连续墙等形式;支撑常用钢支撑、钢筋混凝土支撑、钢锚杆等,按结构又分水平支撑体系与垂直斜支撑体系。实施的基本程序是先围护、随开挖随支撑,基础完工后拆除。

6.3.2　地基处理与边坡支护工程量计算规则

1.地基加固

(1)换填加固,按设计图示尺寸或经设计验槽确认工程量,以体积计算。

(2)强夯地基加固按设计的不同夯击能、夯点击数和夯锤搭接量分别计算,点夯按设计图示布置以点数计算;满夯按设计图示范围以面积计算。

(3)填料桩。

①振冲碎石桩按设计桩长(包括桩尖)另加加灌长度乘以设计桩径截面积,以体积计算。

②沉管桩(砂、砂石、碎石填料)不分沉管方法,均按钢管外径截面积(不包括桩箍)乘以设计桩长(不包括预制桩尖)另加加灌长度,以体积计算。

③填料桩的加灌长度,设计有规定者,按设计要求计算;设计无规定者,按 0.50m 计算。若设计桩顶标高至交付地坪标高差小于 0.50m 时,加灌长度计算至交付地坪标高。

④空打部分按交付地坪标高至设计桩顶标高的长度减加灌长度后乘以桩截面积计算。

(4)水泥搅拌桩

①按桩长乘桩单个圆形截面积以体积计算,不扣除重叠部分的面积。桩长按设计桩顶标高至桩底长度另加 0.5m 计算。当发生单桩内设计有不同水泥掺量时应分段计算。

②加灌长度,设计有规定,按设计要求计算;设计无规定,按 0.50m 计算。若设计桩顶标高至交付地坪标高差小于 0.50m 时,加灌长度计算至交付地坪标高。

③空搅(设计不掺水泥,下同)部分的长度按设计桩顶标高至交付地坪标高减去加灌长度计算。

④桩顶凿除按加灌体积计算。

(5)旋喷桩。按设计桩长乘以桩径截面积,以体积计算,不扣除桩与桩之间的搭接。当发生单桩内设计有不同水泥掺量时应分段计算。

(6)注浆地基。钻孔按交付地坪至设计桩底的长度计算,注浆按下列规定计算:

①设计图纸明确加固土体体积的,按设计图纸注明的体积计算。

②设计图纸以布点形式图示土体加固范围的,则按两孔间距的一半作为扩散半径,以布点边线各加扩散半径,形成计算平面,计算注浆体积。

③如果设计图纸注浆点在钻孔灌注桩之间,按两注浆孔的一半作为每孔的扩散半径,以此圆柱体积计算注浆体积。

(7)树根桩。按设计桩长乘以桩外径截面积,以体积计算。

(8)圆木桩。按设计桩长(包括接桩)及梢径,按木材材积表计算,其预留长度的材积已考虑在定额内。送桩深度按设计桩顶标高至打桩前的交付地坪标高另加 0.50m 计算。

2.基坑与边坡支护

(1)地下连续墙。

①导墙开挖按设计中心线长度乘以开挖宽度及深度以体积计算;现浇导墙混凝土按设计图示以体积计算。

②成槽按设计图示墙中心线长乘以墙厚乘以成槽深度(交付地坪至连续墙底深度),以体积计算。入岩增加费按设计图示墙中心线长乘以墙厚乘以入岩深度,以体积计算。

③锁口管安、拔按连续墙设计施工图划分的槽段数计算,定额已包括锁口管的摊销费用。

④清底置换以“段”为单位(段指槽壁单元槽段)。

⑤浇筑连续墙混凝土,按设计图示墙中心线长乘以墙厚及墙深另加加灌高度,以体积计算。加灌高度:设计有规定,按设计规定计算;设计无规定,按 0.50m 计算。若设计墙顶标高至交付地坪标高差小于 0.50m 时,加灌高度计算至交付地坪标高。

⑥地下连续墙凿墙顶按加灌混凝土体积计算。

(2)水泥土连续墙。

①三轴水泥土搅拌墙按桩长乘以桩单个圆形截面积以体积计算,不扣除重叠部分的面积。桩长按设计桩顶标高至桩底长度另加 0.50m 计算;若设计桩顶标高至交付地坪标高小于 0.50m 时,加灌长度计算至交付地坪标高。当发生单桩内设计有不同水泥掺量时应分段计算。

②渠式切割水泥土连续墙,按设计图示中心线长度乘以墙厚及墙深另加加灌长度以体积计算;加灌高度:设计有规定,按设计要求计算;设计无规定,按 0.50m 计算。若设计墙顶标高至交付地坪标高小于 0.50m 时,加灌高度计算至交付地坪标高。

③空搅部分的长度按设计桩顶标高至交付地坪标高减去加灌长度计算。

④插、拔型钢工程量按设计图示型钢规格以质量计算。

⑤水泥土连续墙凿墙顶按加灌体积计算。

(3)混凝土预制板桩按设计桩长(包括桩尖)乘以桩截面积以体积计算。

(4)打、拔型钢板桩按入土长度乘以单位理论质量计算。

(5)土钉、锚杆与喷射联合支护。

①土钉支护钻孔、注浆按设计图示入土长度以延长米计算。

②土钉的制作、安装按设计长度乘以单位理论质量计算。

③锚杆、锚索支护钻孔、注浆分不同孔径按设计图示入土长度以延长米计算。

④锚杆制作、安装按设计长度乘以单位理论质量计算。

⑤锚索制作、安装按张拉设计长度乘以单位理论质量计算。

⑥锚墩、承压板制作、安装，按设计图示以“个”计算。

⑦边坡喷射混凝土按不同坡度按设计图示尺寸，以面积计算。

(6)钢支撑。钢支撑、预应力型钢组合支撑按设计图示尺寸以质量计算，不扣除孔眼质量，不另增焊条、铆钉、螺栓等质量。

6.4　桩基工程

6.4.1　工作内容及施工工艺

桩的作用是将上部建筑物的荷载传递到深处承载力较大的土层上，或将软弱土层挤密以提高地基土的承载力及密实度。在设计时，遇到地基软弱土层较厚、上部荷载较大，用天然地基无法满足建筑物对地基变形和强度方面的要求时，常用桩基础。钢筋混凝土桩按施工方法不同分为预制桩和灌注桩。预制桩是在工厂或施工现场制成品桩，再用相应桩设备将桩打(或压)入土中。现场灌注桩是在施工现场的桩位上直接成孔，灌筑混凝土而成的桩体。根据成孔施工方法的不同，其可分为钻孔、冲孔、沉管、人工挖孔及爆扩等。

桩基工程

1.混凝土预制桩

非预应力混凝土预制桩包括方桩、空心方桩、异形桩等，预应力混凝土预制桩包括管桩、空心方桩、竹节桩等。施工方法有锤击和静压两种。预应力混凝土预制管桩工程主要的沉桩方法有锤击沉桩、振动沉桩和静力沉桩等。通常采用人机配合完成，涉及有起重工、混凝土工、电焊工、普工及对应各种机械操作工等工种；对应的材料如管桩、金属护筒、垫木、电焊条、辅助性材料等；涉及机具有桩机、起重机、电焊机、切割机、铲揪等。

预制管桩施工

施工工艺为：施工准备，桩机安装，桩位探测，桩机行走，桩起吊，定位，安或拆桩帽，桩尖，打或压桩体，接桩，送桩，接下一根桩，基槽基坑开挖完成后的凿或截桩头。

2.沉管灌注桩

沉管灌注桩是利用锤击或振动方式，先将一定直径的钢管带桩尖(或钢板靴)或带有活瓣式桩靴的钢管沉入土层，然后往钢管内放入钢筋笼并注入混凝土，同时从土层中逐步拔出钢管，未凝结混凝土与土壁结合形成桩体。

根据沉管方法和拔管时振动不同，沉管灌注桩可分为锤击沉管灌注桩和振动沉管灌注桩。前者多用于一般黏性土、淤泥质土、砂土和人工填土地基，后者除以上范围外，还可用于稍密及中密的碎石土地基，应用较广泛。但由于钢管直径、机械设备的限制，为了提高桩体的承载能力，沉管混凝土灌注桩设计在“单打法”（即“单桩”）基础上，会依据工程实际需求，设计采用“复打法”（也称“扩大桩”），或“局部打法”（也称“夯扩桩”）等施工工艺。

施工工艺为：施工准备、桩机安装、桩位探测、桩机行走、安放桩靴、吊放钢管在桩靴上、校正垂直度、锤击桩管至设计的贯入度或标高、检查成孔质量、放置钢筋骨架、浇灌混凝土、边浇筑边拔出钢管、接下一根桩、基槽基坑开挖完成后的凿或截桩头。

3. 钻孔灌注桩

钻孔灌注桩是利用钻孔机在桩位成孔，然后在桩孔内放入钢筋骨架再灌混凝土而成的就地灌注桩；能在各种土质条件下施工，具有无振动、对土体无挤压等优点，一般情况下，比预制桩更经济。常用的施工方法根据地质条件的不同，其可分为干作业成孔灌注桩和泥浆护壁成孔灌注粧。

(1)干作业钻孔灌注桩

施工工艺流程：螺旋钻机就位对中、钻进成孔、排土、钻至预定深度、停钻、起钻，测孔深、孔斜、孔径、清理孔底土、钻机移位、安放钢筋笼、安放混凝土溜筒、灌注混凝土成桩、桩头养护。

(2)泥浆护壁成孔灌注粧

施工工艺流程：测定桩位、埋设护筒、桩机就位、钻孔(同时制备泥浆、泥浆循环排渣)、清孔、安放钢筋笼、安放混凝土溜筒、灌注混凝土成桩、桩头养护。

6.4.2 桩基工程量计算规则

1. 混凝土预制桩工程量计算

(1)锤击(静压)非预应力混凝土预制桩按设计桩长(包括桩尖)，以长度计算。

(2)锤击(静压)预应力混凝土预制桩按设计桩长(不包括桩尖)，以长度计算。

(3)送桩深度按设计桩顶标高至打桩前的交付地坪标高另加 0.50m，分不同深度以长度计算。

(4)非预应力混凝土预制桩的接桩按设计图示以角钢或钢板的质量计算。

(5)预应力混凝土预制桩顶灌芯按设计长度乘以填芯截面积，以体积计算。

(6)因地质原因沉桩后的桩顶标高高出设计标高，在长度小于 1m 时，不扣减相应桩的沉桩工程量；在长度超过 1m 时，其超过部分按实扣减沉桩工程量，但桩体的价格不扣除。

【例 6-4】 某预制钢筋混凝土方桩长 10m，其截面尺寸为 0.4m×0.4m，共打桩 70 根；桩长为 9.5m 的预制钢筋混凝土方桩截面尺寸为 0.35m×0.35m，共打桩 95 根。计算其打桩工程量。

解 $V=LABn=10\times0.4^2\times70+9.5\times0.35^2\times95=222.56(\mathrm{m}^3)$

【例 6-5】 某项桩基工程需进行钢筋混凝土方桩的送桩和接桩工作。如图 6-7 所示。其中，桩截面尺寸为 0.4m×0.4m，每根桩长 3m，设计桩全长 12。桩底标高－13.2m，桩顶标高－1.2m。该工程共需用 80 根桩。试计算送桩的工程量。

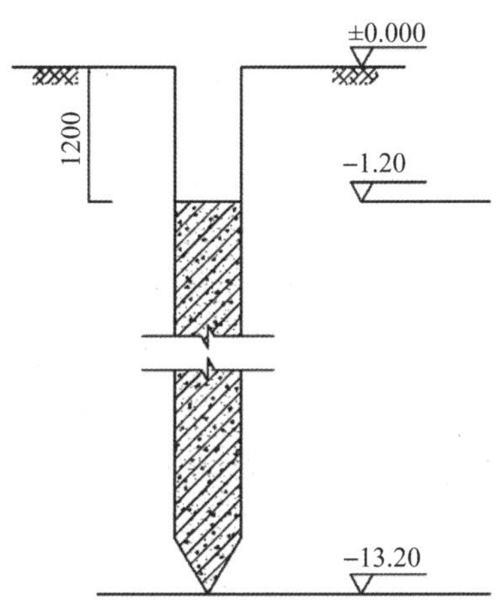

图 6-7　某钢筋混凝土方桩

解　$V=S(h+0.5)n=0.4\times0.4\times(1.2+0.5)\times80=21.76(\text{m}^3)$

2.沉管灌注桩工程量计算

(1)单桩成孔按打桩前的交付地坪标高至设计桩底的长度(不包括预制桩尖)乘以钢管外径截面积(不包括桩箍)以体积计算。

(2)夯扩(静压扩头)桩工程量＝单桩成孔工程量＋夯扩(扩头)部分高度×桩管外径截面积

式中:夯扩(扩头)部分高度按设计规定计算。

沉管灌注桩施工工艺

(3)扩大桩的体积按单桩体积乘以复打次数计算，其复打部分乘以系数 0.85。

(4)灌注混凝土工程量按桩长乘以设计桩径截面积计算，桩长＝设计桩长＋设计加灌长度，设计未规定加灌长度时，加灌长度(不论有无地下室)按不同设计桩长确定:25m 以内按 0.50m，35m 以内按 0.80m，45m 以内按 1.10m，55m 以内按 1.4m，65m 以内按 1.70m，65m 以上按 2.00m 计算。灌注桩设计要求扩底时，其扩底扩大工程量按设计尺寸，以体积计算，并入相应的工程量内。

(5)桩孔回填按桩(加灌后)顶面至打桩前交付地坪标高的长度乘以桩孔截面积计算。

凿桩头原理与目的

(6)预制混凝土桩截桩按截桩的数量计算。

(7)凿桩头按设计图示桩截面积乘以桩头凿除长度，以体积计算。混凝土预制桩凿除长度设计有规定按设计规定，设计无规定按 $40d$(d 为桩体主筋直径，主筋直径不同时取大者)计算;灌注混凝土桩按加灌长度计算。

6.5 砌筑工程

6.5.1 工作内容

砌筑工程是指普通砖、石和各类砌块的砌筑，其工作内容主要包括砖石基础、墙体、柱、零星砌体、构筑物的砌筑。

砌筑工程
施工交底

1.砌筑用砖

按所采用的原材料，砌筑用砖分为黏土砖、灰砂砖、页岩砖、煤矸石砖、水泥砖、矿渣砖等。按形状砌筑用砖可分为实心砖和多孔砖。

(1)烧结普通砖。烧结普通砖为实心砖，是以黏土、页岩、煤矸石或粉煤灰为主要原材料，经压制、焙烧而成。其外形为直角六面体，其公称尺寸为长 240mm，宽 115mm，高 53mm，根据抗压强度分为 MU30、MU25、MU20、MU15、MU10 五个强度等级。

(2)烧结多孔砖。烧结多孔砖使用的原材料和生产工艺与烧结普通砖基本相同，其孔洞率不大于 35%，主要用于承重部位。砖的长度、宽度及高度尺寸应符合 290mm、240mm、190mm、180mm 和 175mm、140mm、115mm、90mm 的要求，根据抗压强度分为 MU30、MU25、MU20、MU15、MU10 五个强度等级。

(3)烧结空心砖。烧结空心砖的烧制、外形、尺寸要求与烧结多孔砖一致，其孔洞率大于等于 35%，空心砖在与砂浆的结合面上应设有增加结合力的深度在 1mm 以上的凹线槽。根据抗压强度分为 MU5、MU3、MU2 三个强度等级。

(4)蒸压灰砂空心砖。蒸压灰砂空心砖是以石灰、砂为主要原料制成的建筑用砖头，经坯料制备、压制成型、高效蒸汽养护等工艺制成。其外形规格与烧结普通砖一致，根据抗压强度分为 MU25、MU20、MU15、MU10、MU7.5 五个强度等级。

(5)蒸压粉煤灰砖。蒸压粉煤灰砖是以粉煤灰、石灰或水泥为主要原料，掺加适量石膏和集料经混合料制备、压制成型、高压或常压养护或自然养护而成的粉煤灰砖。其外形规格与烧结普通砖一致，根据抗压强度分为 MU20、MU15、MU10、MU7.5 四个强度等级。

2.砌块

砌块的种类较多，按结构构造分为实心和空心，按规格可分为小型(高度为 180mm～350mm)、中型(高度为 360～900mm)。常用的有普通混凝土小型空心砌块、轻集料混凝土小型空心砌块、蒸压加气混凝土砌块、粉煤灰砌块。

(1)普通混凝土小型空心砌块。普通混凝土小型空心砌块以水泥、砂、碎石或卵石加水预制而成。其规格尺寸为 390mm×190mm×190mm，孔洞不小于 25%。根据抗压强度分为 MU20、MU15、MU10、MU7.5、MU5、MU3.5 六个强度等级。

(2)轻集料混凝土小型空心砌块。轻集料混凝土小型空心砌块以水泥、砂、轻集料加水预制而成。其规格与普通混凝土小型空心砌块一致，根据抗压强度分为 MU10、MU7.5、MU5、MU3.5、MU2.5、MU1.5 六个强度等级。

(3)蒸压加气混凝土砌块。蒸压加气混凝土砌块是以水泥、矿渣、砂、石灰等为主要原料，加入发气剂，经搅拌成型、蒸压养护而成的实心砌块。其规格为 600mm×250mm×250mm，根据抗压强度分为 A10、A7.5、A5、A3.5、A2.5、A2、A1 七个强度等级。

(4)粉煤灰砌块。粉煤灰砌块是以粉煤灰、石灰、石膏和轻集料为原料，经加水搅拌，振动成型、蒸汽养护而成的密实砌块。其规格尺寸为 880mm×380mm×240mm，砌块端面应加灌浆槽，坐浆面宜设抗剪槽，根据抗压强度分为 MU13、MU10 两个强度等级。

3.基础与墙身划分

(1)基础与墙(柱)身使用同一种材料时，以设计室内地面为界(有地下室者，以地下室室内设计地面为界)，以下为基础，以上为墙(柱)身。

(2)基础与墙身使用不同材料时，位于设计室内地面高度±300mm 以内时，以不同材料为分界线；高度大于±300mm 时，以设计室内地面为分界线。

(3)砖、石围墙以设计室外地坪为界，以下为基础，以上为墙身。

4.砖砌体的施工工艺流程

砖墙的砌筑一般有抄平、放线、摆砖、立皮数杆、盘角、挂线、砌筑、勾缝和清理等工序。

6.5.2　砌筑工程量计算规则

1.砖基础

按设计图示尺寸以体积计算，扣除地梁(圈梁)、构造柱所占体积，不扣除基础大放脚 T 形接头处的重叠部分及嵌入基础内的钢筋、铁件、管道、基础砂浆防潮层和单个 0.3m^2 以内的孔洞所占体积，需要砌筑的大放脚计入砖基础体积内。

(1)基础长度

外墙按外墙中心线长度计算，内墙按内墙净长线计算。附墙垛基础宽出部分体积按折加长度合并计算，不扣除搭接重叠部分的，垛的加深部分也不增加。附墙垛折加长度 L 按式(6-10)计算，附墙垛如图 6-8 所示：

$$L=\frac{ab}{d} \tag{6-10}$$

式中：a、b——附墙垛凸出部分断面的长、宽；

d——砖墙厚。

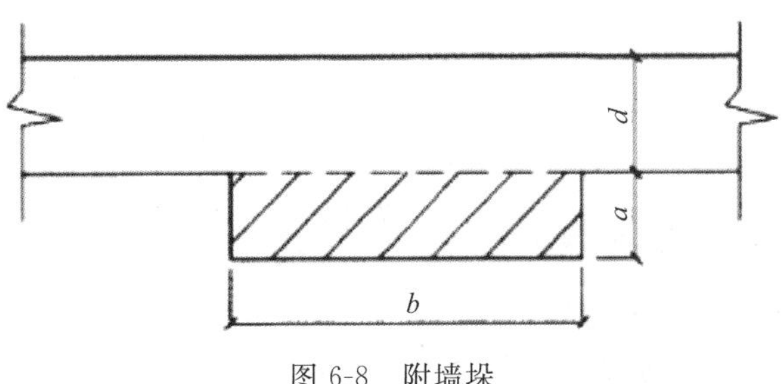

图 6-8　附墙垛

(2)条形砖基础

为满足地基承载力的要求，需要在基础底部做成逐步放阶的形式，称为大放脚。两边大放脚体积并入计算：

大放脚体积＝砖基础长度×大放脚断面积

大放脚断面积按式(6-11)和式(6-12)，计算，大放脚剖面图如图 6-9 所示：

等高式：
$$S = n(n+1)ab \tag{6-11}$$

间隔式：
$$S = \sum(a \times b) + \sum\left(\frac{a}{2} \times b\right) \tag{6-12}$$

式中：n——放脚层数；

a、b——每层放脚的高、宽(凸出部分)。

注：标准砖基础：a＝0.126m(每层二皮砖)，b＝0.0625m。

大放脚有等高式与间隔式两种，如图 6-10 所示。

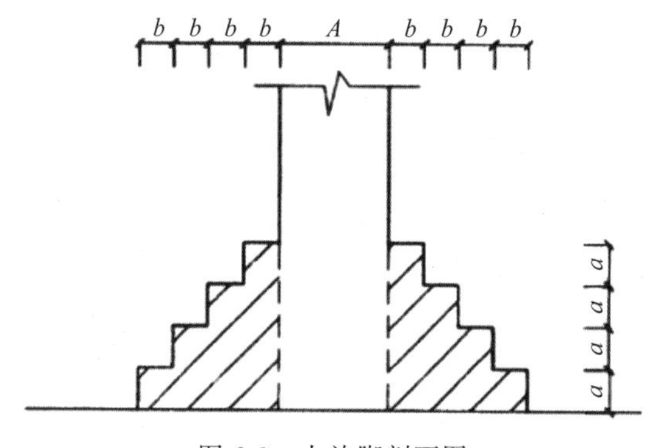

图 6-9　大放脚剖面图

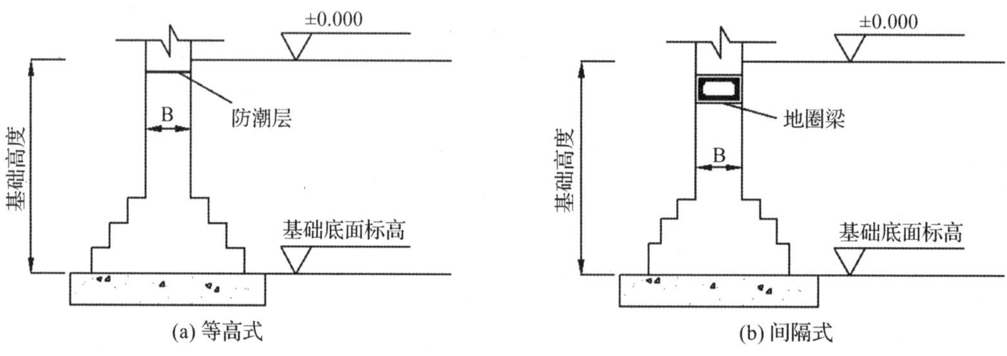

图 6-10　大放脚两种形式的断面图

为简便计算砖基础大放脚的工程量，将各种标准砖墙厚度的大放脚增加断面面积按墙厚折算成高度。计算公式为：

$$折加高度＝\frac{大放脚增加的面积}{墙厚} \tag{6-13}$$

表 6-5 为依据大放脚的折加高度及大放脚增加的断面积编制的表格，在计算基础工程量时，可直接查询折加高度和大放脚增加的断面面积。

表 6-5 标准砖大放脚折加高度和增加断面面积

放脚层数	折加高度/m												增加断面面积/m^2	
	1/2 砖		1 砖		3/2 砖		2 砖		5/2 砖		3 砖			
	等高	间距	等高	间距	等高	间距	等高	间距	等高	间距	等高	间距	等高	间距
一	0.137	0.137	0.066	0.066	0.043	0.043	0.032	0.032	0.026	0.026	0.021	0.021	0.016	0.016
二	0.411	0.342	0.197	0.164	0.129	0.108	0.096	0.800	0.077	0.064	0.064	0.053	0.047	0.039
三			0.394	0.328	0.259	0.216	0.193	0.161	0.154	0.218	0.128	0.106	0.095	0.079
四			0.656	0.525	0.432	0.345	0.321	0.253	0.256	0.205	0.213	0.170	0.158	0.126
五			0.984	0.788	0.647	0.518	0.482	0.380	0.384	0.307	0.319	0.255	0.236	0.189
六			1.378	1.083	0.906	0.712	0.672	0.580	0.538	0.419	0.447	0.351	0.331	0.260
七			1.838	1.444	1.208	0.949	0.900	0.707	0.717	0.563	0.596	0.468	0.441	0.347
八			2.363	1.838	1.533	1.208	1.157	0.900	0.922	0.717	0.766	0.596	0.567	0.441
九			2.953	2.297	1.942	1.510	1.447	1.125	1.153	0.896	0.956	0.745	0.709	0.551
十			3.610	2.789	2.372	1.834	1.768	1.366	1.409	1.088	1.171	0.905	0.886	0.670

大放脚增加的断面面积计算公式为：

$$\text{大放脚增加的断面面积}=\text{大放脚折加高度}\times\text{基础墙厚} \tag{6-14}$$

基础断面面积计算公式为：

$$\text{基础断面面积}=\text{设计基础高度}\times\text{基础墙厚}+\text{大放脚增加的断面面积} \tag{6-15}$$

(3)独立砖柱基础

独立砖柱基础按柱身体积加上四边大放脚体积计算，砖柱基础并入砖柱计算。四边大放脚体积 V 按式(6-16)计算，平面图、剖面图如图 6-11 所示。

$$V=n(n+1)ab\left[\frac{2}{3}(2n+1)b+A+B\right] \tag{6-16}$$

式中：A、B——砖柱断面的长、宽，其余同式(6-12)。

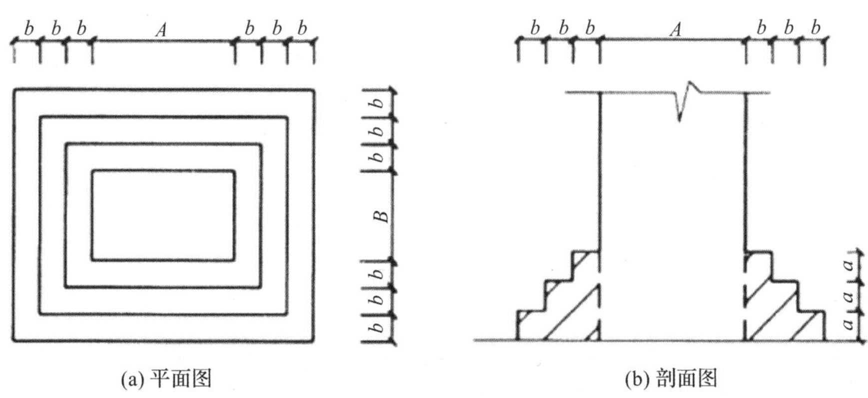

(a) 平面图　　(b) 剖面图

图 6-11 独立砖基础

【例 6-6】 根据如图 6-12 所示的砖基础工程平面图与剖面图，计算砖基础的工程量。

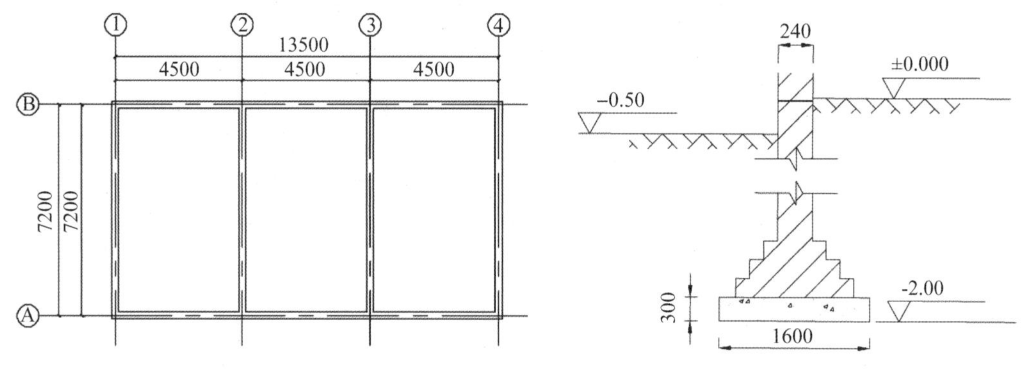

图 6-12 砖基础工程

解 (1)外墙砖基础体积计算

砖基础长度＝(13.5＋7.2)×2＝41.4(m)

设计基础高度＝2－0.3＝1.7(m)

查表 6-5，三阶等高大放脚增加的断面面积为 0.095m^2

砖基础断面面积＝1.7×0.24＋0.095＝0.503(m^2)

外墙砖基础体积＝41.4×0.503＝20.824(m^3)

(2)内墙砖基础体积计算

内墙净长度＝(7.2－0.24)×2＝13.92(m)

内墙砖基础体积＝13.92×0.503＝7.00(m^3)

砖基础体积＝20.824＋7.00＝27.82(m^3)

2.砖墙、砌块墙

按设计图示尺寸以体积计算，应扣除门窗，洞口，嵌入墙内的钢筋混凝土柱、梁、圈梁、挑梁、过梁以及凹进墙内的壁龛、管槽、暖气槽、消火栓箱所占体积，不扣除梁头、檩头、垫木、木楞头、沿缘木、木砖、门窗走头砖墙内加固钢筋、木筋、铁件、钢管及单个 0.3m^2 以内的孔洞所占的体积。突出墙身的窗台、1/2 砖以内的门窗套、二出檐以内的挑檐等的体积亦不增加。突出墙身的统腰线、1/2 砖以外的门窗套、二出檐以上的挑檐等的体积应并入所依附的砖墙内计算。凸出墙面的砖垛并入墙体体积内计算。

(1)墙长度：外墙按外墙中心线长度计算，内墙按内墙净长计算。

(2)墙高度：按设计图示墙体高度计算。

①外墙：斜(坡)屋面无檐口天棚者算至屋面板底；有屋架且室内外均有天棚者算至屋架下弦底另加 200m；无天棚者算至屋架下弦底另加 300mm，出檐宽度超过 600mm 时按实砌高度计算；有钢筋混凝土楼板隔层者算至板顶。平屋顶算至钢筋混凝土板底。

②内墙：位于屋架下弦者，算至屋架下弦底；无屋架者算至天棚底另加 100mm；有钢筋混凝土楼板隔层者算至楼板底；有框架梁时算至梁底。

③女儿墙：从屋面板上表面算至女儿墙顶面(如有混凝土压顶时算至压顶下表面)。

④内、外山墙：按其平均高度计算。

(3)墙厚度:

①砖砌体及砌块砌体厚度按砖墙厚度表计算,如表 6-6 所示。实际与定额取定不同时,其砌体厚度应根据砌筑方式,结合砖实际规格和灰缝厚度计算。

②砖砌体灰缝厚度统一按 10mm 考虑。

表 6-6　砖墙厚度　　单位:mm

<table>
<tr><th rowspan="2">砖及砌块分类</th><th rowspan="2">定额取定砖及砌块名称</th><th rowspan="2">砖及砖块规格(长×宽×厚)</th><th colspan="6">墙厚(砖数)</th></tr>
<tr><th>$\frac{1}{4}$</th><th>$\frac{1}{2}$</th><th>$\frac{3}{4}$</th><th>1</th><th>$1\frac{1}{2}$</th><th>2</th></tr>
<tr><td rowspan="4">混凝土类砖</td><td rowspan="2">混凝土实心砖</td><td>240×115×53</td><td>53</td><td>115</td><td>178</td><td>240</td><td>365</td><td>490</td></tr>
<tr><td>190×190×53</td><td>—</td><td>90</td><td>—</td><td>190</td><td>—</td><td>—</td></tr>
<tr><td rowspan="2">混凝土多孔砖</td><td>240×115×90</td><td>—</td><td>115</td><td>—</td><td>240</td><td>365</td><td>490</td></tr>
<tr><td>190×190×90</td><td>—</td><td>—</td><td>—</td><td>190</td><td>—</td><td>—</td></tr>
<tr><td rowspan="4">烧结类砖</td><td>非黏土烧结页岩实心砖</td><td>240×115×53</td><td>53</td><td>115</td><td>178</td><td>240</td><td>365</td><td>490</td></tr>
<tr><td rowspan="2">非黏土烧结页岩多孔砖</td><td>240×115×53</td><td>—</td><td>115</td><td>—</td><td>240</td><td>365</td><td>490</td></tr>
<tr><td>190×90×90</td><td>—</td><td>90</td><td>—</td><td>190</td><td>—</td><td>—</td></tr>
<tr><td>非黏土烧结页岩空心砖</td><td>240×240×115</td><td>—</td><td>—</td><td>—</td><td>240</td><td>—</td><td>—</td></tr>
<tr><td rowspan="2">蒸压类砖</td><td>蒸压灰砂砖</td><td>240×115×53</td><td>53</td><td>116</td><td>178</td><td>240</td><td>365</td><td>490</td></tr>
<tr><td>蒸压灰砂多孔砖</td><td>240×115×90</td><td>—</td><td>115</td><td>—</td><td>240</td><td>365</td><td>490</td></tr>
<tr><td rowspan="3">轻集料混凝土类空心砌块</td><td rowspan="3">陶粒混凝土小型砌块</td><td>390×240×190</td><td>—</td><td>—</td><td>—</td><td>240</td><td>—</td><td>—</td></tr>
<tr><td>390×190×190</td><td>—</td><td>—</td><td>—</td><td>190</td><td>—</td><td>—</td></tr>
<tr><td>390×120×190</td><td>—</td><td>—</td><td>—</td><td>120</td><td>—</td><td>—</td></tr>
<tr><td rowspan="3">烧结类空心砌块</td><td rowspan="3">非黏土烧结空心砌块</td><td>290×240×190</td><td>—</td><td>—</td><td>—</td><td>240</td><td>—</td><td>—</td></tr>
<tr><td>290×190×190</td><td>—</td><td>—</td><td>—</td><td>190</td><td>—</td><td>—</td></tr>
<tr><td>290×115×190</td><td>—</td><td>—</td><td>—</td><td>115</td><td>—</td><td>—</td></tr>
<tr><td>蒸压加气混凝土类砌块</td><td>陶粒增强加气砌块</td><td>600×240×200</td><td>—</td><td>—</td><td>—</td><td>240</td><td>—</td><td>—</td></tr>
</table>

【例 6-7】　某建筑物一层平面图如图 6-13 所示。外墙为一砖半墙,内墙为一砖墙,板顶标高为 3.3m,板厚为 0.12m。其中门 M1 的尺寸为 0.9m×2.1m,门 M2 的尺寸为 2.1m×2.4m,窗 C1 的尺寸为 1.5m×1.5m。请根据图示尺寸分别计算砖外墙、内墙的工程量。

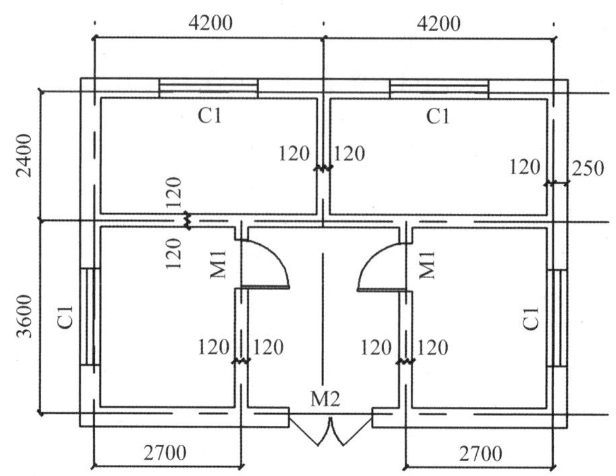

图 6-13　一层平面图

解

(1)门窗面积

$S_{M1}=0.9\times2.1\times2=3.78(m^2)$

$S_{M2}=2.1\times2.4\times1=5.04(m^2)$

$S_{C1}=1.5\times1.5\times4=9(m^2)$

$S=3.78+5.04+9=17.82(m^2)$

(2)外墙的清单工程量

①外墙中心线长度

$L_{中}=[(3.6+2.4-0.24+0.37)+(4.2\times2-0.24+0.37)]\times2=29.32(m)$

②外墙门窗洞的面积

$$S_{外门窗}=9+5.04=14.04(m^2)$$

③外墙高度　$H_{外}=3.3$

④外墙的工程量

$V_{外墙}=(L_{中}\times H_{外}-S_{外门窗})\times$外墙厚$=(29.32\times3.3-14.04)\times0.365=30.19(m^3)$

(3)内墙的清单工程量

①内墙净长度

$L_{内}=(4.2\times2-0.24)+(2.4-0.24)+(3.6-0.24)\times2=17.04(m)$

②内墙上门洞的面积

$$S_{内门窗}=3.78(m^2)$$

③内墙高度

$$H_{内}=3.3-0.12=3.18(m)$$

④内墙的工程量

$V_{内墙}=(L_{内}\times H_{内}-S_{内门窗})\times$内墙厚$=(17.04\times3.18-3.78)\times0.24=12.10(m^3)$

6.6　混凝土及钢筋混凝土工程

6.6.1　工作内容

1. 现浇混凝土结构工程

现浇混凝土结构工程包括现浇混凝土的基础、柱、梁、板、挑檐、楼梯、阳台、雨篷和一些零星构件等分项工程。施工工作内容主要包括模板支护、钢筋绑扎、浇筑混凝土、养护、拆模等。

2. 装配式混凝土构件装配

装配式混凝土构件包括预制的柱、梁、板、屋架、天窗架、挑檐、楼梯以及其他零星配件等分项工程。施工工作内容主要包括预制构件的运输、存放、安装、后浇混凝土等。

3. 混凝土基础和墙、柱的分界线

混凝土基础和墙、柱的分界线以混凝土基础的扩大顶面为界，以下为基础，以上为柱或墙，如图 6-14 所示。

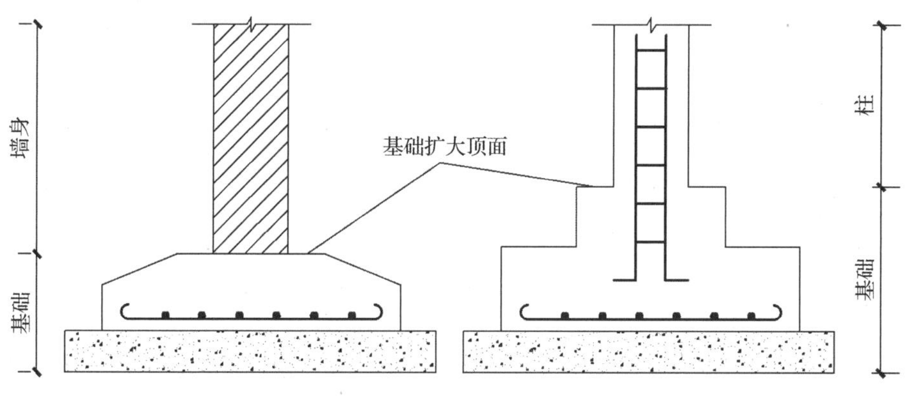

图 6-14　混凝土基础和墙、柱的分界示意图

6.6.2　现浇混凝土构件工程量计算

混凝土工程量除另有规定者外，均按设计图示尺寸以体积计算；不扣除构件内钢筋、预埋铁件所占体积；型钢混凝土中型钢骨架所占体积按（密度）7850kg/m^2 扣除。

1. 现浇混凝土基础

(1)独立基础

常见的独立基础按其断面形状可分为四棱锥台形、踏步形和杯形。

①当基础为踏步形时，如图 6-15 所示，其体积为各立方体体积之和，计算公式为：

$$V_{踏步形}=abh_1+a_1b_1h_1 \tag{6-17}$$

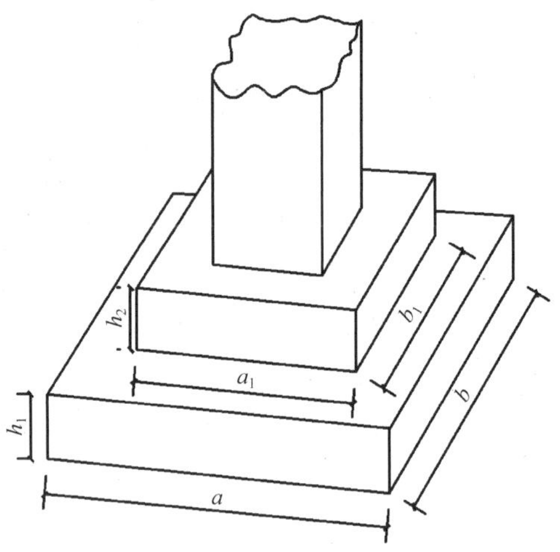

图 6-15　踏步形独立基础

②当基础为四棱锥台形时，如图 6-16 所示，其体积为立方体体积之和加上棱台体积，计算公式为：

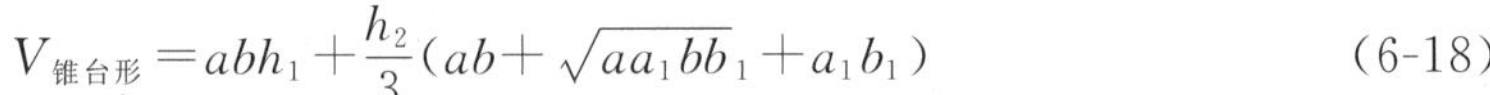

$$V_{锥台形}=abh_1+\frac{h_2}{3}(ab+\sqrt{aa_1bb_1}+a_1b_1) \tag{6-18}$$

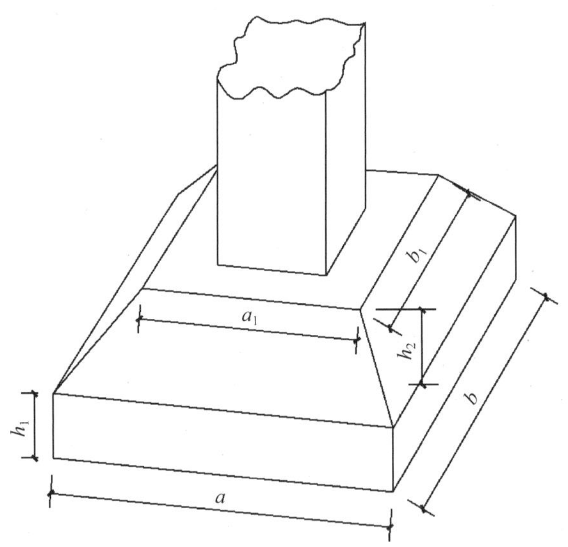

图 6-16　四棱锥台形独立基础

③当基础为杯形时，如图 6-17 所示，其体积为两个长方体体积、一个棱台体积之和减去一个倒棱台体积，计算公式为：

$$V_{杯形}=a_4b_4h_3+a_3b_3h_2-\frac{h_1}{6}[a_1b_1+a_2b_2+(a_1+a_2)(b_1+b_2)] \tag{6-19}$$

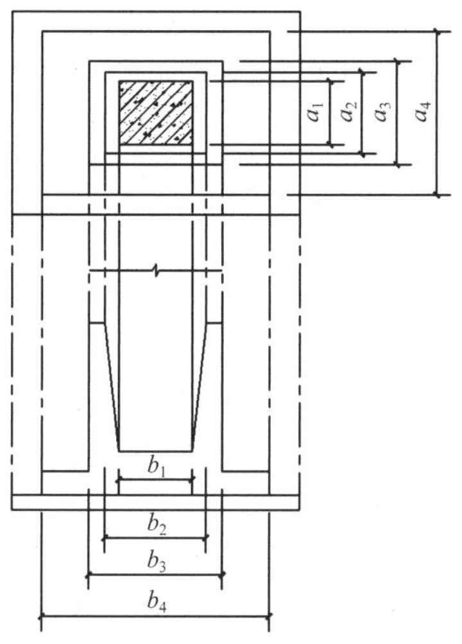

图 6-17　杯形独立基础

(2)带形基础

带形基础的外形呈长条状,断面有梯形、阶梯形和矩形,如图 6-18 所示。

①外墙按中心线、内墙按基底净长线计算,独立柱基间带形基础按基底净长线计算,附墙垛基础并入基础计算。

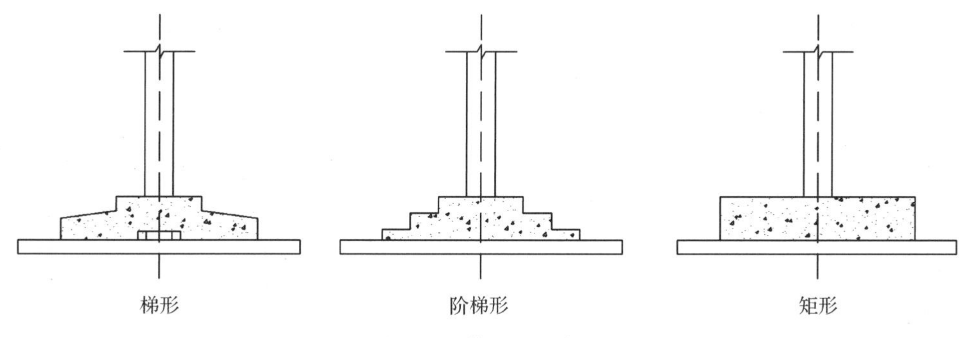

图 6-18　带形基础断面

②基础搭接体积按图示尺寸计算。

③有梁带基梁面以下凸出的钢筋混凝土柱并入相应基础内计算。

④不分有梁式与无梁式,均按带形基础项目计算,对于有梁式带形基础,梁高(指基础扩大顶面至梁顶面的高)小于 1.2m 时合并计算,大于 1.2m 时,扩大顶面以下的基础部分,按带形基础项目计算,扩大顶面以上部分,按墙项目计算。

混凝土带形基础工程量的一般计算公式为:

$$V=LS+V_{搭} \tag{6-20}$$

式中:V——带形基础体积,m^3;

L——带形基础长度,m;

S——带形基础断面积,m^2;

$V_{搭}$——搭接部分体积,m^3;

(3)满堂基础

当带形基础和独立基础不能满足设计要求时,往往把柱下独立基础或带形基础用梁联系起来,在下面整体浇筑地板,使得底板和梁成为整体。

满堂基础范围内承台、地梁、集水井、柱墩等并入满堂基础内计算。

2.现浇混凝土柱

现浇混凝土柱按图示截面尺寸乘以柱高以体积计算,不扣除构件内的钢筋、预埋铁件所占体积,计算公式为:

$$V=Sh\pm V_1 \tag{6-21}$$

式中:S——柱断面面积,m^2;

h——柱高,m;

V_1——按定额规定应增减的体积,m^3。

(1)对于有梁板的柱高,应按基础顶面或楼板上表面算至柱顶面或上一层楼板上表面,如图6-19所示。

(2)对于无梁板的柱高,按基础顶面或楼板上表面算至柱帽下表面,如图6-20所示。

(3)构造柱高度按基础顶面或楼板上表面至框架梁、连续梁等单梁(不含圈、过梁)底标高计算,与墙咬接的马牙槎混凝土浇捣按柱高每侧30mm合并计算,如图6-21所示。

(4)框架柱的柱高按基础顶面或楼板上表面至柱顶的高度计算,如图6-22所示。

(5)依附柱上的牛腿,并入柱身体积内计算。

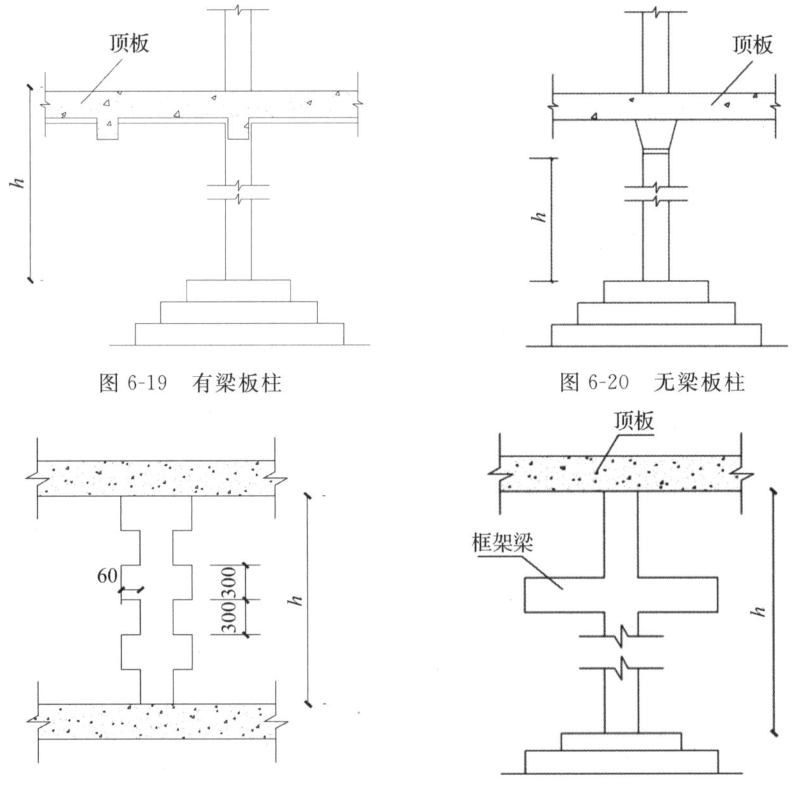

图6-19　有梁板柱

图6-20　无梁板柱

图6-21　构造柱

图6-22　框架柱

【**例 6-8**】 某混凝土工程使用带牛腿的钢筋混凝土柱 15 根，如图 6-23 所示。下柱高 6m，断面尺寸为 0.6m×0.5m；上柱高 2.3m，断面尺寸为 0.4m×0.5m；牛腿参数：$h=700\text{mm}$，$c=200\text{mm}$，$\alpha=45°$。请计算该柱的工程量。

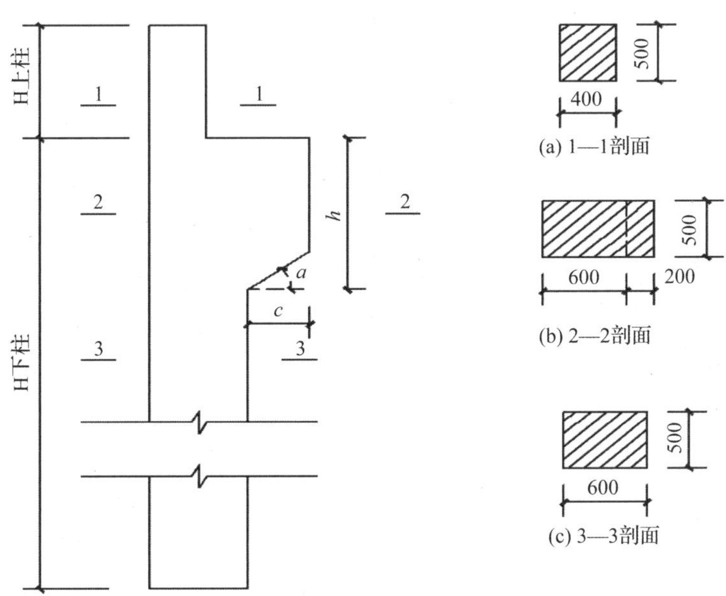

图 6-23　带牛腿的钢筋混凝土柱

解

(1)上柱

$$V_{上柱}=2.3\times0.4\times0.5=0.46(\text{m}^3)$$

(2)下柱

$$V_{下柱}=6\times0.6\times0.5=1.8(\text{m}^3)$$

(3)牛腿

$$V_{牛腿}=[((0.7-0.2\tan45°)+0.7)/2\times0.2]\times0.5=0.06(\text{m}^3)$$

(4)柱的总工程量

$$V_{柱}=15\times(0.46+1.8+0.06)=34.8(\text{m}^3)$$

3.现浇混凝土梁

现浇混凝土梁可分为基础梁、矩形梁、异形梁、圈梁和过梁等。现浇混凝土梁的清单工程量和计价工程量计算规则一样，均按设计图示尺寸以体积计算，不扣除构件内钢筋、预埋铁件所占体积，伸入砖墙内的梁头、梁垫并入梁体积内，计算公式为：

$$V=梁长\times梁断面面积\tag{6-22}$$

梁长计算规则如下：

(1)梁与柱、次梁与主梁、梁与混凝土墙交接时，按净空长度计算。

(2)圈梁与板整体浇捣的，圈梁按断面高度计算。

【例 6-9】 某工程标准层的结构平面图如图 6-24 所示，层高为 3.6m，楼板厚为 120mm，依据《浙江省房屋建筑与装饰工程预算定额(2018)》计算一个标准层的梁的混凝土工程量。

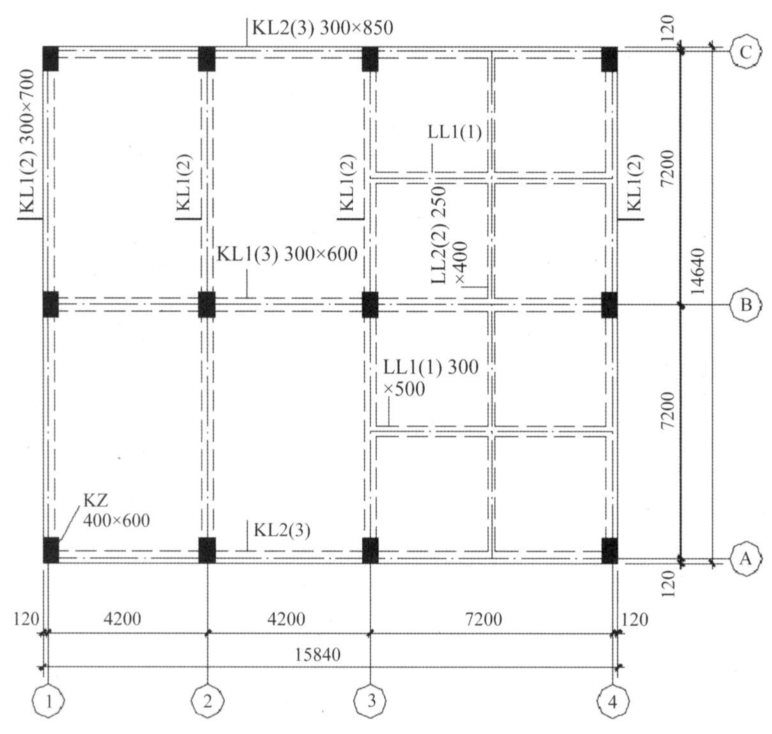

图 6-24　标准层结构平面图

解

(1)框架梁体积计算

KL1　$0.3\times0.7\times(14.64-0.6\times3)\times4=10.7856(m^3)$

KL2　$0.3\times0.85\times(15.84-0.4\times4)\times2=7.2624(m^3)$

KL3　$0.3\times0.6\times(15.84-0.4\times4)=2.5632(m^3)$

(2)连梁体积计算

LL1　$0.3\times0.5\times(7.2-0.15-0.18)\times2=2.061(m^3)$

LL2　$0.25\times0.4\times(14.64-0.3\times5)=1.314(m^3)$

(3)梁的混凝土工程量

$10.7856+7.2624+2.5632+2.061+1.314=23.986(m^3)$

4. 现浇混凝土板

现浇混凝土板是建筑的水平承重构件，按其构造形式可分为有梁板(见图 6-25)、无梁板(见图 6-26)、平板。现浇混凝土板按设计图示尺寸以体积计算，不扣除单个 $0.3m^2$ 以内的柱、垛及孔洞所占体积。

(1)无梁板按板和柱帽体积之和计算。

(2)板垫及与板整体浇捣的翻边(净高 250mm 以内的)并入板内计算；板上单独浇捣

的砌筑墙下素混凝土翻边按圈梁定额计算，高度大于 250mm 且厚度与砌体相同的翻边无论整浇或后浇均按混凝土墙体定额执行。

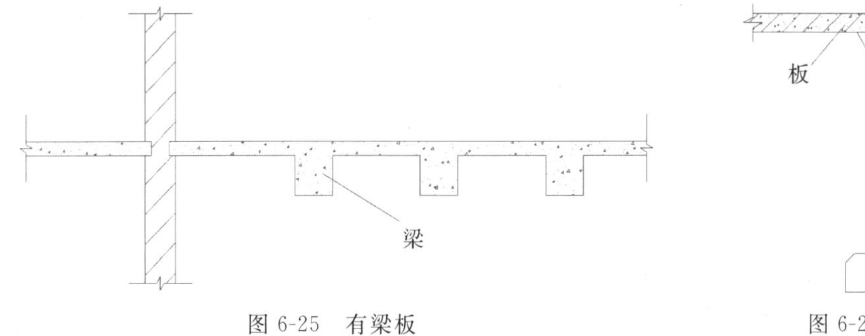

图 6-25　有梁板

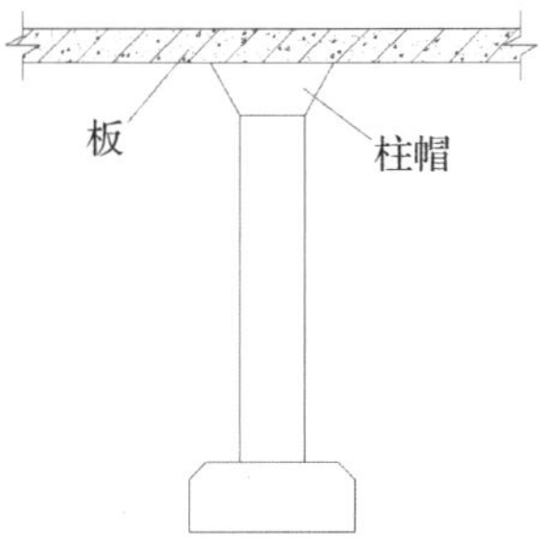

图 6-26　无梁板

(3)各类板伸入砖墙内的板头并入板体积内计算，依附于拱形板、薄壳屋盖的梁及其他构件工程量均并入所依附的构件内计算。

(4)压形钢板混凝土楼板扣除构件内压形钢板所占的体积。

5.现浇混凝土墙工程量计算

现浇混凝土墙按设计图示尺寸以体积计算，扣除门窗洞口及单个 0.3m^2 以上的空洞所占体积，墙垛及突出部分并入墙体积内计算。柱与墙连接时，柱并入墙体积；墙与板连接时，墙算至板顶；平行嵌入墙上的梁不论凸出与否，均并入墙内计算；与墙连接的暗梁、暗柱并入墙体积；墙与梁相交时，梁头并入墙内。

6.现浇混凝土楼梯

(1)楼梯(包括休息平台，平台梁、斜梁及楼梯与楼面的连接梁)按设计图示尺寸以水平投影面积计算，不扣除宽度小于 500mm 楼梯井，伸入墙内部分不计算。

(2)无梯梁连接时，以楼梯段最上一级边缘加 300mm 为界。与楼梯休息平台脱离的平台梁按梁或圈梁计算。

(3)直形楼梯与弧形楼梯相连者，直形、弧形应分别计算，套相应定额。

7.其他现浇混凝土构件

(1)栏板、扶手：按设计图示尺寸以体积计算，伸入砖墙内的部分并入相应构件内计算，栏板柱并入栏板内计算，当栏板净高度小于 250mm 时，并入所依附的构件内计算。

(2)挑檐、檐沟按设计图示尺寸以墙外部分体积计算。挑檐、檐沟板与板(包括屋面板)连接时，以外墙外边线为分界线；与梁(包括圈梁等)连接时，以梁外边线为分界线；外墙外边线以外为挑檐、檐沟(工程量包括底板、侧板及与板整浇的挑梁)。

(3)全悬挑阳台按阳台项目以体积计算，外挑牛腿(挑梁)、台口梁、高度小于 250mm 的翻沿均合并在阳台内计算，翻沿净高度大于 250mm 时，翻沿另行按栏板计算；非全悬挑阳台，按梁、板分别计算，阳台栏板、单独压顶分别按栏板、压顶项目计算。

(4)雨篷梁、板工程量合并，按雨篷以体积计算，雨篷翻沿高度小于 250m 时并入雨篷体积内计算，高度大于 250mm 时，另按栏板计算。

【例 6-10】　若屋面设计为挑檐排水，如图 6-27 所示，挑檐混凝土强度等级为 C25，请计算挑檐混凝土的工程量。

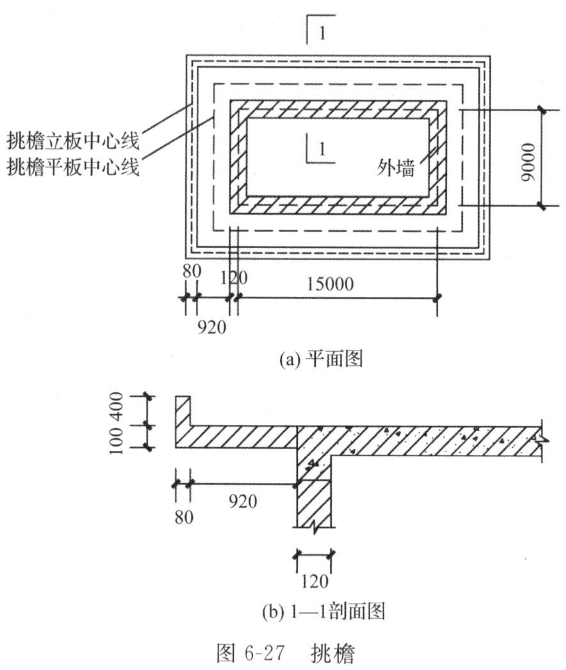

图 6-27　挑檐

解

①挑檐平板中心线长＝[(15＋0.24＋1)＋(9＋0.24＋1)]×2＝52.96(m)

②挑檐立板中心线＝[15＋0.24＋(1－0.08/2)×2＋9＋0.24＋(1－0.08/2)×2]×2＝56.64(m)

③挑檐平板断面积＝0.1×1＝0.1(m^2)

④挑檐立板断面积＝0.4×0.08＝0.032(m^2)

⑤挑檐的工程量＝0.1×52.96＋0.032×56.64＝7.11(m^3)

6.6.3　装配式混凝土构件工程量

构件按成品购入构件考虑，构件价格已包含了构件运输至施工现场指定区域、卸车、堆放发生的费用。

装配式施工

1.装配式结构构件安装

(1)构件安装工程量按成品构件设计图示尺寸的实体积以“m^3”计算，依附于构件制作的各类保温层、饰面层体积并入相应的构件安装中计算，不扣除构件内钢筋、预埋铁件、配管、套管、线盒及单个0.3m^2以内的孔洞、线箱等所占体积，外露钢筋体积亦不再增加。

(2)套筒注浆按设计数量以“个”计算。

(3)轻质条板隔墙安装工程量按构件图示尺寸以“m^2”计算，应扣除门窗洞口、过人洞、空圈、嵌入墙板内的钢筋混凝土柱、梁、圈梁、挑梁、过梁、止水翻边及凹进墙内的壁龛、消防栓箱及单个0.3m^2以上的孔洞所占的面积，不扣除梁头、板头及单个0.3m^2以内的孔洞所占面积。

(4)预制烟道、通风道安装工程量按图示长度以“m”计算，排烟(气)止回阀、成品风帽安装工程量按图示数量以“个”计算。

(5)外墙嵌缝、打胶按构件外墙接缝的设计图示尺寸以“m”计算。

2. 后浇混凝土

后浇混凝土浇捣工程量按设计图示尺寸以实体积计算，不扣除混凝土内钢筋、预埋铁件及单个 0.3m^2 以内的孔洞等所占体积。

6.6.4　钢筋工程量计算

1. 钢筋保护层

钢筋保护层

为保护钢筋不受侵蚀，在钢筋的外边缘到构件外表面留有钢筋保护层。普通钢筋及预应力钢筋的保护层厚度不应小于钢筋的公称直径，且应符合表 6-7 所示的规定。

表 6-7　钢筋混凝土保护层最小厚度　单位：mm

环境		板、墙、壳			梁			柱		
		≤C20	C25～C45	≥C50	≤C20	C25～C45	≥C50	≤C20	C25～C45	≥C50
一类		20	15	15	30	25	25	30	30	30
二类	a	—	20	20	—	30	30	—	30	30
	b	—	25	20	—	35	30	—	35	30
三类		—	30	25	—	40	35	—	40	35

2. 钢筋的工程量计算

钢筋的工程量应区别不同的钢筋类别，按设计图示钢筋长度、数量乘以单位理论质量以吨计算，包括设计要求锚固、搭接和钢筋超定尺长度必须计算的搭接用量。钢筋单位理论质量如表 6-8 所示。

表 6-8　钢筋理论质量

品种	圆钢筋		螺纹钢筋	
直径/mm	截面/100mm²	理论质量/(kg/m)	截面/100mm²	理论质量/(kg/m)
4	0.126	0.099	—	—
5	0.196	0.154	—	—
6	0.283	0.222	—	—
6.5	0.332	0.260	—	—
8	0.503	0.395	—	—
10	0.785	0.617	0.785	0.062
12	1.131	0.888	1.131	0.089
14	1.539	1.210	1.540	1.210
16	2.011	1.580	2.000	1.580
18	2.545	2.000	2.540	2.000
20	3.142	2.470	3.140	2.470
22	3.801	2.980	3.800	2.980
25	4.909	3.850	4.910	3.850
28	6.158	4.830	6.160	4.830
30	7.069	5.550	—	—
32	8.042	6.310	8.040	6.310
40	12.561	9.865	—	—

钢筋长度计算可分为以下几种情况：

(1)通长钢筋长度。通长钢筋指两端无弯钩的直钢筋，长度计算公式为：

$$钢筋长度=构件长度-2\times 保护层厚度 \quad (6\text{-}23)$$

(2)有弯钩钢筋长度。钢筋弯钩形式可分为直弯钩(90°)、斜弯钩(135°或 45°)和半圆弯钩(180°)，如图 6-28 所示。

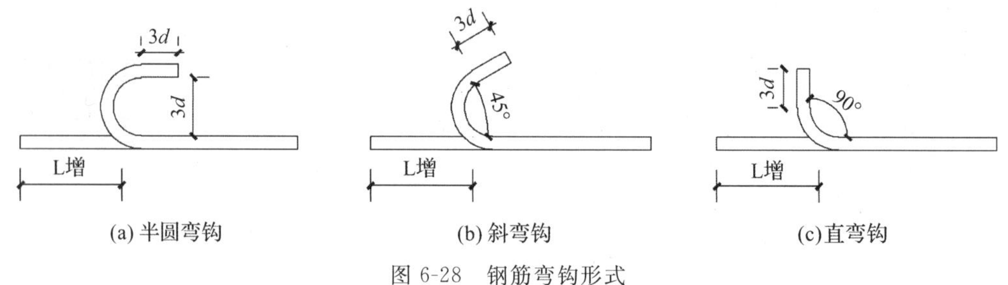

(a) 半圆弯钩　(b) 斜弯钩　(c) 直弯钩

图 6-28　钢筋弯钩形式

有弯钩钢筋长度计算公式为：

$$钢筋长度=构件长度-2\times 保护层厚度+2\times 弯钩长度 \quad (6\text{-}24)$$

一般情况下，弯钩增加长度按表 6-9 所示。

表 6-9　弯钩增加长度

弯钩角度		180°	90°	135°
增加长度	Ⅰ级钢筋	6.25d	3.50d	4.87d
	Ⅱ级钢筋	x+0.90d	x+2.90d	
	Ⅲ级钢筋	x+1.20d	x+3.60d	

表中，x 表示弯钩增加长度中的平直长度

(3)有弯起钢筋长度。

对有两个弯起部分且两头都有弯钩的钢筋，长度计算公式为：

$$钢筋长度=构件长度-2\times 保护层厚度+弯起钢筋增加长度+2\times 弯钩长度 \quad (6\text{-}25)$$

钢筋弯起段增加长度可按表 6-10 计算。

表 6-10　弯起钢弯起部分增加长度

弯起角度	$\alpha=30°$	$\alpha=45°$	$\alpha=60°$
斜边长度 s	2.000h	1.414h	1.155h
底边长度 l_0	1.732h	1.000h	0.577h
增加长度($s-l_0$)	0.268h	0.414h	0.578h

(4)箍筋长度。

梁、柱箍筋的弯曲直径应大于受力钢筋直径，且不小于箍筋直径的 2.5 倍。对于有抗震设防要求或有抗扭要求的结构，箍筋应设 135°弯钩。

箍筋长度的计算公式为：

$$箍筋长度=每一构件箍筋根数\times每箍长度 \tag{6-26}$$

箍筋根数的计算公式为：

$$箍筋个数=(构件长-2\times保护层厚度)/间距+1 \tag{6-27}$$

每箍长度的计算公式为：

$$每箍长度=每根箍筋的外皮尺寸周长+箍筋两端弯钩的增加长度 \tag{6-28}$$

$$每根箍筋的外皮尺寸周长=构件断面周长-8\times箍筋保护层厚度 \tag{6-29}$$

按照设计要求，箍筋的两端均有弯钩，箍筋的每个弯钩增加长度按表 6-11 计算。

表 6-11　箍筋弯钩增加长度

弯钩形式		90°	135°	180°
弯钩增加值	一般结构	$5.5d$	$6.87d$	$8.25d$
	抗震结构	$10.5d$	$11.87d$	$13.25d$

(5)当遇到设计图示、标准图集和规范要求不明确时，钢筋的搭接长度和数量按以下规则计算。

①单根钢筋连续长度超过 9m 的，按每 9m 计算一个接头，搭接长度为 35d。

②灌注桩钢筋笼纵向钢筋、地下连续墙钢筋笼钢筋定额按单面焊接头考虑，搭接长度按 10d 计算；灌注桩钢筋笼螺旋箍筋的超长搭接已综合考虑，发生时不另计算。

③建筑物柱、墙构件竖向钢筋接头有设计规定时按设计规定，无设计规定时按自然层计算。

④当钢筋接头设计要求采用机械连接、焊接时，应按设计采用的接头种类和个数列项计算，计算该接头后不再计算该处的钢筋搭接长度。

(6)当遇到设计图示、标准图集和规范要求不明确时，箍筋、弯起钢筋、拉筋的长度和数量按以下规则计算：

①墙板 S 形拉结钢筋长度按墙板厚度扣保护层加两端弯钩计算。

②弯起钢筋不分弯起角度，每个斜边增加长度按梁高(或板厚)乘以 0.4 计算。

③箍筋(板筋)排列根数为柱、梁、板净长除以箍筋(板筋)设计间距；设计有不同间距时，应分段计算。柱净长按层高计算，梁净长按混凝土规则计算，板净长指主(次)梁与主(次)梁之间的净长；计算中有小数时，向上取整。

④柱螺旋箍筋长度计算为螺旋箍筋斜长加螺旋箍筋上下端水平段长度计算：

$$螺旋箍筋长度=\sqrt{[(D-2C+d)\times\pi]^2+h^2}\times n \tag{6-30}$$

$$上下端水平箍筋长度=\pi(D-2C+d)\times(1.5\times2) \tag{6-31}$$

式中：D 柱直径(m)；C 主筋保护层厚度(m)；d 为箍筋直径(m)；h 为箍筋间距(m)；n 为箍筋道数(柱中箍筋配置范围除以箍筋间距，计算中有小数时，向上取整)。

【例 6-11】 某抗震框架梁跨中截面尺寸 $b\times h$ 为 0.25m×0.25m，梁内配筋为箍筋 ϕ6@150，纵向钢筋保护层厚度 c=25mm，求此梁中箍筋的工程量。

解

(1)外包宽度$=b-2c+2d=250-2\times25+2\times6=212$(mm)

(2)外包长度$=h-2c+2d=500-2\times25+2\times6=462$(mm)

(3)箍筋下料长度$=2\times(212+462)+110=1458(mm)\approx1460$(mm)

6.7 金属结构工程

6.7.1 工作内容

1.金属结构的概念

金属结构主要是以钢材制作为主的结构,主要由型钢和钢板等支撑的钢梁、钢柱、钢桁架等构件组成,以不同连接方式加工制作、安装而成。本节的金属结构工程包括预制钢构件安装、围护体系安装、钢结构现场制作及除锈。其中,预制钢构件安装包括钢网架、厂(库)房钢结构、住宅钢结构。装配式钢结构是指以标准化设计、工厂化生产、装配化施工、一体化装修和信息化管理等为主要特征的工业化生产方式建造的钢结构建筑。

2.金属结构用材

建筑物各种构件对其构造和质量有一定的要求,使用的金属材料也不同。在建筑工程中,金属结构最常用的金属材料为普通碳素结构钢和低合金高强度钢,形式有钢板、钢管、各类型钢和圆钢等。

(1)钢板。钢板按厚度可划分为厚板、中板和薄板。钢板通常用"—"后加"宽度×厚度×长度"表示,如—600×10×1200 表示 600mm 宽、10mm 厚、1200mm 长的钢板。为了简便起见,钢板也可只表示其厚度,如—10 表示厚度为 10mm 的钢板,其宽度、长度按图示尺寸计算。

(2)钢管。按照生产工艺,钢管分为无缝钢管和焊接钢管两大类。钢管用"ϕ"后加"外径×壁厚"表示。如 ϕ400×6 表示外径为 400mm,壁厚为 6mm 的钢管。

(3)角钢。角钢有等边角钢(也称等肢角钢)和不等边角钢(也称不等肢角钢)两种。等边角钢的表示方法为"∟"后加"边宽×厚",如∟ 50×6 表示边宽 50mm、厚度 6mm 的等边角钢。不等边角钢的表示方法为"L"后加"长边宽×短边宽×厚度",如 L100×80×8 表示长边宽 100mm、短边宽 80mm、厚度 8mm 的不等边角钢。

(4)槽钢。槽钢常用型号数表示,型号数为槽钢的高度(cm)。型号 20 以上的还要附以字母 a、b 或 c 以区别腹板厚度。如[10 表示高度为 100mm 的槽钢。

(5)工字钢。普通工字钢也是用型号数表示高度(cm),如 I 10 表示高度为 100mm 的工字钢。型号 20 以上的也应附以字母 a、b 或 c 以区别腹板厚度。

(6)圆钢。圆钢是指截面为圆形的实心长条钢材,广泛使用在钢筋混凝土结构和金属结构中。

3.金属结构工程施工工艺

金属结构工程整体上通常包含制作与安装两个部分,属于装配式结构。以钢屋架的施工工艺为例,钢屋架制作工艺流程包括:加工准备及下料→零件加工→小装配(小拼)→总装配(总拼)→屋架焊接→支撑连接板,檩条、支座角钢装配、焊接→成品检验→除锈、油漆、编号;钢屋架安装工艺流程包括:作业准备→屋架组拼→屋架安装→连接与固定→检查、验收→除锈、刷涂料。

6.7.2　金属结构工程量计算规则

1.预制钢构件安装

(1)构件安装工程量按设计图示尺寸以质量计算,不扣除单个 $0.3m^2$ 以内的孔洞质量,焊缝、铆钉、螺栓等不另增加质量。

(2)钢网架安装工程量不扣除孔眼的质量,焊缝、铆钉等不另增加质量。焊接空心球网架质量包括连接钢管杆件,连接球、支托和网架支座等零件的质量;螺栓球节点网架质量包括连接钢管杆件(含高强螺栓、销子、套筒、锥头或封板)、螺栓球、支托和网架支座等零件的质量。

(3)依附在钢柱上的牛腿及悬臂梁的质量等并入钢柱的质量内,钢柱上的柱脚板、加劲板、柱顶板、隔板和肋板并入钢柱工程量内。

(4)钢管柱上的节点板、加强环、内衬板(管)、牛腿等并入钢管柱的质量内。

(5)钢平台的工程量包括钢平台的柱、梁、板、斜撑等的质量,依附于钢平台上的钢格栅、钢扶梯及平台栏杆,并入钢平台工程量内。

(6)钢楼梯的工程量包括楼梯平台、楼梯梁、楼梯踏步等的质量,钢楼梯上的扶手、栏杆并入钢楼梯工程量内。钢平台、钢楼梯上不锈钢、铸铁或其他非钢材类栏杆、扶手套用装饰部分相应定额。

(7)钢构件现场拼装平台摊销工程量按现场在平台上实施拼装的构件工程量计算。

(8)高强螺栓、栓钉、花篮螺栓等安装配件工程量按设计图示节点工程量计算。

2.围护体系安装

(1)钢楼(承)板、屋面板按设计图示尺寸以铺设面积计算,不扣除单个 $0.3m^2$ 以内柱、垛及孔洞所占面积,屋面玻纤保温棉面积同单层压型钢板屋面板面积。

(2)压型钢板、彩钢夹心板、采光板墙面板、墙面玻纤保温棉按设计图示尺寸以铺挂面积计算,不扣除单个 $0.3m^2$ 以内孔洞所占面积,墙面玻纤保温棉面积同单层压型钢板墙面板面积。

(3)硅酸钙板、墙面板按设计图示尺寸的墙体面积以"m^2"计算,不扣除单个面积小于或等于 $0.3m^2$ 孔洞所占面积。保温岩棉铺设、EPS 混凝土浇灌按设计图示尺寸的铺设或浇灌体积以"m"计算,不扣除单个 $0.3m^2$ 以内孔洞所占体积。

(4)硅酸钙板包柱、包梁及蒸压砂加气保温块贴面工程量按钢构件设计断面周长乘以构件长度，以平方米计算。

3.钢构件现场制作

钢构件制作工程量按设计图示尺寸以质量计算，不扣除单个 $0.3m^2$ 以内的孔洞质量，焊缝、铆钉、螺栓等不另增加质量。

【例 6-12】 某建材仓库工程钢屋架如图 6-29 所示，试计算其预制钢构件安装工程量。已知：钢屋架安装高度为 10m，二级焊缝探伤，刷防锈漆一遍，数量为 5 榀。

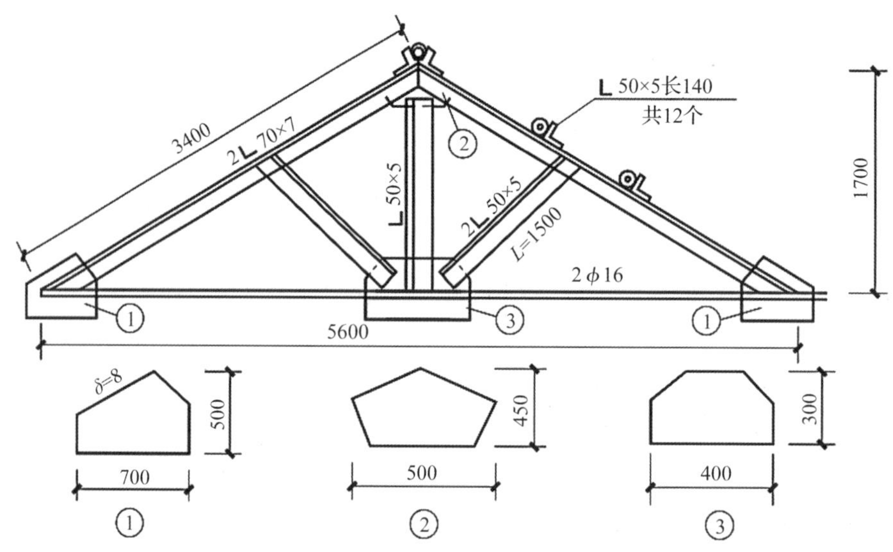

图 6-29 某建材仓库工程钢屋架

解

(1)角钢∟ 70×7，单位理论质量为 7.398kg/m；

(2)角钢∟ 50×5，单位理论质量为 3.77kg/m；

(3)圆钢 ϕ16，单位理论质量为 1.578kg/m；

(4)底座钢板－8，单位理论质量为 62.80kg/m。

上弦质量＝3.40×2×2×7.398＝100.61(kg)

下弦质量＝5.60×2×1.578＝17.67(kg)

立杆质量＝1.70×3.77＝6.41(kg)

斜撑质量＝1.50×2×2×3.77＝22.62(kg)

①号连接板质量＝0.7×0.5×2×62.80＝43.96(kg)

②号连接板质量＝0.5×0.45×62.80＝14.13(kg)

③号连接板质量＝0.4×0.3×62.80＝7.54(kg)

檩托质量＝0.14×12×3.77＝6.33(kg)

单榀钢屋架工程量＝100.61＋17.67＋6.41＋22.62＋43.96＋14.13＋7.54＋6.33
＝219.27(kg)＝0.219(t)

钢屋架工程量＝0.219×5＝1.095(t)

【例 6-13】　某工程钢柱结构如图 6-30 所示，共 20 根，计算钢柱的现场制作工程量。已知：①普通槽钢[32b，单位理论质量为 43.25kg/m；②角钢∟ 100×8，单位理论质量为 12.276kg/m；③角钢∟ 140×10，单位理论质量为 21.488kg/m；④底座钢板－12，单位理论质量为 94.20kg/m^2。

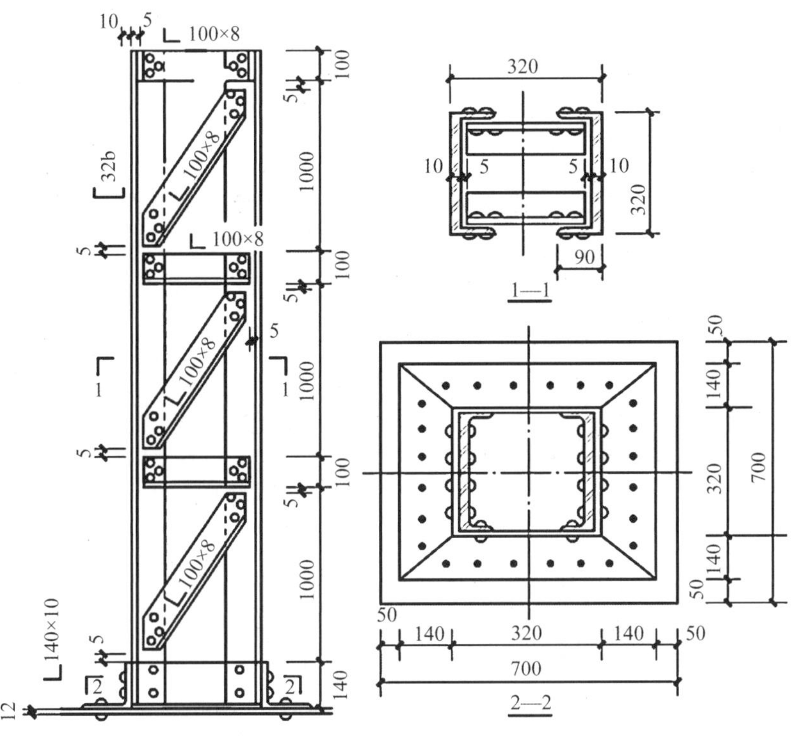

图 6-30　钢柱结构图

解

(1)该柱主体钢材采用 2 根[32b，柱高为 0.14＋(1＋0.1)×3＝3.44(m)

$$\text{槽钢质量}=43.25\times3.44\times2=297.56(\text{kg})$$

(2)水平杆角钢∟ 100×8 为 6 根，长度为 0.32—0.015×2＝0.29(m)

$$\text{水平杆角钢质量}=12.276\times0.29\times6=21.36(\text{kg})$$

(3)斜杆角钢∟ 100×8 为 6 根，长度为：

$$\sqrt{(1-0.005\times2)^2+(0.32-0.015\times12)^2}=1.32(\text{m})$$

斜杆角钢质量＝12.276×1.032×6＝76.013(kg)

(4)底座角钢∟ 140×10 为 4 根，长度为 0.32m

$$21.488\times0.32\times4=27.505(\text{kg})$$

(5)底座钢板－12，底座钢板质量＝94.20×0.7×0.7＝46.158(kg)

1 根钢柱的工程量＝297.56＋21.36＋76.013＋27.505＋46.158＝468.596(kg)

20 根钢柱的工程量：468.596×20＝9371.92(kg)＝9.372(t)

6.8 木结构工程

6.8.1 工作内容

木结构工程包括木屋架、其他木构件、屋面木基层的制作与安装，防腐油涂刷等工作。在施工中有以下注意要点：

(1)制作木结构用的板、方材宜供应经过干燥的成材，若受条件限制只能供应原木时，则当木材运到工地后，应按设计要求的尺寸，预留干缩量，立即锯割，合理堆垛并加遮盖，进行自然干燥。

(2)制成的木结构及木构件应置于仓库或敞棚下储存，堆放时，每层应加置厚度相同的板条垫平，防止变形翘曲。

(3)结构竖直置放时，其临时支承点应与结构在建筑物中的支承相同，并设可靠的临时支撑，以防侧倾。水平放置时，应加垫木置平，防止构件变形和连接松动。

(4)在施工过程中，不得在结构上悬吊或堆放设计未考虑的荷载；不得在结构构件上钻凿通孔，或其他管道的孔洞；不得挖刻装设搁板用的凹槽或载口。

(5)木结构制作、装配完毕后，应根据设计要求进行检查和记录材料质量、结构及其构件尺寸的正确程度及构件的制作质量，验收合格后方准吊装。

6.8.2 木结构工程量计算规则

1.木屋架

(1)按木材材积，不扣除孔眼、开榫、切肢、切边的体积

屋架材积包括剪刀撑、挑檐木、上下弦之间的拉杆、夹木等，不包括中立人在下弦上的硬木垫块。气楼屋架、马尾屋架、半屋架均按正屋架计算。

(2)屋架杆件长度

屋架杆件长度可根据坡度进行计算，常用的屋架杆件长度计算系数如表 6-12 所示。

(3)檩木工程量计算

①方木檩条：

$$V_L = \sum_{i=1}^{n} a_i \times b_i \times l_i$$

式中：V_L——方木檩条的体积，m^3；

a_i、b_i——第 i 根檩木断面的双向尺寸，m；

l_i——第 i 根檩木的计算长度，m；

n——檩木的根数。

表 6-12　屋架杆件长度

坡度	杆件编号				
	1	2	3	4	5
30°	1	0.577	0.289	0.289	0.144
1/2	1	0.599	0.250	0.280	0.125
1/2.5	1	0.539	0.200	0.270	0.100
1/3	1	0.527	0.167	0.264	0.083

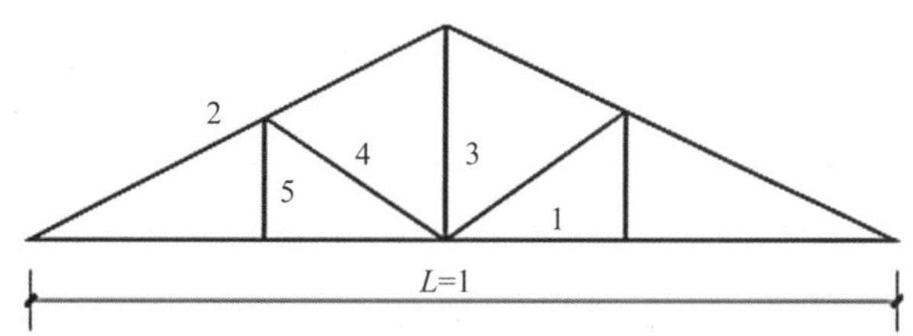

②圆木檩条：

$$V_L = \sum_{i=1}^{n} V_i$$

式中：V_i——单根圆檩木的体积，m^3。

计算方法如下：

①设计规定圆木小头直径时，可按小头直径、檩木长度，由下列公式计算：

a. 杉原木材积计算公式：

$$V=7.854\times10^{-5}\times[(0.026L+1)D^2+(0.37L+1)D+10(L-3)]\times L$$

式中：V——杉原木材积，m^3；

L——杉原木材长，m；

D——杉原木小头直径，cm。

b. 原木材积计算公式(适用于除杉原木以外的所有树种)：

$$V_i=L\times10-4[(0.003895L+0.8982)D_2+(0.39L-1.219)D-(0.5796L+3.067)]$$

式中：V_i——单根圆木(除杉原木)的材积，m^3；

L——圆木长度，m；

D——圆木小头直径，cm。

②设计规定大、小直径时，取平均断面面积乘以计算长度，即

$$V_i=(\pi/4)D^2\times L=7.854\times10^{-5}\times D^2\times L$$

式中：V_i——单根原木材积，m^3；

L——圆木长度，m；

D——圆木平均直径，cm。

【例 6-14】 如图 6-31 所示，××工程有 6 榀跨度为 6m 的杉原木普通人字屋架，安装高度为 5m，坡度为 1/2，四节间，木屋架木材面刷底油、油调和漆、刷清漆两遍。试计算该人字屋架工程量。

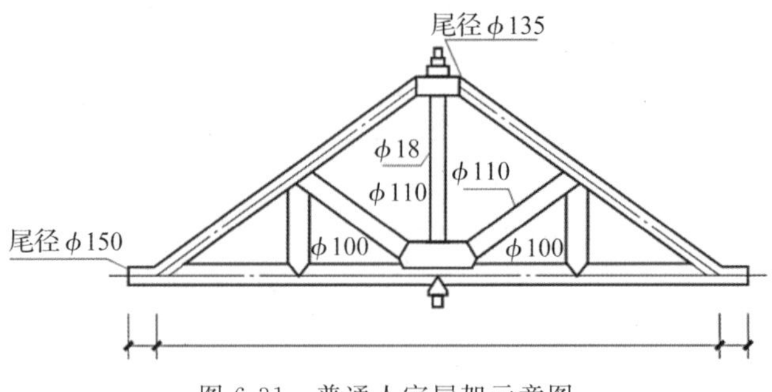

图 6-31 普通人字屋架示意图

解

(1)屋架杆件长度(m)=屋架跨度(m)×长度系数。

①杆件 1:下弦杆 6+0.3×2=6.6(m);

②杆件 1:上弦杆 2 根 6×0.559×2=3.35m×2 根;

③杆件 4:斜杆 2 根 6×0.28×2=1.68m×2 根;

④杆件 5:竖杆 2 根 6×0.125×2=0.75m×2 根。

(2)计算材积。

①杆件 1,下弦杆,以尾径 $\phi150$,$L=6.6$m 代入公式计算 V_i,则杆件 1 材积为

$$V_1=7.854\times10^{-5}\times[(0.026\times6.6+1)\times15^2+(0.37\times6.6+1)\times15+10\times(6.6-3)]\times6.6=0.182(\text{m}^3)$$

②杆件 2,上弦杆 2 根,以尾径 $\phi135$,$L=3.35$m 代入,则杆件 2 材积为:

$$V_2=7.854\times10^{-5}\times[(0.026\times3.35+1)\times13.5^2+(0.37\times3.35+1)\times13.5+10\times(3.35-3)]\times3.35\times2=0.122(\text{m}^3)$$

③杆件 4,斜杆 2 根,以尾径 $\phi110$,$L=1.68$m 代入,则斜杆材积为

$$V_4=7.854\times10^{-5}\times[(0.026\times1.68+1)\times11^2+(0.37\times1.68+1)\times11+10\times(1.68-3)]\times1.68\times2=0.035(\text{m}^3)$$

④杆件 5,竖杆 2 根,以尾径 $\phi100$,$L=0.75$m 代入,则竖杆材积为

$$V_5=7.854\times10^{-5}\times[(0.026\times0.75+1)\times10^2+(0.37\times0.75+1)\times10+10\times(0.75-3)]\times0.75\times2=0.011(\text{m}^3)$$

(3)一榀屋架的工程量为上述各杆件材积之和:

$$V=V_1+V_2+V_4+V_5=0.182+0.122+0.035+0.011=0.35(\text{m}^3)$$

普通人字屋架工程量为:0.35×6=2.1(m^3)

2.木柱、木梁

按设计图示尺寸以体积计算。

3.木地板

木地板按设计图示尺寸以面积计算。木楼地楞材积按“m^3”计算。

4.木楼梯

木楼梯按水平投影面积计算。不扣除宽度小于 300mm 的楼梯井,其踢面板、平台和

伸入墙内部分不另计算。

5.屋面木基层

屋面木基层的工程量,按设计图示尺寸以斜面积计算。不扣除房上烟囱、风帽底座、风道、小气窗和斜沟等所占的面积。屋面小气窗的出檐部分面积另行增加。

6.封檐板

按"延长米"计算。

6.9 门窗工程

6.9.1 工作内容

门窗工程包括木门,金属门,金属卷帘门,厂库房大门、特种门,其他门,木窗,金属窗,门钢架、门窗套,窗台板,窗帘盒、轨,门五金等。

本节中的普通木门、装饰门扇、木窗按现场制作安装综合编制,厂库房大门按制作、安装分别编制,其余门、窗均按成品安装编制。

6.9.2 门窗工程量计算规则

1.木门、窗

(1)普通木门窗按设计门窗洞口面积计算。

(2)装饰木门扇工程量按门扇外围面积计算。

(3)成品木门框安装按设计图示框的外围尺寸以长度计算。

(4)成品木门扇安装按设计图示扇面积计算。

(5)成品套装木门安装按设计图示数量以樘计算。

(6)木质防火门安装按设计图示洞口面积计算。

(7)纱门扇安装按门扇外围面积计算。

(8)弧形门窗工程量按展开面积计算。

2.金属门、窗

(1)铝合金门窗塑钢门窗均按设计图示门、窗洞口面积计算(飘窗除外)。

(2)门连窗按设计图示洞口面积分别计算门,窗面积,设计有明确时按设计明确尺寸分别计算,设计不明确时,门的宽度算至门框线的外边线。

(3)纱门、纱窗扇按设计图示扇外围面积计算。

(4)飘窗按设计图示框型材外边线尺寸以展开面积计算。

(5)钢质防火门、防盗门按设计图示门洞口面积计算。

(6)防盗窗按外围展开面积计算。

(7)彩钢板门窗按设计图示门、窗洞口面积计算。

3.金属卷帘门

金属卷帘门按设计门洞口面积计算。电动装置按“套”计算,活动小门按“个”计算。

4.厂库房大门、特种门

(1)厂库房大门、特种门按设计图示门洞口面积计算,无框门按扇外围面积计算。

(2)人防门、密闭观察窗的安装按设计图示数量以樘计算,防护密闭封堵板安装按框(扇)外围以展开面积计算。

5.其他门

(1)全玻有框门扇按设计图示框外边线尺寸以面积计算,有框亮子按门扇与亮子分界线以面积计算。

(2)全玻无框(条夹)门扇按设计图示扇面积计算,高度算至条夹外边线、宽度算至玻璃外边线。

(3)全玻无框(点夹)门扇按设计图示玻璃外边线尺寸以面积计算。

(4)无框亮子(固定玻璃)按设计图示亮子与横梁或立柱内边缘尺寸以面积计算。

(5)电子感应门传感装置安装按设计图示数量以套计算。

(6)旋转门按设计图示数量以樘计算。

(7)电动伸缩门安装按设计图示尺寸以长度计算,电动装置按设计图示数量以套计算。

6.门钢架、门窗套

(1)门钢架按设计图示尺寸以重量计算。

(2)门钢架基层、面层按设计图示饰面外围尺寸展开面积计算。

(3)门窗套(筒子板)龙骨、面层、基层均按设计图示饰面外围尺寸展开面积计算。

(4)成品门窗套按设计图示饰面外围尺寸展开面积计算。

6.10 屋面及防水工程

6.10.1 工作内容

屋面工程主要是指屋面结构层(屋面板)或屋面木基层以上的工作内容。

1.按结构形式不同划分的屋面类型

屋面按结构形式划分,通常分为坡屋面和平屋面两种形式。屋面坡度为2%~10%

的屋顶称为平屋面。最常用的坡度为 2%或 3%。平屋面的坡度可以用材料找出，通常叫作材料找坡；也可以用结构板材带坡形成，通常叫作结构找坡。坡度在 10%以上的屋顶叫作坡屋面。坡屋面的坡度一般由结构层或屋架找出。常见的坡屋面坡度为 50%。常见的坡屋面结构分两坡水和四坡水。根据所用材料，其又有青瓦屋面、平瓦屋面、石棉水泥瓦屋面、玻璃钢波形瓦屋面等。

屋面防水施工工艺

2. 按防水做法不同划分的屋面防水类型

按照屋面的防水做法不同，屋面分为卷材防水屋面、刚性防水屋面、涂料防水屋面等。

(1)卷材防水屋面

卷材防水屋面是指以不同的施工工艺将不同种类的胶结材料黏结卷材固定在屋面上起到防水作用的屋面。其能适应一定程度的结构振动和胀缩变形。所用卷材有传统的沥青防水卷材、高聚物改性沥青防水卷材和合成高分子防水卷材三大系列。

卷材防水屋面的施工流程为：清理基层→涂刷基层处理剂→铺贴卷材附加层→铺贴卷材→热熔封边→蓄水试验→保护层。

(2)刚性防水屋面

刚性防水屋面是采用混凝土浇捣而成的屋面防水层。在混凝土中掺入膨胀剂、减水剂、防水剂等外加剂，使浇筑后的混凝土细致密实，水分子难以通过，从而达到防水的目的。

刚性防水屋面的施工流程为：清理基层→黏土砂浆隔离层施工→石灰砂浆隔离层施工→水泥砂浆找平层铺卷材隔离层施工→钢筋网片施工→细石混凝土防水层施工。

(3)涂料防水屋面

涂料防水屋面是在屋面基层上涂刷防水涂料，经固化后形成一层有一定厚度和弹性的整体涂膜，从而达到防水目的的一种防水屋面形式。

涂料防水屋面的施工流程为：清理基层→基层底涂→铺阴阳角加强层、管口周边、后浇带等特殊部位加强处理→中层涂刷→面层涂刷。

6.10.2　屋面工程量计算规则

1. 坡屋面的工程量计算

坡屋面的工程量计算按设计图示尺寸以斜面积计算，不扣除房上的烟囱、风帽底座、风道、小气窗、斜沟等所占面积，不增加小气窗的出檐部分面积。计算公式为：

$$S=S_tC \tag{6-45}$$

式中：S——坡屋面面积，m^2；

S_t——坡屋面的水平投影面积，m^2；

C——屋面坡度延尺系数，查表 6-13。

四坡水单根斜屋脊长度计算公式为：

$$L=AD \tag{6-46}$$

式中：L——四坡水单根斜屋脊长度，m；

A——半个跨度宽，m；

D——隅延尺系数，查表 6-13。

表 6-13 屋面坡度延尺系数

坡度			延尺系数 C	隅延尺系数 D
$B(A=1)$	$B/(2A)$	角度(θ)	($A=1$)	($A=1$)
1	1/2	45°	1.4142	1.7321
0.75		36°02′	1.2500	1.6008
0.7		35°	1.2207	1.5779
0.666	1/3	33°40′	1.2015	1.5620
0.65		33°01′	1.1928	1.5584
0.60		30°58′	1.1662	1.5362
0.577		33°	1.1547	1.5270
0.55		28°49′	1.1413	1.5170
0.50	1/4	26°34′	1.1180	1.5000
0.45		24°14′	1.0988	1.4839
0.40	1/5	21°48′	1.0770	1.4697
0.35		19°17′	1.0308	1.4362
0.30		16°42′	1.0308	1.4362
0.25		14°02′	1.0308	1.4362
0.20	1/10	11°19′	1.0198	1.4283
0.15		8°32′	1.0112	1.4221
0.125		7°8′	1.0078	1.4191
0.100	1/20	5°42′	1.0050	1.4177
0.083		4°45′	1.0035	1.4166
0.066	1/30	3°49′	1.0022	1.4157

【例 6-15】 某四坡水泥瓦屋顶平面图，如图 6-32 所示，设计屋面坡度为 0.5，请计算瓦屋面的工程量和全部屋脊长度。

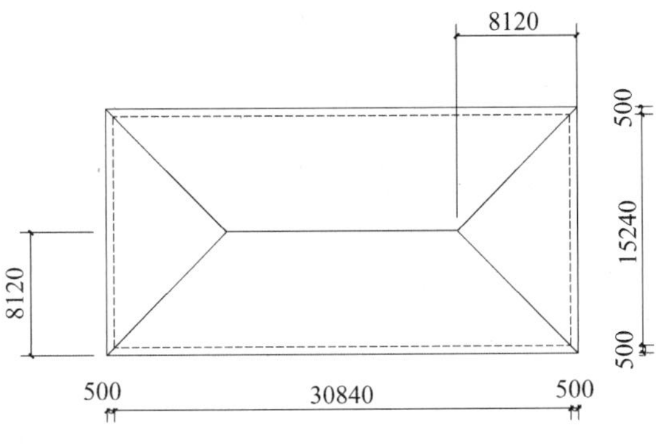

图 6-32　屋顶平面图

解

(1)瓦屋面工程量计算：

$$S=(30.84+0.5\times2)\times(15.24+0.5\times2)\times1.118=578.10(\text{m}^2)$$

(2)屋脊长度计算：

$$L=(31.84-8.12\times2)+8.12\times1.5\times4=64.32(\text{m})$$

2. 找坡层的工程量计算

屋面找坡层按图示水平投影面积乘以平均厚度以 m^3 计算，如图 6-33 所示。

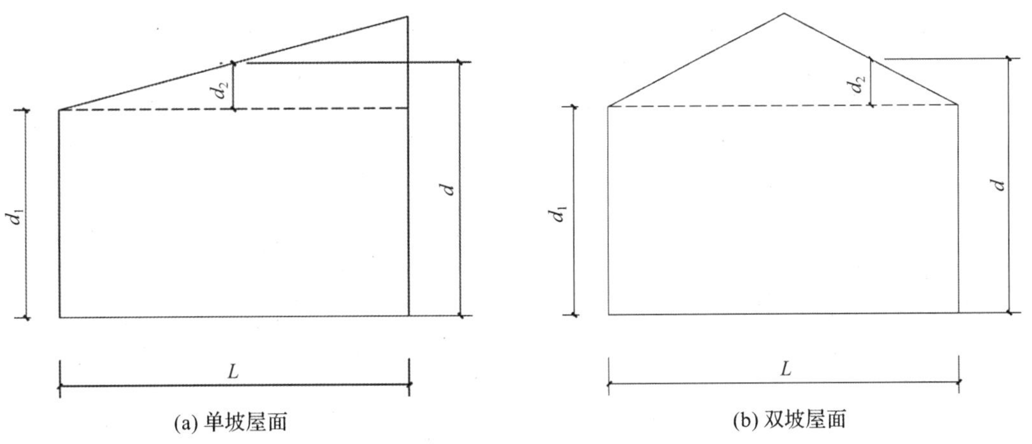

图 6-33　屋面找坡层

(1)单坡屋面平均厚度

$$d=d_1+d_2,\tan\alpha=\frac{d_2}{L/2},d_2=\tan\alpha\cdot L/2 \tag{6-47}$$

平均厚度为：

$$d=d_1+\tan\alpha\frac{L}{2} \tag{6-48}$$

其中，$\tan\alpha=i$，i 为坡度系数，因此上式可简化为：

$$d=d_1+i\frac{L}{2} \tag{6-49}$$

(2) 双坡屋面平均厚度

$$d = d_1 + i\frac{L}{4} \tag{6-50}$$

6.10.2 防水工程量计算规则

1. 屋面防水

屋面防水，按设计图示尺寸以面积计算(斜屋面按斜面面积计算)，天沟、挑檐按展开面积计算并入相应防水工程，不扣除房上烟囱、风帽底座、风道、屋面小气窗和斜沟等所占面积，上翻部分也不另计算；屋面的女儿墙、伸缩缝和天窗等处的弯起部分，按设计图示尺寸计算；设计无规定时，伸缩缝、女儿墙、天窗的弯起部分按 500mm 计算，计入屋面工程量内。

2. 防水、防潮层

(1)楼地面防水、防潮层按设计图示尺寸以主墙间净空面积计算，扣除凸出地面的构筑物、设备基础等所占面积，不扣除间壁墙及单个 0.3m² 以内的柱、垛、烟囱和孔洞所占面积，平面与里面交接处，上翻高度小于 300mm 时，按展开面积并入平面工程量内计算，高度大于 300mm 时，上翻高度全部按立面防水层计算。

屋面排水设计

(2)墙基防水、防潮层，按设计图示尺寸以面积计算。

(3)墙的立面防水、防潮层，不论内墙、外墙，均按设计图示尺寸以面积计算。

(4)基础底板的防水、防潮层按设计图示尺寸以面积计算，不扣除桩头所占面积。桩头处外包防水按桩头投影面积每侧外扩 300mm 以面积计算，地沟处防水按展开面积计算，均计入平面工程量，执行相应规定。

3. 屋面排水

金属板排水、泛水按延长米乘以展开宽度计算，其他泛水按延长米计算。

4. 变形缝与止水带(条)

变形缝(嵌填缝与盖板)与止水带(条)按设计图示尺寸，以长度计算。

6.11 保温、隔热、防腐工程

6.11.1 工作内容

保温、隔热、防腐工程分为保温隔热工程和防腐工程两部分。保温隔热工程包含屋面、墙面、柱、梁、天棚、楼地面等的保温隔热，主要的材料有保温砂浆、保温板、泡沫混凝土、陶粒混凝土等。耐酸防腐工程主要分为耐酸整体面层、卷材、块料等。

6.11.2　保温隔热工程量计算规则

1. 墙面保温隔热

(1)墙面保温隔热层工程量按设计图示尺寸以面积计算。扣除门窗洞口及单个 $0.3m^2$ 以上梁、孔洞所占面积;门窗洞口侧壁以及与墙相连的柱,并入保温墙体工程量内,门窗洞口侧壁粉刷材料与墙面粉刷材料不同,按以规范中的名称为准“墙、柱面装饰与隔断、幕墙工程”零星粉刷计算。墙体及混凝土板下铺贴隔热层不扣除木框架及木龙骨的体积。其中,外墙按隔热层中心线长度计算,内墙按隔热层净长度计算。

(2)单个大于 $0.3m^2$ 孔洞侧壁周围及梁头、连系梁等其他零星工程保温隔热工程量,并入墙面的保温隔热工程量内。

2. 柱、梁保温隔热

柱、梁保温隔热层工程量按设计图示尺寸以面积计算。柱按设计图示柱断面保温层中心线展开长度乘以高度以面积计算,扣除单个断面 $0.3m^2$ 以上梁所占面积。梁按设计图示梁断面保温层中心线展开长度乘以保温层长度以面积计算。

3. 屋面保温隔热

(1)屋面保温砂浆、泡沫玻璃、聚氨酯喷涂、保温板铺贴等按设计图示面积计算,不扣除屋面排烟道、通风孔、伸缩缝、屋面检查洞及单个 $0.3m^2$ 以内孔洞所占面积,洞口翻边也不增加。

(2)屋面其他保温材料按设计图示面积乘以厚度以“m^3”计算,找坡层按平均厚度计算,计算面积时应扣除单个 $0.3m^2$ 以上孔洞所占面积。

4. 天棚保温隔热

(1)天棚保温隔热层工程量按设计图示尺寸以面积计算,扣除单个 $0.3m^2$ 以上柱、垛、孔洞所占面积,与天棚相连的梁按展开面积计算,其工程量并入天棚内。

(2)柱帽保温隔热层,按设计图示尺寸并入天棚保温隔热层工程量内。

5. 楼地面保温隔热

楼地面保温隔热层工程量按设计图示尺寸以面积计算,扣除柱、垛及单个 $0.3m^2$ 以上孔洞所占面积,门洞、空圈、暖气包槽、壁龛的开口部分不增加面积。

【例 6-16】　图 6-34 为冷库平面图及剖面图。设计墙体、地面均采用软木保温隔热层,厚度为 0.1m,顶棚做带龙骨的保温隔热层,厚度为 500mm。计算该冷库室内保温隔热层工程量。

解

(1)地面软木保温隔热层工程量:

$$V=(7.2-0.24)\times(4.8-0.24)=31.7(m^2)$$

(2)墙体软木保温隔热层工程量:

$$V=(4.8-0.24)\times(4.5-0.5)\times2+(7.2-0.24)\times(4.5-0.5)\times2-0.8\times2=90.6(m^2)$$

(3)顶棚龙骨保温隔热层工程量：

$$V=(7.2-0.24)\times(4.8-0.24)=31.7(m^2)$$

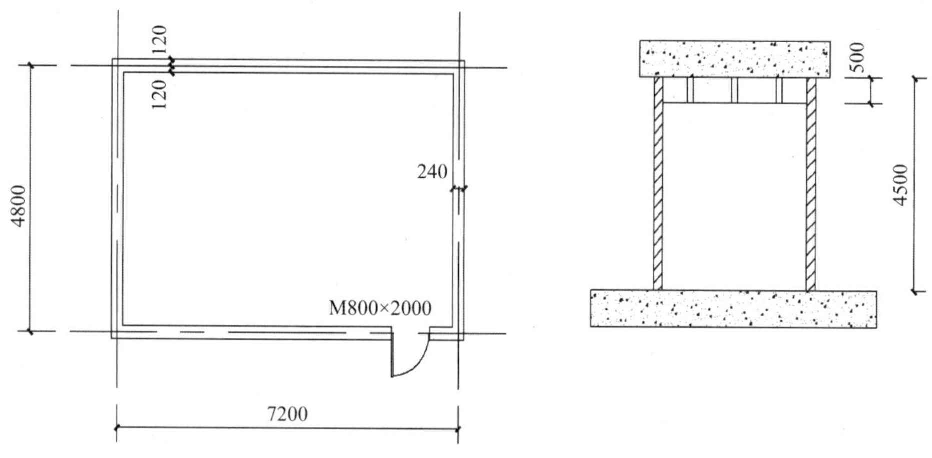

图 6-34　冷库平面图及剖面图

【例 6-17】 某工程建筑示意图如图 6-35 所示，该工程外墙保温做法：(1)基层表面清理；(2)刷界面砂浆 5mm；(3)刷 30mm 厚胶粉聚苯颗粒；(4)门窗边做保温宽度为 120mm。试列出该工程外墙外保温的分部分项工程量。

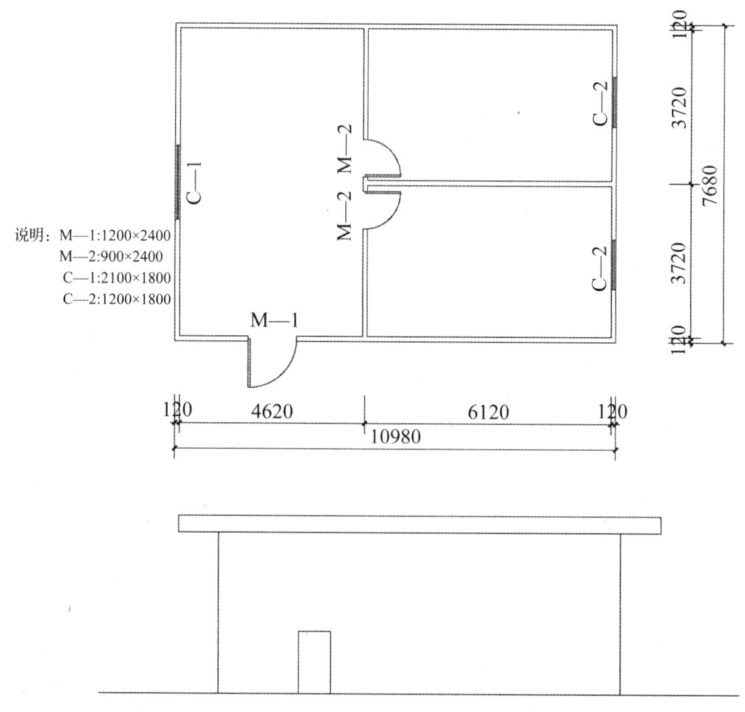

图 6-35　某工程建筑平面图及剖面图

解

(1)墙面

S =[(4.62+6.12+0.12×2+0.035)+(3.72+3.72+0.12×2+0.035)]×2×3.90－(M－1 门 1.2×2.4+C－1 窗 2.1×1.8+C－2 窗 1.2×1.8×2)

=[(10.74+0.24)+(7.44+0.24)]×2×3.90－(1.2×2.4+2.1×1.8+1.2×1.8×2)

=134.57(m^2)

(2)门窗侧边

S =[M－1 门(2.4×2+1.2)+C－1 窗(2.1+1.8)×2+C－2 窗(1.2+1.8)×2×2]×0.12

=[(2.4×2+1.2)+(2.1+1.8)×2+(1.2+1.8)×4]×0.12

=3.10(m^2)

(3)合计

134.57+3.10=137.67(m^2)

6.11.3　耐酸防腐工程量计算规则

(1)防腐工程面层、隔离层及防腐油漆工程量均按设计图示尺寸以面积计算。

(2)平面防腐工程量应扣除突出地面的构筑物、设备基础等以及单个 0.3m^2 以上孔洞、柱、垛等所占面积,门洞、空圈、暖气包槽、壁龛的开口部分不增加面积。

(3)立面防腐工程量应扣除门、窗、洞口以及单个 0.3m^2 以上孔洞、梁所占面积,门、窗、洞口侧壁、垛凸处部分按展开面积并入墙面内。

本章小结

通过学习土建工程的清单计量和定额计量,从中了解装配式混凝土构件和现浇式混凝土构件的做法和计量方面的不同之处,进而根据案例分析巩固所学的计量规则。

思考练习

1.某基础平面图和断面图如图 6-36 和图 6-37 所示,土质为普通土,采用挖掘机挖土(大开挖,坑内作业),结合《浙江省房屋建筑与装饰工程预算定额》(2018 版)计算该基础土石方工程量(不考虑坡道挖土)。

2.某建筑采用装配式混凝土结构体系,二层 B～C/1～3 轴线墙体平面布置图如图 6-38 所示,外围四周装配式墙体为预制叠合剪力墙如图 6-39 所示,预制实心剪力墙和预制叠合填充墙如图 6-40 所示。内墙板由预制叠合剪力墙和预制填充实心剪力墙组成,混凝土等级 C30,钢筋连接采用套筒灌浆工艺连接,填缝料材质为水泥基灌浆料,现场吊装配置型钢扁担,采用塔式起重机吊装就位,试计算图示叠合剪力墙板工程量。

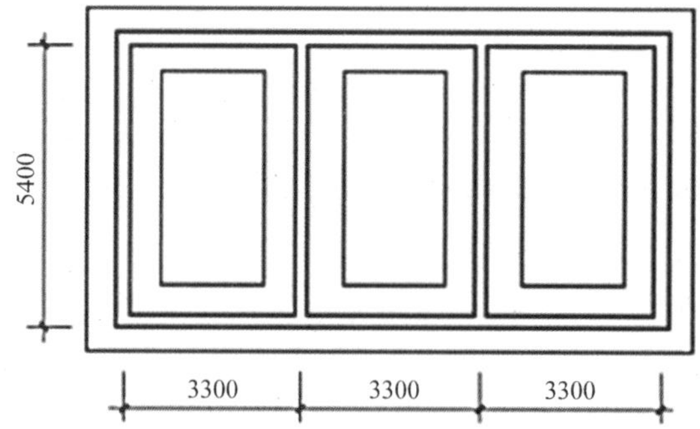

图 6-36　某工程基础平面图

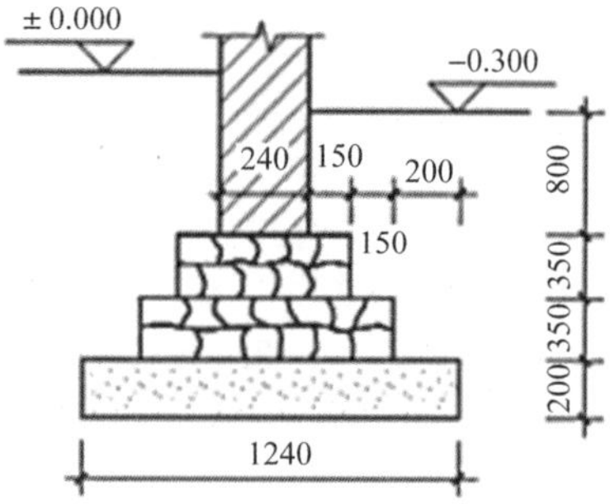

图 6-37　某工程基础断面图

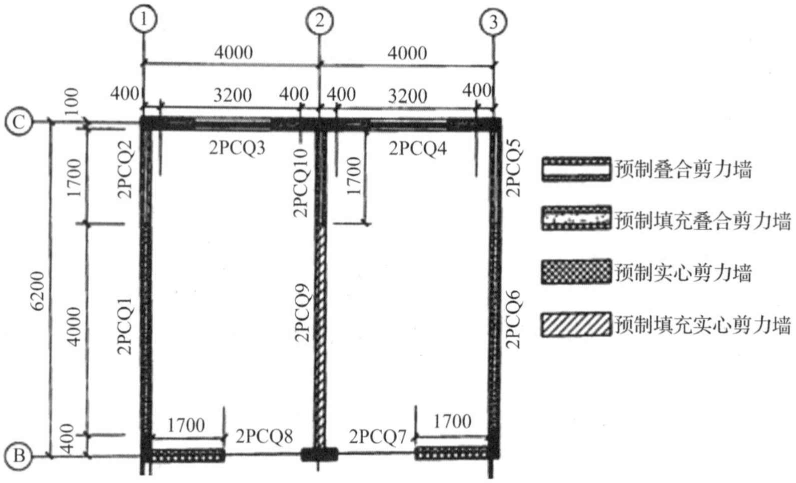

图 6-38　某工程墙体平面布置图

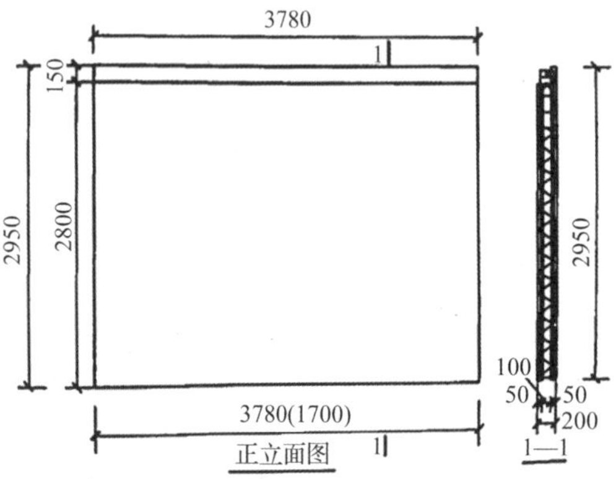

图 6-39　叠合剪力墙板立面及断面示意图(墙长 3.78m/1.7m)

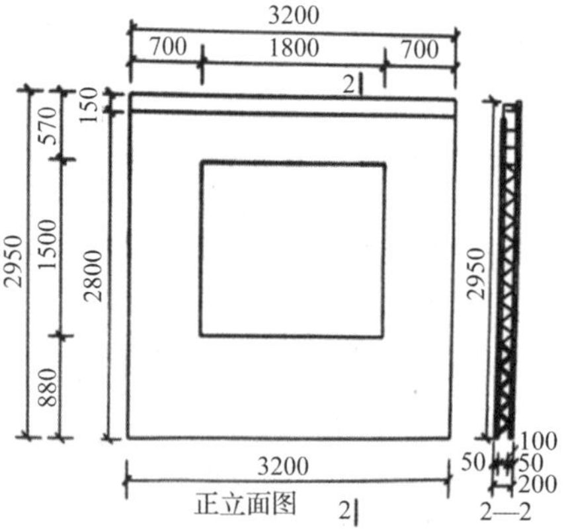

图 6-40　叠合剪力墙板立面及断面示意图(墙长 3.2m)

习题解答

第 7 章　装饰工程分部分项工程量计算

知识目标

了解建筑装饰工程各分部分项工程量的概念；掌握建筑装饰工程各分部分项工程量的计算规则。

能力目标

能够理解建筑装饰工程各分部分项工程量的计算规则和方法；能够熟练地进行各分部分项工程量的计算。

思政目标

在授课过程中引出思政元素“绿色发展”。讲解装饰工程分部分项工程量计算过程中，介绍绿色装饰建材的相关知识，并进一步引出我国绿色发展理念、建筑产业绿色发展动向及绿色建筑的基本内涵。

思政拓展

本章思维导图

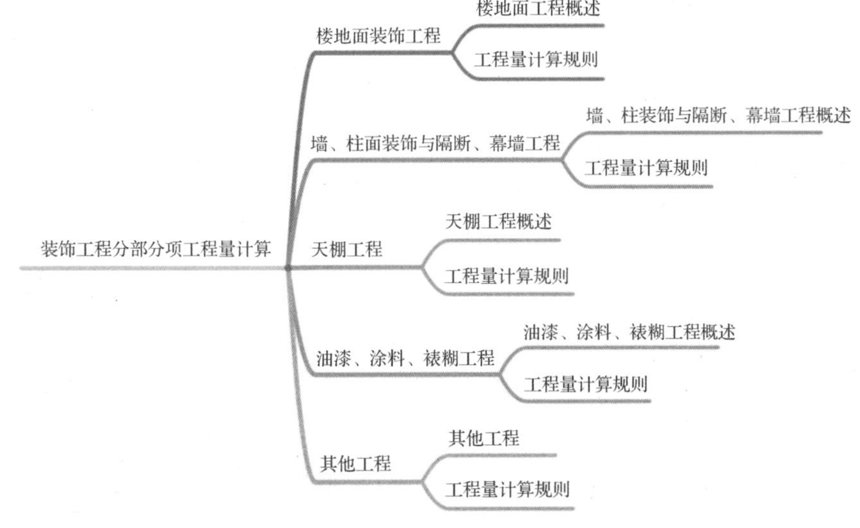

7.1 楼地面装饰工程

7.1.1 楼地面工程概述

楼地面工程中地面构造一般为面层、垫层和基层(素土夯实);楼层地面构造一般为面层、填充层和楼板。当地面和楼层地面的基本构造不能满足使用或构造要求时,可增设结合层、隔离层、填充层、找平层等其他构造层次。

1.找平层

原结构面因存在高低不平或坡度而进行找平铺设的基层,如水泥砂浆、细石砼等,有利于在其上面铺设面层或保温层,这就是找平层。

2.整体面层

整体面层是指大面积整体浇筑、连续施工而成的现制地面或楼面。定额项目一般包括楼地面、楼梯面、台阶面和踢脚线、防滑条等,按面层所用材料分,包括水泥砂浆、水磨石、剁假石、环氧地坪等内容。

面层施工方法

3.块料面层

块料面层是指用一定规格的块状材料,采用相应的胶结料或水泥砂浆结合层镶铺而成的面层。常见铺地块料种类颇多,比如大理石、花岗岩、人造大理石、预制水磨石、陶瓷地砖、水泥花砖、广场砖、缸砖、陶瓷锦砖、玻璃地砖、塑料地板、木地板等。

块料面层以施工工艺划分,可分为湿作业、干作业两大类。湿作业包括大理石、花岗岩、汉白玉、水泥花砖等,干作业包括塑胶地板、木地板、防静电活动地板。

7.1.2 工程量计算规则

依据《浙江省房屋建筑与装饰工程预算定额》(2018 版),楼地面工程工程量计算规则如下。

楼地面装饰工程清单工程量计算规范

1.整体面层及找平层的工程量计算

(1)整体面层的工程量按设计图示尺寸以面积计算。扣除凸出地面构筑物、设备基础、室内管道、地沟等所占面积,不扣除间壁墙及 0.3m^2 以内柱、垛、附墙烟囱及孔洞所占面积。门洞、空圈、暖气包槽、壁龛的开口部分不增加面积。

(2)平面砂浆找平层的工程量按设计图示尺寸以面积计算。

(3)整体面层及找平层的定额工程量计算规则与整体面层的清单工程量计算规则一致。当找平层与整体面层设计厚度与定额不同时,根据厚度每增减子目按比例调整。

2.楼地面块料面层的工程量计算

楼地面块料面层的清单工程量计算规则与定额工程量计算规则相同,按设计图示尺寸以面积计算,门洞、空圈(暖气包槽、壁龛)的开口部分工程量并入相应面层内计算。

3.踢脚线的工程量计算

(1)清单工程量计算

①按设计图示长度乘以高度,以面积计算。

②按设计图示长度,按延长米计算。

踢脚线

(2)定额工程量计算

踢脚线按设计图示长度乘以高度,以面积计算。楼梯靠墙踢脚线(含锯齿形部分)贴块料按设计图示面积计算。

【例 7-1】 某工程的地面施工图,如图 7-1 所示,已知地面为现浇水磨石面层,踢脚线高 150mm。外墙厚 370mm,内墙厚 240mm,图中厚 100mm 的内隔墙材料为空心石膏板。试计算水磨石地面和踢脚线的清单工程量。

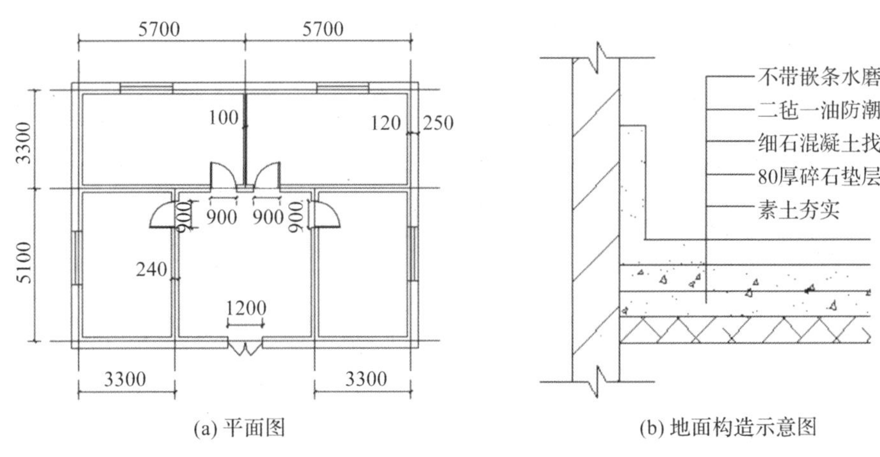

(a) 平面图　　(b) 地面构造示意图

图 7-1　地面施工图

解

(1)水磨石地面

$S=(5.7\times2-0.24)\times(3.3-0.24)+(3.3-0.24)\times(5.1-0.24)\times2+(5.7\times2-3.3\times2-0.24)\times(5.1-0.24)=86.05(\text{m}^2)$

(2)踢脚线

$L=[(5.7-0.12-0.05+3.3-0.24)\times2-0.9]\times2+[(5.1-0.24+3.3-0.24)\times2-0.9]\times2+[(4.8-0.24+5.1-0.24)\times2-1.2-4\times0.9]+(8\times0.24+2\times0.37)=79.14(\text{m})$

4.楼梯面层的工程量计算

楼梯面层的清单工程量计算规则与定额工程量计算规则相同，按设计图示尺寸以楼梯（包括踏步、休息平台及≤500mm 的楼梯井）水平投影面积计算。楼梯与楼地面相连时，算至梯口梁内侧边沿；无梯口梁者，算至最上一层踏步边沿加 300mm。

5.台阶的工程量计算

（1）清单工程量计算

按设计图示尺寸以台阶（包括最上层踏步边沿加 300mm）水平投影面积计算。

（2）定额工程量计算

整体面层台阶工程量按设计图示尺寸以台阶（包括最上层踏步边沿加 300mm）水平投影面积计算；块料面层台阶工程量按设计图示尺寸以展开台阶面积计算。如与平台相连时，平台面积在 $10m^2$ 以内的按台阶计算，平台面积在 $10m^2$ 以上时，台阶算至最上层踏步边沿加 300mm。

7.2 墙柱面装饰与隔断、幕墙工程

7.2.1 墙柱装饰与隔断、幕墙工程概述

墙柱面工程一般包括墙柱面抹灰、镶贴块料面层和墙柱面装饰等内容。

1.墙柱面抹灰

（1）一般抹灰。一般抹灰指采用石灰砂浆、混合砂浆、聚合物水泥砂浆、麻刀灰和纸筋灰等对建筑物的面层抹灰。

（2）装饰抹灰。装饰抹灰一般包括水刷石、干黏石、斩假石、水磨石等，其中水刷石、斩假石的施工偏差要求同一般抹灰中的高级抹灰指标。

装饰抹灰用于建筑装饰装修，一般分为底层、中层、面层，其中面层经特殊工艺施工，强化了装饰作用。

2.镶贴块料面层

块料面层是指块状的面层装饰材料，材料主要指墙面、楼地面等部位所使用的裸露在表面的可见的块状面层装饰材料，如预制水磨石、墙地砖、瓷砖、大理石、花岗石、玻璃装饰砖等。另外，粘贴这些面层材料所使用的水泥砂浆或建筑胶等称为粘贴层，一般也含在相应的定额子目中。

3.墙柱面装饰

根据所采用的装饰材料和施工方法，墙柱面装饰构造大致可划分为：

(1)抹灰刷涂料饰面装饰。主要包括简易抹灰墙面、刮腻子涂料墙面、水泥砂浆墙面、水泥石膏砂浆墙面等饰面装饰。

(2)建筑涂料饰面装饰。主要包括有机涂料、无机涂料、复合涂料、硅藻泥等涂料墙面饰面装饰。

(3)裱糊饰面装饰。主要包括壁纸、壁布及其他装饰贴膜墙面饰面装饰。

(4)木质饰面装饰。主要包括木饰面板、实木板条、人造合成木质板材和竹木制品等墙面饰面装饰。

(5)石材饰面装饰。主要包括大理石、花岗岩、人造石材等墙面饰面装饰。

(6)陶瓷墙砖饰面装饰。主要包括陶瓷墙砖、马赛克等墙面饰面装饰。

(7)织物皮革软包饰面装饰。主要包括纺织布料、真皮与人造皮革等墙面饰面装饰。

(8)金属板材饰面装饰。主要包括铝合金装饰板、金属蜂窝板、搪瓷钢板、不锈钢装饰板等墙面饰面装饰。

(9)装饰玻璃饰面装饰。主要包括镜面玻璃、磨砂玻璃、夹丝玻璃、安全玻璃、釉面玻璃等墙面饰面装饰。室内建筑装饰装修所使用的材料和构造形式十分丰富，可根据设计和工程实际需要，在满足国家现行相关规范基础上灵活选用材料和构造做法。

4.隔断与幕墙

(1)隔断

隔断是指专门作为分隔室内空间的立面，应用更加灵活，如隔墙、隔断、活动展板、活动屏风、移动隔断、移动屏风、移动隔音墙等。活动隔断具有易安装、可重复利用、可工业化生产、防火、环保等特点。

“隔断”根据功能性的不同，也分为不同种类：

移动隔断，是一种可随时把大空间划分为若干小空间，或把小空间整合成大空间，并具有一般墙体功能的活动墙形式，其具有无地轨道悬挂、稳定安全、隔音隔热等特点。

中隔断，采用隐形的装饰半隔断形式，既起到分割区域的功能，又起到装饰的效果。

高隔断，属于室内非承重墙的一种，是划分室内空间最常用的设施，隔断墙要符合防火性要求、抗震级数要求、抗撞击要求、长期使用要求、可拆卸要求以及环保要求等。

(2)幕墙

幕墙是一种建筑外围护结构或装饰性结构，在现代大型建筑和高层建筑中使用较多。幕墙主要由面板和支承结构体系组成。从用途上可分为：建筑幕墙、构件式建筑幕墙、单元式幕墙、玻璃幕墙、石材幕墙、金属板幕墙、全玻幕墙、点支承玻璃幕墙等。

①玻璃幕墙。按玻璃类型分为单片玻璃、胶合玻璃、中空玻璃等；按玻璃安装方式分为全玻璃幕墙、玻璃砖幕墙、点接驳式玻璃幕墙等。

②金属板幕墙：单片铝板、复合铝板、铝塑板、不锈钢板、钛合金板、彩钢板等。

③非金属板(玻璃除外)幕墙：石材板、蜂巢复合板、千思板、陶瓷板、钙塑板、人造板、

预铸造型水泥加工板等。

7.2.2 工程量计算规则

依据《浙江省房屋建筑与装饰工程预算定额》(2018 版),墙柱面装饰与隔断、幕墙工程工程量计算规则如下:

1. 墙面抹灰的工程量计算

墙柱装饰与隔断、幕墙工程清单工程量计算规范

(1)清单工程量计算

按设计图示尺寸以面积计算。扣除墙裙、门窗洞口及单个 0.3m^2 以外的孔洞面积,不扣除踢脚线、挂镜线和墙与构件交接处的面积,门窗洞口和孔洞的侧壁及顶面不增加面积。附墙柱、梁、垛、烟囱侧壁并入相应的墙面面积内。

墙面抹灰

①外墙抹灰面积按外墙垂直投影面积计算。

②外墙裙抹灰面积按其长度乘以高度计算。

③内墙抹灰面积按主墙间的净长乘以高度计算。

a. 无墙裙的,高度按室内楼地面至天棚底面计算。

b. 有墙裙的,高度按墙裙顶至天棚底面计算。

④内墙裙抹灰面按内墙净长乘以高度计算。

(2)定额工程量计算

①内墙面、墙裙抹灰面积按设计图示主墙间净长乘以高度以面积计算,应扣除墙裙、门窗洞口及单个 0.3m^2 以外的孔洞所占面积,不扣除踢脚线、装饰线以及墙与构件交接处的面积。且门窗洞口和孔洞的侧壁面积亦不增加,附墙柱、梁、垛的侧面应并入相应的墙面面积内。

②抹灰高度按室内楼地面至天棚底面净高计算。墙面抹灰面积应扣除墙裙抹灰面积,如墙面和墙裙抹灰种类相同者,工程量合并计算。

③外墙抹灰面积按设计图示尺寸以面积计算,应扣除门窗洞口、外墙裙(墙面和墙裙抹灰种类相同者应合并计算)和单个 0.3m^2 以外的孔洞所占面积,不扣除装饰线以及墙与构件交接处的面积。且门窗洞口和孔洞的侧壁面积亦不增加,附墙柱、梁、垛侧面抹灰面积应并入外墙面抹灰工程量内计算。

【例 7-2】 某一层建筑平面,如图 7-2 所示,室外的地坪标高为−0.3m,屋面板顶的标高为 3.3m,外墙上的女儿墙高 0.6m;预制楼板厚为 0.12m,内侧墙面为石灰砂浆抹面,外侧墙面及女儿墙均为混合砂浆抹面;门洞尺寸为 0.9m×2.1m,窗洞尺寸为 1.8m×1.5m,门窗框厚 90mm。请计算内侧墙面石灰砂浆抹面的清单工程量和外侧墙面的混合砂浆抹面的清单工程量。

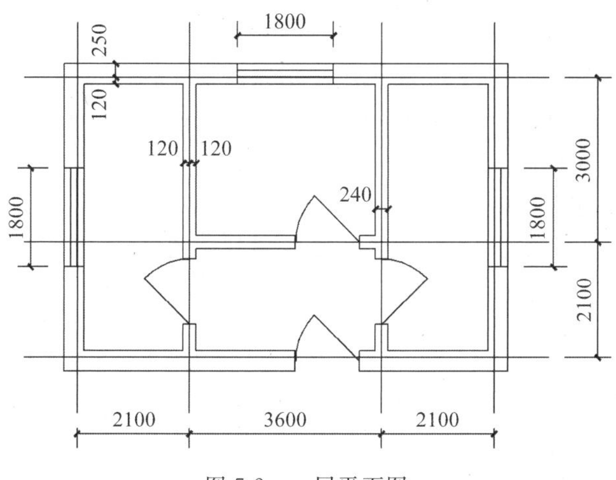

图 7-2　一层平面图

解

(1)内侧墙面石灰砂浆抹面的清单工程量

①内侧墙面长度＝(2.1－0.24＋2.1＋3－0.24)×2×2＋(3.6－0.24＋3－0.24)×2＋(3.6－0.24＋2.1－0.24)×2＝49.56(m)

②石灰砂浆抹面高度＝3.3－0.12＝3.18(m)

③门窗洞口面积＝1.8×1.5×3＋0.9×2.1×7＝21.33(m^2)

④内侧墙面石灰砂浆抹面的工程量＝49.56×3.18－21.33＝136.27(m^2)

(2)外侧墙面混合砂浆抹面的清单工程量

①外侧墙面长度＝(2.1×2＋3.6＋0.25×2＋2.1＋3＋0.25×2)×2＝27.8(m)

②混合砂浆抹面高度＝0.3＋3.3＋0.6＝4.2(m)

③门窗洞口面积＝1.8×1.5×3＋0.9×2.1＝9.99(m^2)

④外侧墙面混合砂浆抹面工程量＝27.8×4.2－9.99＝106.77(m^2)

2.柱(梁)面抹灰的工程量计算

(1)清单工程量计算

①柱面抹灰按设计图示柱断面周长乘以高度以面积计算。

②梁面抹灰按设计图示梁断面周长乘以长度以面积计算。

③柱、梁面勾缝按设计图示柱断面周长乘以高度以面积计算。

(2)定额工程量计算

①柱面抹灰按设计图示尺寸柱断面周长乘以抹灰高度以面积计算。牛腿柱帽、柱墩工程量并入相应柱工程量内。梁面抹灰按设计图示梁断面周长乘以长度以面积计算。

②墙面勾缝按设计图示尺寸以面积计算，扣除墙裙、门窗洞口及单个 0.3m^2 以外的孔洞所占面积。附墙柱、梁垛侧面勾缝面积应并入墙面勾缝工程量内计算。

3. 墙面块料面层、柱(梁)面镶贴块料的工程量计算

(1)清单工程量计算

干挂石材钢骨架的清单工程量按设计图示以质量计算。

石材墙面、拼碎石材墙面、块料墙面的清单工程量按镶贴表面积计算。

(2)定额工程量计算

①墙柱(梁)面镶贴块料按设计图示饰面面积计算。

②女儿墙与阳台栏板的镶贴块料工程量以展开面积计算。

③镶贴块料柱墩柱帽(弧形石材除外)其工程量并入相应柱内计算。圆弧形成品石材柱帽、柱墩,按其圆弧的最大外径以周长计算。

幕墙分类

4. 幕墙工程的工程量计算

(1)清单工程量计算

①带骨架幕墙按设计图示框外围尺寸以面积计算。与幕墙同种材质的窗所占面积不扣除。

②全玻(无框玻璃)幕墙按设计图示尺寸以面积计算。带肋全玻幕墙按展开面积计算。

(2)定额工程量计算

①玻璃幕墙、铝板幕墙按设计图示尺寸以外围(或框外围)面积计算。玻璃幕墙中与幕墙同种材质窗的工程量并入相应幕墙内。全玻幕墙带肋部分并入幕墙面积内计算。

②石材幕墙按设计图示饰面面积计算,开放式石材幕墙的离缝面积不扣除。

③幕墙龙骨分铝材和钢材,按设计图示以重量计算,螺栓、焊条不计重量。

7.3 天棚工程

7.3.1 天棚工程概述

对于室内空间上部的结构层或装修层,出于室内美观及保温隔热的需要,多数设天棚,把屋面的结构层隐藏起来,以满足室内使用要求。天棚又称天花、顶棚、平顶,可分为如下两类:

直接式顶棚

1. 直接式顶棚

所谓直接式顶棚,是指直接在混凝土基面上,进行喷(刷)涂料灰浆,或粘贴装饰材料的施工,一般用于装饰性要求不高的住宅、办公室楼等建筑,是一种比较简单实用的装修形式。

直接式顶棚的分类按施工方法和装饰材料的不同,一般分直接抹灰顶棚直接刷(喷)浆顶棚和直接粘贴式顶棚三种。

2. 悬吊式顶棚

悬吊式顶棚是指顶棚的装饰表面与屋面板、楼板等之间留有一定的距离，在这段空间中，通常要结合布置各钟管道和设备，如灯具、空调、灭火器、烟感器等。悬吊式顶棚的装饰效果较好，形式变化丰富，适用于中、高档次的建筑顶棚装饰。悬吊式顶棚一般由吊筋、基层(龙骨或搁栅)、面层三大基本部分组成，又称之为吊顶。

吊顶的类型多种多样，按结构形式可分为以下几种：

(1)整体性吊顶。它是指顶棚面形成一个整体，没有分格的吊顶形式。其龙骨一般为术龙骨或槽型轻钢龙骨，面板用胶合板、石膏板等。也可在龙骨上先钉灰板条或钢丝网，然后用水泥砂浆抹平形成吊顶。

(2)活动式装配吊顶。它是将其面板直接搁在龙骨上，通常与倒 T 型轻钢龙骨配合使用。这种吊顶的龙骨外露，形成纵横分格的装饰效果，且施工安装方便，又便于维修，是目前主要推广应用的一种吊顶形式。

(3)隐蔽式装配吊顶。它是指龙骨不外露、饰面板表面平整、整体效果较好的一种吊顶形式。

(4)开敞式吊顶。它是通过特定形状的单元体及其组合形成的，吊顶的饰面是敞口的，如木格栅吊顶、铝合金格研吊顶。它具有良好的装饰效果，多用于重要房间的局部装饰。

7.3.2　工程量计算规则

依据《浙江省房屋建筑与装饰工程预算定额》(2018 版)，天棚工程工程量计算规则如下：

天棚工程清单
工程量计算规范

1. 天棚抹灰的工程量计算

天棚抹灰的清单工程量计算规则与定额工程量的计算规则相同，按设计图示尺寸以水平投影面积计算。不扣除间壁墙、垛、柱、附墙烟囱、检查口和管道所占的面积，带梁天棚、梁两侧抹灰面积并入天棚面积内，板式楼梯底面抹灰按斜面积计算，锯齿形楼梯底板抹灰按展开面积计算。

2. 吊顶天棚的工程量计算

吊顶天棚按设计图示尺寸以水平投影面积计算。天棚面中的灯槽及跌级、锯齿形、吊挂式、藻井式天棚面积不展开计算。不扣除间壁墙、检查口、附墙烟囱、柱垛和管道所占面积，扣除单个大于 $0.3m^2$ 的孔洞、独立柱及与天棚相连的窗帘盒所占的面积。

【例 7-3】 某井字梁平面图如图 7-3 所示，主梁尺寸为 0.5m×0.3m，次梁尺寸为 0.3m×0.15m，板厚 0.1m。请计算井字梁天棚抹灰的清单工程量。

解

天棚抹灰工程量＝(9－0.24)×(7.5－0.24)＋[(9－0.24)×(0.5－0.1)－(0.3－0.1)×0.15×2]×2×2＋(7.5－0.24－0.6)×(0.3－0.1)×2×2

＝82.70(m^2)

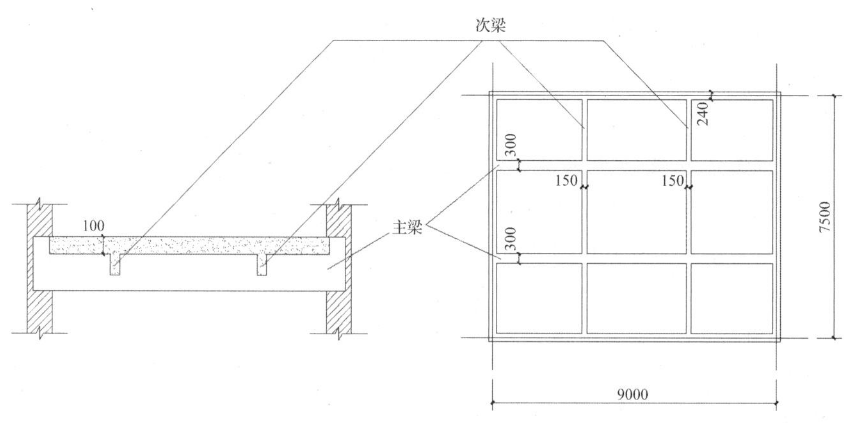

图 7-3 井字梁天棚示意图

7.4 油漆、涂料、裱糊工程

7.4.1 油漆、涂料、裱糊工程概述

1.油漆

油漆分为天然漆和人造漆两大类，建筑工程一般用人造漆，油漆的主要成分有黏结剂、颜料、催干剂、增韧剂等。建筑工程中常用的油漆有：调和漆、清漆、厚漆、清油、磁漆、防锈漆等。

(1)调和漆，以干性油为黏结剂的色漆叫油性调和漆；在干性油中加入适量树脂为黏结剂的色漆叫磁性调和漆。调和漆具有适当稠度，可以直接涂刷。

(2)清漆，以树脂或干性油和树脂为黏结剂的透明漆；漆膜光亮、坚固，可以透出原始本纹。

(3)厚漆，也称铅油，是在干性油中加入较多的颜料，呈软膏状，使用时需以稀释剂稀释，常用作底油。

(4)清油，是经过炼制的干性油。如熟桐油就是一种无色透明的清油。

(5)磁漆，以树脂为黏结剂的色漆。漆膜比调和漆坚硬、光亮，耐久性也更好。

(6)防锈漆，有油性和树脂两类。红丹是一种常用油性防锈漆。油性防锈漆的漆膜渗透性、调温性、柔韧性好，附着力强，但漆膜弱、干燥慢。

2.涂料

建筑涂料是一种色彩丰富、质感强、施工简便的装饰材料，它是指将建筑涂料涂刷于构配件表面而形成牢固的膜层，从而起到保护、装饰墙面作用的一种装饰做法。涂料按使用部位可分为：外墙涂料、内墙涂料、地面涂料、顶棚涂料、屋面涂料；按化学组成分为：无机高分子涂料和有机高分子涂料。其中有机高分子涂料又分为：水溶性涂料、水乳型漆料、溶剂型涂料等。

3. 裱糊

裱糊是用墙纸墙布、丝绒锦缎、微薄木等材料，通过裱糊方式覆盖在外表面作为饰面层的墙面。

7.4.2　工程量计算规则

依据《浙江省房屋建筑与装饰工程预算定额》(2018 版)，油漆、涂料、裱糊工程工程量计算规则如下：

油漆、涂料、裱糊工程清单工程量计算规范

(1)楼地面、墙柱面、天棚的喷(刷)涂料、抹灰面油漆、刮腻子、板缝贴胶带点锈其工程量的计算，除本章定额另有规定外，按设计图示尺寸以面积计算。

(2)混凝土栏杆、花格窗按单面垂直投影面积计算；套用抹灰面油漆时，工程量乘以系数 2.5。

(3)木材面油漆、涂料的工程量按下列各表计算方法计算。

①套用单层木(窗)门定额、其工程量乘以表 7-1 所示系数。

表 7-1　单层木门(窗)工程量计算表

定额项目	项目名称	系数	工程量计算规则
单层木门	单层木门	1.00	按门洞口面积
	双层(一板一纱)木门	1.36	
	全玻自由门	0.83	
	半截玻璃门	0.93	
	带通风百叶门	1.30	
	厂库大门	1.10	
	带框装饰门(凹凸、带线条)	1.10	
	无框装饰门、成品门	1.10	按门扇面积
单层木窗	木平开窗、木推拉窗、木翻窗	0.7	按窗洞口面积
	木百叶窗	1.05	
	半圆形玻璃窗	0.75	

②套用木扶手、木线条定额，其工程量乘以如表 7-2 所示系数。

表 7-2　木扶手、木线条工程量计算表

定额项目	项目名称	系数	工程量计算规则
木扶手	木扶手(不带栏杆)	1.00	按延长米计算
	木扶手(带栏杆)	2.50	
	封檐板、顺水板	1.70	
木线条	宽度 60mm 以内	1.00	按延长米计算
	宽度 100mm 以内	1.30	

(3)套用木地板、木楼梯定额,其工程量乘以表 7-3 所示系数。

表 7-3　木地板、木楼梯工程量计算表

定额项目	项目名称	系数	工程量计算规则
木地板	木地板	1.00	按地板工程量
	木地板打蜡	1.00	
	木楼梯(不包括底面)	2.30	按水平投影面积计算

(4)金属面油漆、涂料应按其展开面积以“m^2”为计量单位套用金属面油漆相应定额。其余构件按下列各表计算方法计算。

①套用单层钢门窗定额,其工程量乘以表 7-4 所示系数。

表 7-4　单层钢门窗工程量计算表

定额项目	项目名称	系数	工程量计算规则
钢门窗	单层钢门窗	1.00	按门窗洞口面积
	双层(一玻一纱)门窗	1.48	
	钢百叶门	2.74	
	半截钢百叶门	2.22	
	满钢门或包铁皮门	1.63	
	钢折门	2.30	
	半玻钢板门或有亮钢板门	1.00	
	单层钢门窗带铁栅	1.94	
	钢栅栏门	1.10	
	射线防护门	2.96	按框(扇)外围面积
	厂库平开、推拉门	1.70	
	铁丝网大门	0.81	
	间壁	1.85	按面积计算
	平板屋面	0.74	斜长×宽
	瓦垄板屋面	0.89	
	排水、伸缩缝盖板	0.78	展开面积
	窗栅	1.00	

②金属面油漆、涂料项目，其工程量按设计图示尺寸以展开面积计算，以下构件可参考表 7-5 中相应的系数，将质量(t)折算为面积(m^2)。

表 7-5　质量折算面积参考系数表

序号	项目	系数
1	栏杆	64.98
2	钢平台、钢走道	35.60
3	钢楼梯、钢爬梯	44.84
4	踏步式钢楼梯	39.90
5	现场制作钢构件	56.60
6	零星铁件	58.00

7.5　其他工程

7.5.1　其他工程概述

其他工程一般包括货架、柜台、家具、招牌、灯箱、美术字、压条、装饰线条、壁画、国画、浮雕、栏杆、栏板、扶手及其他内容。

(1)柜台、货架一般包括柜台、货架、收银台、展台、试衣间、酒吧台、附墙柜、厨房矮柜、壁橱等项目。

(2)家具一般包括柜子背板、侧板、顶板、底板、饰面板、挂衣杆、成品玻璃门等子目。

(3)招牌、灯箱一般包括招牌、灯箱基层和面层两类项目。招牌分为平面招牌、箱体招牌和竖式招牌。平面招牌是指安装在门前墙面上的一种招牌；箱体招牌、竖式招牌是指六面体固定在墙面上的招牌。沿雨篷、檐口、阳台走向的立式招牌，按平面招牌考虑。

(4)压条、装饰线条是用于各种交接面、分界面、层次面、封边封口线等的压顶线和装饰线，起封口、封边、压边、造型和连接的作用。目前压条和装饰条的种类很多，按材质分，主要有木线条、铝合金线条、铜线条、不锈钢线条、塑料线条和石膏线条等；按用途分，有大花角线、天花线、压边线、挂镜线、封边角线、造型线、槽条等。

(5)洗漱台是卫生间内用于支承台式洗脸盆、搁放洗漱卫生用品的地方，同时装饰卫生间的台面。洗漱台一般用纹理、颜色均具有较强装饰性的花岗岩、大理石或人造板材，经磨边、开孔制作而成。台面的厚度一般为 20mm，宽度为 500～600mm，长度视卫生间大小而定，另设侧板。台面下设置支承构件，通常用角铁架子、木架子、半砖墙或搁在卫生间两边的墙的一侧。洗漱台面与镜面玻璃下边沿间及侧墙与台面接触的部位所配置的竖板，称为挡板或竖挡板。一般挡板与台面使用相同的材料，如为不同品种材料应另列项计算。洗漱台面板的外边沿下方的竖挡板，称为吊沿。

(6)镜面玻璃、盥洗室镜箱镜面玻璃分为车边防雾玻璃和普通镜面玻璃。玻璃安装有带框和不带框之分，带框时，一般要用木封边条、铝合金封边条或不锈钢封边条。当镜面玻璃的尺寸不是很大时，可在其四角钻孔，用不锈钢玻璃钉直接固定在墙上。当镜面玻璃尺寸较大($1m^2$ 以上)或墙面平整程度较差时，通常要加木龙骨木夹板基层，使基面平整。固定方式采用嵌压式。

(7)栏杆、栏板、扶手栏杆是梯段与平台临空一边的安全维护构件，也是建筑中装饰性较强的构件之一。栏杆的顶部设扶手，作为人们行走时依扶之用。当梯段较宽时，应在靠墙一边设靠墙扶手。栏杆应有足够的强度，须能经受一定的水平推力，并要求美观大方。楼梯栏杆有空花栏杆、实心栏板及两者组合式栏板等三种形式。楼梯扶手常用硬木、铝合金管、钢管、水磨石及塑料制作，其断面大小以便于手握为宜，一般宽度在 40～100mm，高度在 75～150mm，具体尺寸视用材及断面形式而定。

7.5.2 工程量计算规则

依据《浙江省房屋建筑与装饰工程预算定额》(2018 版)，其他工程工程量计算规则如下。

其他工程清单工程量计算规范

1.柜、台类

柜类工程量按各项目计量单位计算。其中以“m^2”为计量单位的项目，其工程量按正立面的高度(包括脚的高度在内)乘以宽度计算。

2.压条、装饰线条

(1)压条、装饰线条按线条中心线长度计算。

(2)石膏角花、灯盘按设计图示数量计算。

3.扶手、栏杆、栏板装饰

(1)扶手、栏杆、栏板、成品栏杆(带扶手)均按其中心线长度计算，不扣除弯头长度。如遇木扶手、大理石扶手为整体弯头时，扶手消耗量需扣除整体弯头的长度，设计不明确者，每只整体弯头按 400mm 扣除。

(2)单独弯头按设计图示数量计算。

4.浴厕配件

(1)大理石洗漱台按设计图示尺寸以展开面积计算，挡板、吊沿板面积并入其中，不扣除孔洞、挖弯、削角所占面积。

(2)大理石台面面盆开孔按设计图示数量计算。

(3)盥洗室台镜(带框)、盥洗室木镜箱按边框外围面积计算。

(4)盥洗室塑料镜箱、毛巾杆、毛巾环、浴帘杆、浴缸拉手、肥皂盒、卫生纸盒、晒衣架、晾衣绳等按设计图示数量计算。

5.雨篷、旗杆

(1)雨篷按设计图示尺寸水平投影面积计算。

(2)不锈钢旗杆按设计图示数量计算。

(3)电动升降系统和风动系统按套数计算。

本章小结

本章介绍了装饰工程分部分项工程量计算内容与方法，着重介绍了楼地面工程、墙柱面工程、天棚工程、油漆涂料裱糊工程及其他工程的清单和定额工程量的计算规则，并结合实例，具体介绍了工程量计算方法。

思考练习

1. 填空题。

(1)整体面层的清单工程量按____________计算。

(2)平面砂浆找平层的清单工程量按____________计算。

2. 判断题。(正确填"T"，错误填"F")

(1)外墙抹灰面积按外墙水平投影面积计算。　　(　　)

(2)内墙抹灰面积按主墙间的全长乘以高度计算。　　(　　)

(3)内墙裙抹灰面积按内墙净长乘以高度计算。　　(　　)

3. 某居室现浇混凝土天棚抹灰工程如图 7-4 所示，干混砂浆 M15 抹面，编制工程量清单和清单报价。(企业管理费按人工费和机械费的 15.5%记取，利润按人工费和机械费的 7.5%记取。)

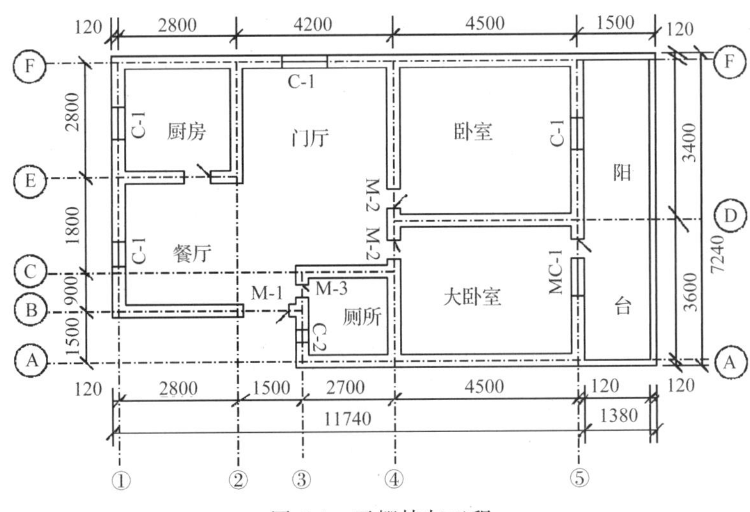

图 7-4　天棚抹灰工程

习题解答

第 8 章　技术措施项目工程量计算

知识目标

熟悉技术措施项目的内容，掌握不同类型的技术措施项目的工程量计算方法。

能力目标

能够准确计算建筑工程技术措施项目的工程量。

思政目标

在学习技术措施项目计量的过程中，引入思政元素“终身学习”。随着社会发展、科技进步，要想不被社会淘汰，就必须不断学习、持续提升。由此，养成并保持终身学习的习惯就变得十分重要，而大学恰是养成良好学习习惯的黄金时期。

思政拓展

本章思维导图

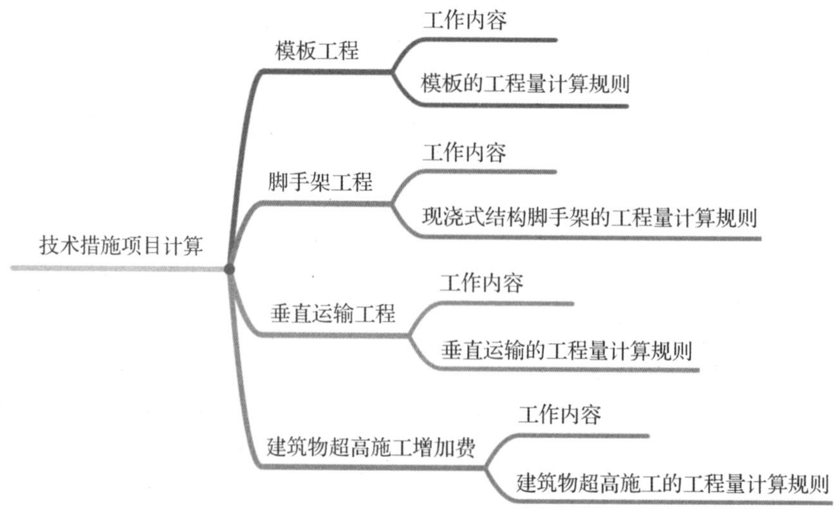

8.1 模板工程

8.1.1 工作内容

模板工程采用两种列项方式进行编制：一种为模板不单独列项，在构件混凝土浇捣的“工作内容”中包括模板工程的内容，这时不再编列现浇混凝土模板清单项目，模板工程与混凝土工程项目一起组成混凝土浇捣项目的综合单价，即现浇混凝土工程项目的综合单价包括了模板的工程费用。另一种为模板单独列项，即在技术措施项目中编列现浇混凝土模板工程清单项目，单独组成综合单价。同时，现浇混凝土项目不再含模板的工程费用。

根据浙江省定额的使用规则，应遵循以下规定：

(1)对于基础、柱、梁、板、墙等结构混凝土，模板应按措施项目单独列项。

(2)对于建筑混凝土及附属工程混凝土项目，如混凝土找平层、混凝土散水、混凝土坡道等，其定额子目已包含支模费用，混凝土清单子目不需要再组合模板费用。

(3)不论采用哪种方法，都必须在编制说明或项目特征中予以说明。对于编制说明或项目特征中未说明的，模板工程按措施项目单独列项处理。

8.1.2 模板的工程量计算规则

1.总规定

现浇混凝土构件模板，除另由规定者外，均按模板与混凝土的接触面积计算。梁、板、墙设后浇带时，计算构件模板工程量不扣除后浇带面积，后浇带另行按延长米(含梁宽)计算增加费。

2.基础的模板

(1)有梁式带形(满堂)基础，基础面(板面)上梁高[指基础扩大顶面(板面)至梁顶面的高]小于1.2m时，合并计算；大于1.2m时，基础底板模板按无梁式带形(满堂)基础计算，基础扩大顶面(板面)以上部分模板按混凝土墙项目计算。有梁带基梁面以下凸出的钢筋混凝土柱并入相应基础计算；基础侧边弧形增加费按弧形接触面长度计算，每个面计算一道。

(2)满堂基础：无梁式满堂基础有扩大或角锥形柱墩时，并入无梁式满堂基础内计算。

(3)设备基础：块体设备基础按不同体积，分别计算模板工程量。设备基础地脚螺栓套以不同深度按螺栓孔数量计算。

3.柱梁板墙的模板

(1)现浇混凝土的柱、梁、板墙的模板按混凝土相关划分规定执行。构造柱高度的计算规则同混凝土,宽度按与墙咬接的马牙槎每侧加60mm合并计算。

堵墙面模板止水对拉螺栓孔眼增加费按对应范围内的墙的模板接触面工程量计算。

(2)计算墙、板工程量时,应扣除单孔面积大于$0.3m^2$以上的孔洞,孔洞侧壁模板工程量另加;不扣除单孔面积小于$0.3m^2$以内的孔洞,孔洞侧壁模板也不予计算。

(3)柱、墙、梁、板、栏板相互连接时,应扣除构件平行交接及$0.3m^2$以上构件垂直交界处的面积。

(4)弧形板并入板内计算,另按弧长计算弧形板增加费。梁板结构的弧形板弧长工程量应包括梁板交接部位的弧线长度。

【例8-1】 如图8-1所示,计算现浇混凝土独立基础的模板工程量。

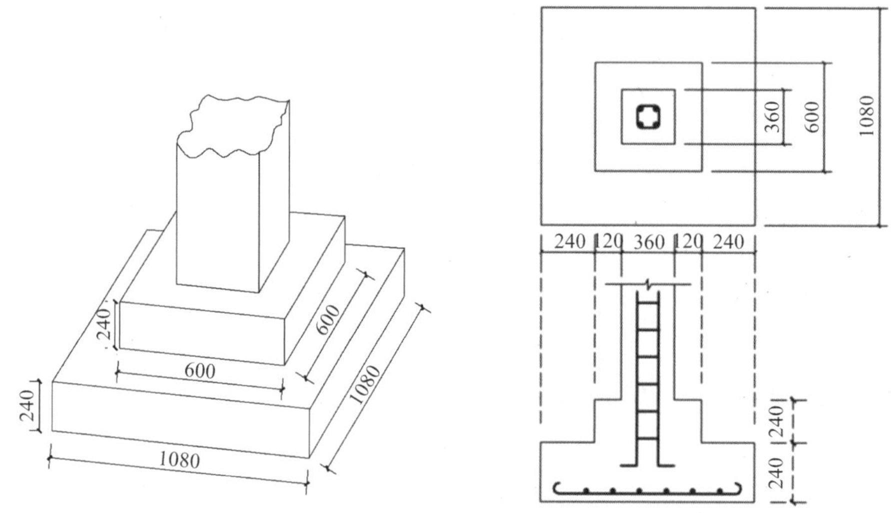

图8-1 现浇混凝土独立基础

解

$$S=4\times(1.08+0.6)\times0.24=1.61(m^2)$$

4.其他

(1)挑檐、檐沟与板(包括屋面板、楼板)连接时,以外墙外边线为分界线:与梁(包括圈梁等)连接时,以梁外边线为分界线;外墙外边线以外或梁外边线以外为挑檐檐沟。

(2)现浇混凝土阳台、雨篷按阳台、雨篷挑梁及台口梁外侧面(含外挑线条)范围的水平投影面积计算,阳台、雨篷外梁上有外挑线条时,另行计算线条模板增加费。

(3)现浇混凝土楼梯(包括休息平台、平台梁、楼梯段、楼梯与楼层板连接的梁)按水平投影面积计算。

不扣除宽度小于500mm楼梯井所占面积,楼梯的踏步、踏步板、平台梁等侧面模板不另行计算,伸入墙内部分亦不增加。当整体楼梯与现浇楼梯无梯梁连接时,以楼梯的

最上一级踏步边缘加 300mm 为界。

(4)架空式混凝土台阶按现浇楼梯计算;场馆看台按设计图示尺寸以水平投影面积计算。

(5)预制方桩按设计断面乘以桩长(包括桩尖)以实体积另加综合损耗率(1.5%)计算。

(6)凸出的线条模板增加费,以凸出棱线的道数不同分别按延长米计算,两条及多条线条相互之间净距小于 100mm 的,每两条线条按一条计算工程量。

8.2　脚手架工程

8.2.1　工作内容

脚手架工程适用于房屋工程、构筑物和附属工程,包括脚手架搭、拆、运输及脚手架材料摊销。整体分为综合脚手架和单项脚手架两类。

综合脚手架适用于房屋工程及其地下室,不适用于房屋加层、构筑物及附属工程脚手架,以上可套用单项脚手架相应定额。

(1)综合脚手架定额已综合内、外墙砌筑脚手架,外墙饰面脚手架,斜道和上料平台,高度在 3.6m 以内的内墙及天棚装饰脚手架、基础深度(自设计室外地坪起)2m 以内的脚手架。地下室脚手架定额已综合了基础脚手架。

(2)综合脚手架定额未包括下列施工脚手架,发生时按单项脚手架规定另列项目计算:

①高度在 3.6m 以上的内墙和天棚饰面或吊顶安装脚手架;

②建筑物屋顶上或楼层外围的混凝土构架高度在 3.6m 以上的装饰脚手架;

③深度超过 2m(自交付施工场地标高或设计室外地面标高起)的无地下室基础采用非泵送混凝土时的脚手架;

④电梯安装井道脚手架;

⑤人行过道防护脚手架;

⑥网架安装脚手架。

8.2.2　现浇式结构脚手架工程量计算规则

1.综合脚手架

综合脚手架工程量=建筑面积+增加面积,其中:

(1)建筑面积:工程量按房屋建筑面积《建筑工程建筑面积计算规范》(GB/T 50353—2013)计算,有地下室时,地下室与上部建筑面积分别计算,套用相应定额。半地下室并入上部建筑物计算。

(2)增加面积：

①骑楼、过街楼底层的开放公共空间和建筑通道，层高在2.2m及以上者按墙(柱)外围水平面积计算；层高不足2.2m者计算1/2面积。

②建筑物屋顶上或楼层外围的混凝土构架，高度在2.2m及以上者按构架外围水平投影面积的1/2计算。

③凸(飘)窗按其围护结构外围水平面积计算，扣除已计入《建筑工程建筑面积计算规范》(GB/T 50353—2013)第3.0.13条的面积。

④建筑物门廊按其混凝土结构顶板水平投影面积计算，扣除已计入《建筑工程建筑面积计算规范》(GB/T 50353—2013)第3.0.16条的面积。

⑤建筑物阳台均按其结构底板水平投影面积计算，扣除已计入《建筑工程建筑面积计算规范》(GB/T 50353—2013)第3.0.21条的面积。

⑥建筑物外与阳台相连有维护设施的设备平台，按结构底板水平投影面积计算。

以上涉及面积计算的内容，仅适用于计取综合脚手架、垂直运输费和建筑物超高加压水泵台班及其他费用。

2.单项脚手架

(1)砌筑脚手架工程量按内、外墙面积计算(不扣除门窗洞口、空洞等面积)。外墙乘以系数1.15，内墙乘以系数1.10。

(2)围墙脚手架高度自设计室外地坪算至围墙顶，长度按围墙中心线计算，洞口面积不扣，砖垛(柱)也不折加长度。

(3)整体式附着升降脚手架按提升范围的外墙外边线长度乘以外墙高度以面积计算，不扣除门窗、洞口所占的面积。按单项脚手架计算时，可结合实际，根据施工组织设计规定以租赁计价。

(4)吊篮工程量按相应施工组织设计计算。

(5)满堂脚手架工程量按天棚水平投影面积计算，工作面高度为房屋层高；斜天棚(屋面)按平均高度计算；局部高度超过3.6m的天棚，按超过部分面积计算。

屋顶上或楼层外围等无天棚建筑构造的脚手架，构造起始标高到构架底的高度超过3.6m时，另按3.6m以上部分构架外围水平投影面积计算满堂脚手架。

(6)电梯安装井道脚手架，按单孔(一座电梯)以“座”计算。

(7)人行过道防护脚手架，按水平投影面积计算。

(8)砖(石)柱脚手架按柱高以“m”计算。

(9)深度超过2m的无地下室基础采用非泵送混凝土时的满堂脚手架工程量，按底层外围面积计算；局部加深时，按加深部分基础宽度每边各增加50cm计算。

(10)混凝土、钢筋混凝土构筑物高度在2m以上，混凝土工程量包括2m以下至基础顶面以上部分体积。

(11)烟囱、水塔脚手架分别高度，按“座”计算。

(12)采用钢滑模施工的钢筋混凝土烟囱筒身、水塔筒式塔身、贮仓筒壁是按无井架施工考虑的，除设计采用涂料等工艺外不得再计算脚手架或竖井架。

【例 8-2】 某混凝土建筑，由裙房和主楼两部分组成，设计室外地坪为－0.45m，地下 1 层。主楼每层建筑面积 1500m²，裙房每层建筑面积 1300m²，地下室建筑面积 3000m²，设备层层高 2.1m，楼板厚度均为 130mm；层高见表 8-1，楼层示意图见图 8-2。试计算该工程的综合脚手架工程量。

表 8-1　某装配式混凝土结构建筑层高

楼层	1 层	2 层	3～5 层	设备层	6～10 层	地下一层
层高(m)	6.4	5.1	3.6	2.1	3.6	3

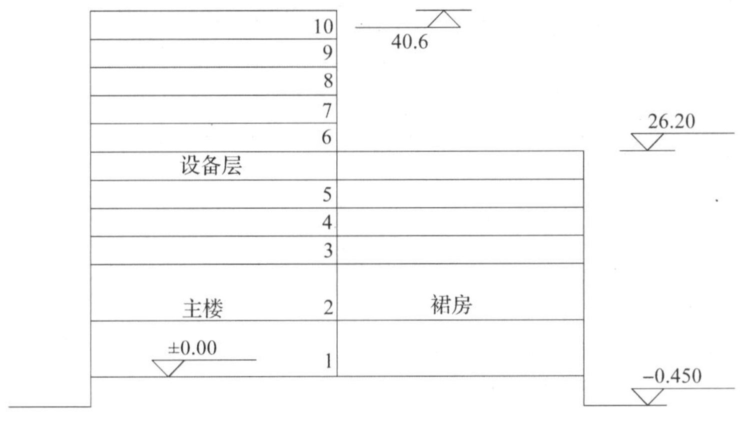

图 8-2　某混凝土结构建筑楼层示意图

解　①主楼综合脚手架工程量

1 层，层高 6.4m：$S_1=1500(m^2)$

2～10 层，层高<6m：$S_2=1500\times 9=13500(m^2)$

设备层：$S_3=1500/2=750(m^2)$

②裙房综合脚手架工程量

1 层，层高 6.4m，$S_1=1300(m^2)$

2～5 层，层高<6m：$S_2=1300\times 4=5200(m^2)$

设备层：$S_3=1300/2=650(m^2)$

③地下室综合脚手架

$S=3000(m^2)$

8.2.3　装配式结构脚手架工程量计算规则

装配式结构脚手架工程量计算规则与现浇式结构一致，但计价时需遵循以下规则：

(1)装配整体式混凝土结构执行混凝土结构综合脚手架定额。当装配式混凝土结构预制率(以下简称预制率)<30%时，按相应混凝土结构综合脚手架定额执行；当 30%≤预制率<40%时，按相应混凝土结构综合脚手架定额乘以系数 0.95；当 40%≤预制率<

50%时，按相应混凝土结构综合脚手架定额乘以系数 0.9；当预制率≥50%时，按相应混凝土结构综合脚手架定额乘以系数 0.85。装配式结构预制率计算标准根据浙江省现行规定。

（2）厂（库）房钢结构综合脚手架定额：单层按檐高 7m 以内编制，多层按檐高 20m 以内编制，若檐高超过编制标准，应按相应每增加 1m 定额计算，层高不同不做调整。单层厂（库）房檐高超过 16m，多层厂（库）房檐高超过 30m 时，应根据施工方案计算。厂（库）房钢结构综合脚手架定额按外墙为装配式钢结构墙面板考虑，实际采用砖砌围护体系并需要搭设外墙脚手架时，综合脚手架按相应定额乘以系数 1.80。厂（库）房钢结构脚手架按综合定额计算的不再另行计算单项脚手架。

（3）住宅钢结构综合脚手架定额适用于结构体系为钢结构、钢一混凝土混合结构的工程，层高以 6m 以内为准，层高超过 6m，另按混凝土结构每增加 1m 以内定额计算。

（4）大卖场、物流中心等钢结构工程的综合脚手架可按厂（库）房钢结构相应定额执行；高层商务楼、商住楼、医院、教学楼等钢结构工程综合脚手架可按住宅钢结构相应定额执行。

（5）装配式木结构的脚手架按相应混凝土结构定额乘以系数 0.85 计算。

8.3 垂直运输工程

8.3.1 工作内容

定额包括单位工程在合理工期内完成全部工作所需的垂直运输机械台班，但不包括大型机械的场外运输、安装拆卸及路基铺垫、轨道铺拆和基础等费用。

8.3.2 垂直运输的工程量计算规则

（1）地下室垂直运输以首层室内地坪以下全部地下室的建筑面积计算，半地下室并入上部建筑物计算。

（2）上部建筑物垂直运输以首层室内地坪以上全部面积计算，面积计算规则按综合脚手架工程量的计算规则。

（3）非滑模施工的烟囱、水塔，根据高度按座计算；钢筋混凝土水（油）池及贮仓按基础底板以上实体积以“m^3”计算。

（4）滑模施工的烟囱、筒仓，按筒座或基础底板上表面以上的筒身实体体积以“m^3”计算；水塔根据高度按“座”计算，定额已包括水箱及所有依附构件。

8.4　建筑物超高施工增加费

8.4.1　工作内容

檐高 20m 以上的建筑物工程，需计算超高施工增加费。超高施工增加费包括建筑物超高人工降效增加费、建筑物超高机械降效增加费、建筑物超高加压水泵台班及其他费用。

建筑物超高人工及机械降效增加费包括的内容指建筑物首层室内地坪以上的全部工程项目，不包括大型机械的基础、运输、安拆费、垂直运输、各类构件单独水平运输、各项脚手架、现场预制混凝土构件和钢构件的制作项目。

8.4.2　建筑物超高施工的工程量计算规则

(1)建筑物超高人工降效增加费的计算基数为规定内容中的全部人工费。

(2)建筑物超高机械降效增加费的计算基数为规定内容中的全部机械台班费。

(3)同一建筑物有高低层，应按首层室内地坪以上不同檐高建筑面积的比例分别计算超高人工降效费和超高机械降效费。

(4)建筑物超高加压水泵台班及其他费用，工程量同首层室内地坪以上综合脚手架工程量。

本章小结

本章主要介绍了不同类型的技术措施项目的工作内容和工程量计算规则，包括模板工程、脚手架工程、垂直运输工程及建筑物超高施工。特别强调了装配式结构脚手架工程量计算规则与现浇式结构一致，但计价时需遵循相应规则。

现浇混凝土构件模板，除另由规定者外，均按模板与混凝土的接触面积计算。

脚手架工程适用于房屋工程、构筑物和附属工程，包括脚手架搭、拆、运输及脚手架材料摊销。整体分为综合脚手架和单项脚手架两类，以面积计算工程量。

垂直运输工程考虑的是在合理工期内完成全部工作所需的垂直运输机械台班，但不包括大型机械的场外运输、安装拆卸及路基铺垫、轨道铺拆和基础等费用。工程量以面积计算为主。

檐高 20m 以上的建筑物工程，需计算超高施工增加费。人工降效增加费的计算基数为人工费，机械降效增加费的计算基数为机械台班费。

思考练习

1. 现浇混凝土的柱、梁、板墙的模板计算时，界限如何划分？
2. 综合脚手架工程量的建筑面积计算需要注意哪些问题？
3. 综合脚手架和满堂脚手架的区别是什么？

习题解答

第 9 章　工程量清单计价规范的应用

知识目标

熟悉工程量清单计价的概念和基本原理，掌握工程量清单计价的方法与运用。

能力目标

具备应用工程量清单计价方法完成实际工程项目工程造价计算的基本技能，培养学生自学能力、分析问题和解决问题的能力及创造性思维能力。

思政拓展

思政目标

在授课过程中引入思政元素“严谨细致的工作态度”。在讲解工程量清单计价规范应用的同时，向学生强调工作态度的重要性。无论从事什么工作，细致认真的工作态度都是做好工作的基石。

拓展资料

本章思维导图

- 工程量清单计价规范的应用
  - 工程量清单计价的基本原理和特点
    - 工程量清单计价的概念
    - 工程量清单计价的程序
    - 工程量清单计价的特点
  - 工程量清单计价规范的案例应用
    - 综合单价的组价
    - 工程量清单计价案例

9.1 工程量清单计价的基本原理和特点

9.1.1 工程量清单计价的概念

工程量清单计价是指在建设工程招标投标中，招标人按照工程量计算规范列项、算量并编制“招标工程量清单”，由投标人依据“招标工程量清单”自主报价的一种计价方式。

工程量清单计价原理：按照工程量清单计价规范的规定，在各个专业工程计算规范规定的工程量清单项目设置和工程量计算规则的基础上，针对具体工程的施工图纸和施工组织设计计算出各个清单项目的工程量，再依据规定的方法计算出综合单价，汇总各个清单合价得出工程造价。工程量清单计价过程如图 9-1 所示。

工程量清单计价法

9.1.2 工程量清单计价的程序

工程量清单计价程序可以分为两个阶段：一是招标方编制工程量清单；二是投标方利用工程量清单及所掌握的各种信息、资料投标报价。工程量清单计价过程如图 9-1 所示。

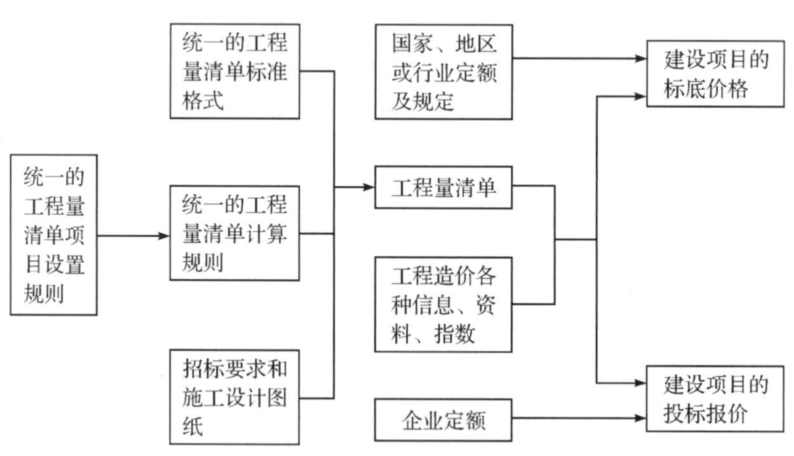

图 9-1　工程量清单计价过程

招标方编制工程量清单程序：①收集和熟悉工程量清单编制依据；②列出工程量计算单元的名称；③计算工程量；④填写工程量清单表格，完成工程量清单的编制。

投标方投标报价程序：①收集和熟悉清单计价相关资料；②计算综合单价，投标方根据招标文件提供的招标工程量清单，依据《企业定额》或者建设主管部门发布的《消耗量定额》,结合施工现场拟定的施工方案,参照建设主管部门发布的人工工日单价、机械台班单价、材料和设备价格信息或者同期市场价格,计算出对应于招标工程量清单每一分项的综合单价;③计算分部分项工程费、措施项目费以及其他项目费、规费、税金;④汇总确定建筑安装工程造价。

9.1.3　工程清单计价的特点

1.科学的计价模式

工程量清单计价方法是建设工程在招标投标中,招标人按照国家统一的工程量计算规则,提供工程数量,投标人根据统一的项目编码、项目名称、计量单位和企业定额进行计价,自主报价,这种计价方法的计价依据都是统一的,简单明了而且易学。工程量清单项目及计算规则的项目名称,表现的是工程实体项目,项目名称明确清晰,特别是还列有项目特征和工程内容,易于编制工程量清单时确定具体项目名称和投标报价。工程量清单计价符合工程量"计算方法标准化、计算规则统一化、工程造价市场化"的要求。

工程量清单计价模式提供了公平竞争的基础,通过市场竞争形成价格,对风险进行合理分担。工程量清单计价是由政府宏观调控、企业自主报价、市场竞争形成价格的科学计价模式。

2.清单量的准确性、项目完整性及风险责任的划分

工程量清单是造价控制的核心。工程量清单作为投标报价的依据,是整个项目造价控制的核心内容。工程量清单编制一定要符合招标文件的要求,每一个子目的工作内容与工作要求应表达准确完整。

工程量清单应体现建施双方的真实意愿,但要公平公正。清单分两部分:实体项目费用和措施项目费用。对实体项目费用由建设单位(含所委托的中介机构)对实体项目编制清单后连同施工图一并发售给投标人,由投标人对清单量的准确性、项目完整性进行核实。如果投标人未提出疑问,今后实施或结算时发现量缺量差则由投标人自负风险;如有疑问则书面提出,建设单位核实并书面答复,书面提问和答复均列入合同,如今后发现差异,由责任者承担风险。如果参加投标的单位太多,可以通过严格的资格预审予以控制。这样能提前规避争议,规避风险,防止建施双方有意造成或利用清单不准确创造索赔和反索赔机会,体现公平公正的原则。对措施项目,显然投标方更了解自己的实力和将要采取的措施费用。所以清单中措施项目及费用应由投标人根据施工组织设计及自己企业的技术、装备能力自行填写,并对其完整性、确定性、准确性负责,承担由此产生的风险。对此评标委员会有疑问的,可通过询标澄清。在实施中施工措施的改变要经过监理及建设单位的认可,且措施项目费用只减不增,防止和减少争议及索赔的发生。

3.清单计价的本质就是"市场定价"

工程量清单计价根本的特征是政府定额不是确定工程造价的法定依据,工程造价由市场主体根据实际采用工程施工方法和市场情况来确定。工程量是"定"的,消耗量、要素价格是"变"的。工程量清单计价是国际上较为通行的做法。

清单计价能准确及时地反映建筑产品的市场价格，有利于合理降低工程成本。因此，工程量清单计价提高了企业竞争意识和管理水平。建筑市场不但存在着国内竞争，而且还面临着国际竞争，这就要求施工企业强化竞争意识，敢于竞争，扬长避短，这不仅是技术装备等方面的竞争，同时也是先进的施工工艺、科学管理方面的竞争，进而充分体现施工企业的优势、特点和自主性，对促进和提高施工企业能力与经营管理水平具有重要作用。只有那些高效、质优、价低的施工企业才能形成利润空间，才能被市场接受和承认。工程量清单计价能保证施工项目计价的准确性与合理性。

4.有序的竞争机制

采用工程量清单计价模式招投标，对于招标单位，由于工程量清单是招标文件的组成部分，招标单位必须编制出准确、详尽、完整的工程量清单，并承担相应的风险，促使招标单位提高管理水平。由于工程量清单是公开的，将避免工程招标中的弄虚作假、暗箱操作等不规范行为。对于投标单位，采用工程量清单报价，必须对单位工程成本、利润进行分析，统筹考虑，精心选择施工方案，并根据企业定额合理确定人工、材料、施工机械等要素的投入与配置，优化组合合理的投标报价。清单计价有利于节约投资和规范建设市场，使招标活动透明度增加，有利于发挥企业的自主报价能力，实现政府定价到市场定价的转变，有利于规范业主在招标中的行为，体现了公开、公平、公正的原则，正确反映了市场经济的活动规律。

清单计价

9.2 工程量清单计价规范的案例应用

《建设工程工程量清单计价规范》(GB 50500—2013)适用于建设工程发承包及实施阶段的计价活动。

根据我国建设工程实施程序和计价活动的特点，建设工程发承包及实施阶段的计价活动主要包括招标控制价和投标报价的编制，合同价款的约定，合同价款的调整，工程价款结算和竣工结算等内容。

依据工程量清单计价原理，招标控制价和投标报价是依据规定的方法计算出综合单价，汇总各个清单合价得出工程造价。综合单价组价是工程量清单计价规范应用的重要内容。

9.2.1 综合单价的组价

1.综合单价概念

分部分项工程量清单综合单价包括完成单位分部分项工程所需的人工费、材料费、机械使用费、管理费、利润，并考虑风险费用的分摊。

2.综合单价组价步骤

(1)确定计算基础

计算基础主要包括消耗量的指标和生产要素的单价。应根据拟订的施工方案确定完成清单项目需要消耗的人工、材料、机械台班的数量。计算时应采用国家、地区、行业定额,并通过调整来确定清单项目的人、材、机单位用量。各种人工、材料、机械台班的单价,则应根据工程造价管理机构公布的信息价确定。

(2)计算工程内容的工程数量与清单单位的含量

每项工程内容都应根据所选定额的工程量计算规则计算其工程数量。当定额的工程量计算规则与清单的工程量计算规则相一致时,可直接以工程量清单中的工程量作为工程内容的工程数量。当定额的工程量计算规则与清单的工程量计算规则不一致时,要计算清单单位含量工程量,并将其作为要使用的工程量。清单单位含量工程量就是计算每一计量单位的清单项目所分摊工程内容的工程数量。清单单位含量工程量的计算公式为:

$$\text{清单单位含量工程量}=\frac{\text{某工程内容的定额工程量}}{\text{清单工程量}} \tag{9-1}$$

(3)分部分项工程人工、材料、机械费用的计算

以完成每一计量单位清单项目所需工程定额的人工、材料、机械用量为基础计算,再根据工程定额确定的各种生产要素的单位价格,可计算出每一计量单位清单项目的人工费、材料费与机械使用费。计算公式为:

综合单价中的人工费=清单单位含量工程量×(定额人工消耗量×定额人工工日单价) (9-2)

综合单价中的材料费=清单单位含量工程量×(定额材料消耗量×定额材料单价) (9-3)

综合单价中的施工机具使用费=清单单位含量工程量×(定额施工机具消耗量×定额施工机具台班单价) (9-4)

(4)综合单价管理费和利润的计算

综合单价管理费和利润按照国家或地区工程造价管理部门规定的计算方法计算。

(5)综合单价风险费用的计算

综合单价风险费用的计算根据招标文件的规定进行,计算公式为:

综合单价的风险费用=(定额人工费+定额材料费+定额施工机具使用费+管理费+利润)×风险费率 (9-5)

(6)分部分项工程综合单价的组价计算

分部分项工程综合单价的组价计算为:

分部分项工程综合单价的组价=人工费+材料费+施工机具使用费+管理费+利润+风险费 (9-6)

9.2.2 工程量清单计价案例

【例 9-1】 某体育中心桩为先张法预应力管桩 PHC－500－AB－125,采用静压沉桩,设计有效桩长:抗拔桩为 15m(88 根),抗压桩为 36m(139 根)、37m(37 根)、39m(38

根)，承压兼抗拔桩为36m(221根)，试计算该工程静压沉桩的综合单价和合价。PHC—500—AB—125除税信息价为227元/m，二类人工信息价为147元/工日；其余按照定额取定工料机价格计算，企业管理费费率为16%，利润率为8%，不考虑风险费用。某体育中心桩位布置图详见二维码。

桩位布置图

解

(1)计算工程量

抗拔桩：88×15=1320(m)

抗压桩：139×36+37×37+38×39=7855(m)

抗拔兼抗压桩：221×36=7956(m)

(2)计算套价

由于桩断面周长为1.57m，小于1.6m但是大于1.3m，所以采用定额编码为3—17

①抗压桩：人工费：0.02828×147×7855=32654.49(元)

材料费：1.01×7855×227=1800915.85(元)

机械费：(0.00608×1873.85+0.00361×702+0.00456×92.84)×7855=1112723.79(元)

②抗拔桩：人工费：0.02828×147×1320=5487.45(元)

材料费：1.01×1320×227=302636.4(元)

机械费：(0.00608×1873.85+0.00361×702+0.00456×92.84)×1320=18942.76(元)

③抗拔兼抗压桩：

人工费：0.02828×147×7956=33074.36(元)

材料费：1.01×7956×227=1824072.12(元)

机械费：(0.00608×1873.85+0.00361×702+0.00456×92.84)×7956=114173.20(元)

(3)计算分部分项工程量清单项目综合单价。(见表9-1)

【例9-2】 已知某配电房项目，屋顶平面图和屋面做法(见二维码)，屋面做法为50厚C20细石商品砼刚性保护层；10厚低强度砂浆隔离层；30厚挤塑聚苯板(B1)型；4厚SBS防水卷材；20厚1∶3干混砂浆找平层，试计算该项目屋面防水的综合单价和合价。C20细石商品砼除税信息价590元/m^3；挤塑聚苯板B1型除税信息价800元/m^3；1∶3干混砂浆除税信息价615元/m^3；其余按照定额取定工料机价格计算，企业管理费费率为16%，利润率为8%，不考虑风险费用。

解

屋顶平面图和屋面做法

(1)计算工程量。

水平防水面积：(6.6—0.24)×(12.6—0.24)=78.61(m^2)

立面防水面积：(12.6—0.24+6.6—0.24)×0.5×2=18.72(m^2)

(2)计算套价

①50厚C20细石商品砼刚性保护层定额编码为(9—1)+(9—2)×1

人工费：(7.864+0.698)÷100×135×78.61=908.63(元)

材料费：[2242.35+418.18+(590—412)×(4.360+1.015)]÷100×78.61
=2843.54(元)

机械费：(12.66+1.61)÷100×78.61=11.22(元)

表 9-1　某桩基工程综合单价计算表

单位(专业)工程名称:桩基工程—体育中心　　　　标段:　　　　第 1 页　共 1 页

清单序号	项目编码(定额编码)	清单(定额)项目名称	项目特征	计量单位	数量	综合单价/元						合计/元
						人工费	材料(设备)费	机械费	管理费	利润	小计	
1	010301002001	预制钢筋混凝土管桩	1. 桩型号:PHC-500-AB-125; 2. 静压沉桩; 3. 抗压桩三种桩长分别是36m、37m、39m	m	7855	4.16	229.27	14.35	2.96	1.48	252.22	1981188
	3-17	预应力混凝土预制桩(抗压桩)　静压沉桩桩断面周长 1.6m 以内		m	7855	4.16	229.27	14.35	2.96	1.48	252.22	1981188
2	010301002002	预制钢筋混凝土管桩	1. 桩型号:PHC-500-AB-125; 2. 静压沉桩; 3. 抗拔桩桩长是 15m	m	1320	4.16	229.27	14.35	2.96	1.48	252.22	332930
	3-17	预应力混凝土预制桩(抗拔桩)　静压沉桩桩断面周长 1.6m 以内		m	1320	4.16	229.27	14.35	2.96	1.48	252.22	332930
3	010301002003	预制钢筋混凝土管桩	1. 桩型号:PHC-500-AB-125; 2. 静压沉桩; 3. 抗压兼抗拔桩桩长分别是36m	m	7956	4.16	229.27	14.35	2.96	1.48	252.22	2006662
	3-17	预应力混凝土预制桩(抗压兼抗拔桩)　静压沉桩桩断面周长 1.6m 以内		m	7956	4.16	229.27	14.35	2.96	1.48	252.22	2006662
	小计											4320780

②10 厚低强度砂浆隔离层定额编码为(9－5)－(9－6)×1

人工费:(7.117＋0.698)÷100×135×78.61＝829.36(元)

材料费:(1067.70＋465.04)÷100×78.61＝1204.89(元)

机械费:(19.58＋9.89)÷100×78.61＝23.17(元)

③30 厚挤塑聚苯板(B1)型定额编码为 10－33

人工费:479.42÷100×78.61＝376.87(元)

材料费:(2821.29－102×25.22＋800×25.22)÷100×78.61＝16055.97(元)

机械费:1.24÷100×78.61＝0.97(元)

④4 厚 SBS 防水卷材定额编码为 9－47

人工费:297.14÷100×78.61＝233.58(元)

材料费:3045.77÷100×78.61＝2394.28(元)

机械费:0.00 元

立面部分定额编码为 9－48

人工费:515.70÷100×18.72＝96.54(元)

材料费:3092.33÷100×18.72＝578.88(元)

机械费:0.00 元

⑤20 厚 1∶3 干混砂浆找平层定额编码为 9－5

人工费:960.80÷100×78.61＝755.28(元)

材料费:(1067.70－443.08×2.02＋2.02×615)÷100×78.61＝1112.31(元)

机械费:19.58÷100×78.61＝15.39(元)

(3)计算分部分项工程量清单项目综合单价。(见表 9-2)

【例 9-3】 已知某后场区装修工程,地毯基层做法为 10 厚 1∶1 水泥砂浆自流平地面,地砖和石材饰面基层做法为 20 厚 1∶2 水泥砂浆找平层,20 厚 1∶2 水泥砂浆结合层;实木复样板房地板无基层;防静电地板无基层做法,地毯除税信息价为 105 元/m^2;600×600 地砖除税信息价为 80 元/m^2;石材除税信息价为 280 元/m^2;实木地板除税信息价为 180 元/m^2;静电地板除税信息价为 220 元/m^2;三类人工除税信息价位 169 元/工日;其余按照定额取定工料机价格计算,企业管理费费率为 16%,利润率为 8%,不考虑风险费用。试计算本楼层楼地面装饰工程造价(不考虑各项目费率)。某后场区装修工程图详见二维码。

某楼地面平面图

解

(1)计算工程量

①石材楼地面:

(0.84×0.14)×8＋(0.86×0.24)＋(1.20×0.22)＋(1.16×0.14)＋(0.75×0.15)＋(1.5×0.13＋1.48×0.09＋0.83×0.02)＋(1.5×0.2)＋(1.5×0.22＋0.655×0.02×2)×2＝3.0433(m^2)

②地砖楼地面:

(1.34×1.78)＋(1.34×0.64＋1.24×0.46＋1.34×1.84)＋(1.76×2.06＋0.1×1.16＋0.34×0.86＋3.86×1.16＋0.34×0.86＋0.91×1.3＋1.51×1.86＋1.5×1.02)

表 9-2　某屋面防水工程综合单价计算表

单位(专业)工程名称:屋面防水工程-配电房　　　　标段:　　　　第 1 页　共 1 页

清单序号	项目编码(定额编码)	清单(定额)项目名称	项目特征	计量单位	数量	综合单价/元						合计/元
						人工费	材料(设备)费	机械费	管理费	利润	小计	
1	010902003001	屋面刚性层	屋面做法: 1. 50 厚 C20 细石商品砼钢性保护层; 2. 10 厚水泥砂浆保护层; 3. 30 厚挤塑聚苯板(B1)型; 4. 4 厚 SBS 防水卷材; 5. 20 厚 1:3 干混砂浆找平层	m^2	78.61	41.86	109.35	0.45	6.77	3.38	161.81	12720
	9-1+9-2＊1 换	刚性屋面细石混凝土面层ˆ非泵送商品混凝土 C20～厚 50(mm)		m^2	78.61	12.59	26.61	0.14	2.04	1.02	42.40	3333
	9-5+9-6＊-1 换	刚性屋面水泥砂浆保护层ˆ干混地面砂浆 DS M15.0～厚 10(mm)		m^2	78.61	9.44	6.03	0.10	1.53	0.76	17.86	1404
	10-33	屋面聚苯乙烯泡沫保温板 30mm 厚		m^2	78.61	4.79	28.21	0.01	0.77	0.38	34.16	2685
	9-47	平面改性沥青卷材热熔法～一层		m^2	78.61	3.24	30.46	0.00	0.52	0.26	34.48	2710
	9-48	立面改性沥青卷材热熔法～一层		m^2	18.72	5.62	30.92	0.00	0.90	0.45	37.89	709
	9-5	刚性屋面水泥砂浆保护层ˆDSM15～厚 20mm		m^2	78.61	10.46	10.68	0.20	1.71	0.85	23.90	1879

$=20.6044(m^2)$

③地毯楼地面：

$(2.885\times0.2+2.935\times2.56)+(0.835\times2.76+0.34\times2.56+1.76\times2.76)+(1.76\times2.86)+(2.86\times2.46+2.54\times0.2+2.61\times0.4)+(1.1\times2.86+5.76\times4.16+4.66\times0.4+3.61\times0.2+0.31\times0.2+0.91\times1.3+0.34\times0.86+1.76+1.16)+(3.01\times4.76)+(4.51\times2.56+0.26\times0.2+3.71\times0.2)=90.5626(m^2)$

④实木复合地板：

$2.91\times0.2+3.11\times2.56=8.5436(m^2)$

⑤防静电地板：

$(0.81\times2.76+0.34\times2.56+0.91\times2.76)+(2.76\times0.2+2.86\times2.76)=14.0632(m^2)$

(2)计算套价

①石材楼地面：

20 厚 1∶2 干混砂浆铺贴石材面板定额编码为 11－31

人工费：169×21.556÷100×3.0433＝110.87(元)

材料费：(17265.84－159×102＋280×102)÷100×3.0433＝901.06(元)

机械费：19.77÷100×3.0433＝0.60(元)

20 厚水泥砂浆找平层定额编码为 11－1

人工费：169×5.182÷100×3.0433＝26.65(元)

材料费：923.29÷100×3.0433＝28.10(元)

机械费：19.77÷100×3.0433＝0.60(元)

②地砖楼地面：

20 厚 1∶2 水泥浆铺贴 600×600 地砖定额编码为 11－46

人工费：169×20.9÷100×20.6044＝727.77(元)

材料费：(6556.17－53.45×103＋80×103)÷100×20.6044＝1914.32(元)

机械费：19.77÷100×20.6044＝4.07(元)

20 厚水泥砂浆找平层定额编码为 11－1

人工费：169×5.182÷100×20.6044＝180.44(元)

材料费：923.29÷100×20.6044＝190.24(元)

机械费：19.77÷100×20.6044＝4.07(元)

③地毯楼地面：

固定不带垫地毯铺设定额编码为 11－82

人工费：169×7.43÷100×90.5626＝1137.17(元)

材料费：(5506.97－47.41×105＋105×105)÷100×90.5626＝10463.53(元)

机械费：0.00 元

水泥砂浆自流平地面定额编码为 11－15＋(11－16)×6

人工费：169×(9.27＋1.44×6)÷100×90.5626＝2741.14(元)

材料费：(1051.07＋253.44×6)÷100×90.5626＝2329.01(元)

机械费：(10.54＋0.31×6)÷100×90.5626＝11.23(元)

④实木复合地板：

实木复合样板房地板定额编码为 11－86

人工费：169×5.855÷100×8.5436＝84.54(元)

材料费：(17023.82－138×105＋180×105)÷100×8.5436＝1831.22(元)

机械费：0.00 元

⑤防静电地板：

防静电地板定额编码为 11－94

人工费：169×13.404÷100×14.0632＝318.57(元)

材料费：(27215.34－259×105＋220×105)÷100×14.0632＝3251.36(元)

机械费：0.00 元

(3)计算分部分项工程量清单项目综合单价。(见表 9-3)

【例 9-4】 已知某 PC 工程在不考虑现浇板及预制板除含钢量的前提下，试计算该叠合板的综合单价和合价(无须计算模板)。已知板厚为 130mm(70 厚 C30 现浇板＋60 厚 C30 预制板)，现浇板带为 C30 商品砼；C30 商品砼除税信息价为 610 元/m^2；C30 预制板除税信息价为 2658 元/m^3(含钢量 150kg/m^3)，二类人工信息价 147 元/工日；其余按照定额取定工料机价格计算，考虑了 PC 率为 25%，取费费率调整系数 1.1，取定企业管理费费率为 16%，利润率为 8%，不考虑风险费用。某 PC 工程图详见二维码。

某 PC 工程图

解

(1)计算工程量

①C30 现浇楼板：5.72×3.42×0.07＝1.379(m^3)

②C30 预制叠合楼板：(2.57×1.56×2＋2.97×1.56×2)×0.06＝1.04(m^3)

③C30 后浇板带：(2.57＋2.97)×0.3×0.06＝0.10(m^3)

(2)计算套价。

①70 厚 C30 现浇板定额编码为 5－16

人工费：3.134÷10×147×1.37＝63.12(元)

材料费：(4740.88－461×10.10＋610×10.10)÷10×1.37＝855.67(元)

机械费：7.74÷10×1.37＝1.06(元)

②60 厚 C30 预制板定额编码为 5－196

人工费：3165.10÷10×1.04＝329.17(元)

材料费：(1159.47＋10.05×2658)÷10×1.04＝2898.73(元)

机械费：53.94÷10×1.04＝5.61(元)

③C30 后浇板带定额编码为 5－231

人工费：22.176÷10×147×0.1＝32.60(元)

机械费：(4687.69－10.15×461＋10.15×610)÷10×0.1＝62.00(元)

机械费：9.49÷10×0.1＝0.09(元)

(3)计算分部分项工程量清单项目综合单价。(见表 9-4)

表 9-3　某装修工程综合单价计算表

单位（专业）工程名称：某后场区装修工程　　　　标段：　　　　第 1 页　共 1 页

清单序号	项目编码（定额编码）	清单（定额）项目名称	项目特征	计量单位	数量	综合单价/元						合计/元
						人工费	材料（设备）费	机械费	管理费	利润	小计	
1	11102001001	石材楼地面	1. 20 厚 1：2 水泥砂浆找平层；2. 20 厚 1：2 水泥砂浆铺贴石材面板	m^2	3.04	45.19	305.63	0.4	7.29	3.65	362.16	1101
	11-1	20 厚 1：2 水泥砂浆找平层		m^2	3.04	8.76	9.23	0.2	1.43	0.72	20.34	62
	11-31	20 厚 1：2 水泥砂浆铺贴石材面板		m^2	3.04	36.43	296.4	0.2	5.86	2.93	341.82	1039
2	11102003001	块料楼地面	1. 20 厚 1：2 水泥砂浆找平层；2. 20 厚 1：2 水泥浆铺贴 600×600 地砖	m^2	20.6	44.08	102.14	0.4	7.11	3.56	157.29	3240
	11-1	20 厚 1：2 水泥砂浆找平层		m^2	20.6	8.76	9.23	0.2	1.43	0.72	20.34	419
	11-46	20 厚 1：2 水泥浆铺贴 600×600 地砖		m^2	20.6	35.32	92.91	0.2	5.68	2.84	136.95	2821
3	11104001001	地毯楼地面	1. 10 厚水泥砂浆自流平地面；2. 固定不带垫地毯铺设	m^2	90.56	42.83	141.26	0.12	6.87	3.44	194.52	17616
	11-15+11-16*6	10 厚水泥砂浆自流平地面		m^2	90.56	30.27	25.72	0.12	4.86	2.44	63.41	5742
	11-82	固定不带垫地毯铺设		m^2	90.56	12.56	115.54	0	2.01	1.00	131.11	11873
4	11104002001	木（复合）地板	实木复合样板房地板	m^2	8.54	9.89	214.34	0	1.58	0.79	226.60	1935
	11-86	铺在水泥地面上的复合地板		m^2	8.54	9.89	214.34	0	1.58	0.79	226.60	1935
5	11104004001	防静电活动地板	防静电活动地板安装	m^2	14.06	22.65	231.20	0	3.62	1.81	259.28	3645
		防静电活动地板安装		m^2	14.06	22.65	231.20	0	3.62	1.81	259.28	3645
合计												27538

表 9-4　某 PC 工程综合单价计算表

单位(专业)工程名称:某 PC 工程　　　标段:　　　第 1 页　共 1 页

清单序号	项目编码(定额编码)	清单(定额)项目名称	项目特征	计量单位	数量	综合单价/元						合计/元
						人工费	材料(设备)费	机械费	管理费	利润	小计	
1	Z010518006001	C30 现浇楼板	C30 商品混凝土现浇楼板	m^3	1.37	63.12	855.67	1.06	11.30	5.65	936.80	1283
	5-16	板(平板)		m^3	1.37	63.12	855.67	1.06	11.30	5.65	936.80	1283
2	Z010518006002	C30 预制叠合楼板	1. 图代号:PCLB-叠合板预制底板 2. 单件体积:0.6t、0.69t 3. 安装高度:3m 4. 混凝土强度等级:C30 混凝土	m^3	1.04	312.18	276.43	5.61	55.93	27.97	678.12	705
	5-196	楼板(叠合板)		m^3	1.04	312.18	276.43	5.61	55.93	27.97	678.12	705
3	Z010518006003	C30 后浇板带	C30 商品混凝土后浇板带	m^3	0.10	7.37	63.59	0.54	1.39	0.70	73.59	7
	5-231	后浇混凝土浇捣(叠合梁、板)		m^3	0.10	7.37	63.59	0.54	1.39	0.70	73.59	7
	小计											1995

本章小结

本章主要介绍了工程量清单计价的基本原理及特点、综合单价组价和工程量清单计价规范的案例应用，包括装配式混凝土工程、桩基础工程、屋面及防水工程、装饰装修工程的工程量清单计价规范的案例应用。

思考练习

1. 简述工程量清单计价的基本原理。
2. 简述综合单价的组成内容。
3. 简述综合单价的组价步骤。

习题解答

第 10 章　建筑工程计量计价的软件应用

知识目标

了解计量计价过程中所用的软件，熟悉计算机在计量计价过程中的运用。

能力目标

在熟悉工程量清单定额计价、清单计价的基础上，对计价软件有初步的了解，并且能够进行一定的软件操作。

思政目标

在讲解建筑工程计量计价软件应用的过程中，引入思政元素“科学技术现代化”。受益于互联网技术快速发展，建设行业信息化的管理方式也日渐成熟且在很多实际工程中都已得到了广泛的应用。

BIM 工程的案例

本章思维导图

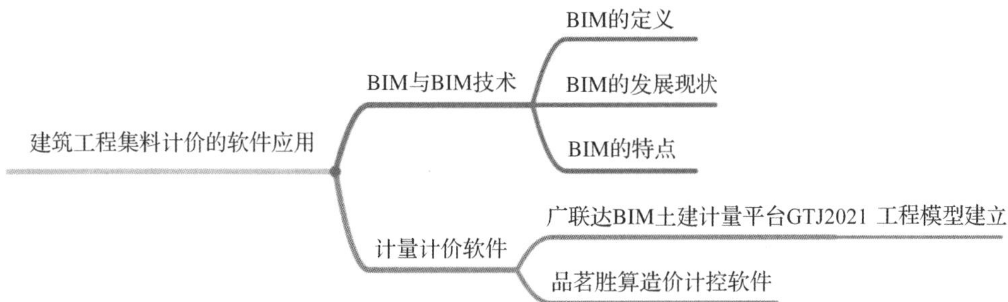

10.1 BIM与BIM技术

10.1.1 BIM的定义

1.BIM的概念

(1)从产品的角度

建筑信息模型(Building Information Model,BIM)以三维数字为基础,集成了建筑工程项目各种相关信息的工程数据模型,BIM是对工程项目设施实体与功能特性的数字化表达。

产品模型包括空间信息如位置、大小、形状及相互关系,非空间信息如结构类型、施工方案、材料属性、荷载属性等。

(2)从过程的角度

建筑信息模型的建模和应用过程,也常用来指代与之相关的建筑信息模型技术、方法、平台和软件等。

BIM是构造与运用模型的过程中,对产品模型、过程模型的数据加工和价值应用的数据模型信息管理。

因此,BIM是一种技术、一种方法、一种机制,以BIM为平台集成工程建设信息的收集、管理、交换、更新、储存等流程,为工程建设全生命周期不同阶段、不同参与主体、不同应用软件之间提供准确、实时、充分的信息交流和共享,有助于提高工程建设行业的生产力水平。

2.BIM的定义

BIM是一种多维(三维空间、四维时间、五维成本、N维更多应用)模型信息集成技术,可以使建设项目的所有参与方(包括政府部门、业主、设计、施工、监理、造价、运营管理、项目用户等)在项目从概念产生到完全拆除的整个生命周期内都能够在模型中操作信息和在信息中操作模型,从而从根本上改变从业人员单纯依靠符号文字形式图纸进行项目建设和运维管理的工作方式,实现在建设项目全生命周期内提高工作效率和质量以及减少错误和风险的目标。

BIM技术的定义包含了四个方面的内容。

(1)BIM是一个建筑设施物理和功能特性的数字表达,是工程项目设施实体和功能特性的完整描述,它基于三维几何数据模型,集成了建筑设施其他相关物理信息、功能要

求和性能要求等参数化信息，并通过开放式标准实现信息的互用。

(2)BIM 是一个共享的知识资源，实现建筑全生命周期信息共享，基于这个共享的数字模型，工程的规划、设计、施工、运维各个阶段的相关人员都能从中获取他们所需的数据，这些数据是连续、即时、可靠、全面(或完整)、一致的，为该建筑从概念到拆除的全生命周期中所有工作和决策提供可靠依据。

(3)BIM 是一种应用于设计、建造、运维的数字化管理方法和协同工作过程。这种方法支持建筑工程的集成管理环境，可以使建筑工程在其整个进程中显著提高效率和大量减少风险。

(4)BIM 也是一种信息化技术，它的应用需要信息化软件支撑。在项目的不同阶段，不同利益相关方通过 BIM 软件在 BIM 模型中提取、应用、更新相关信息，并将修改后的信息赋予 BIM 模型，支持和反映各自职责的协同作业，以提高设计、建造和运维的效率与水平。

10.1.2　BIM 的发展现状

1. BIM 的发展历史

(1)1975 年，佐治亚理工大学教授 Chuck Eastman 在 AIA(美国建筑师协会)发表的论文提出了一种名为建筑描述系统(Building Description System，BDS)的工作模式，该模式包含了参数化设计，由三维模型生成二维图纸，可视化交互式数据分析，施工组织计划与材料计划等功能。

(2)各国学者围绕 BDS 概念进行研究，后来在美国将该系统称为 Building Product Models(建筑产品模型，BPM)，并在欧洲被称为产品信息模型(Product Information Models，PIM)。

(3)经过多年的研究与发展，学术界整合 BPM 与 PIM 的研究成果，提出 Building Information Model(建筑信息模型)的概念。1986 年由现属于 Autodesk(欧特克)研究院的 RobertAish 最终将其定义为 Building Modeling(建筑模型)，并沿用至今。

(4)2002 年，时任 Autodesk 公司副总裁的菲利普・G. 伯恩斯坦(Philip G. Bernstein)首次将 BIM 概念商业化，随 Autodesk Revit 产品一并推广。

2. BIM 在中国的发展

(1)引入推广阶段：最初，引入中国的 BIM 的全称为“Building Information Model”，即利用三维建筑设计工具，创建包含完整建筑工程信息的三维数字模型，并利用该数字模型由软件自动生成设计所需要的工程视图，并添加尺寸标注等，使得设计师可以在设计过程中，在直观的三维空间中观察设计的各个细节

(2)政策引导阶段：如表 10-1 所示。

表 10-1　政策文件

部门	时间	政策文件	政策要点
国家住房和城乡建设部	2011.5.20	《2011—2015 年建筑业信息化发展纲要》	“十二五”期间，基本实现建筑企业信息系统的普及应用，加快建筑信息模型(BIM)、基于网络的协同工作等新技术在工程中的应用，推动信息化标准建设，促进具有自主知识产权软件的产业化，形成一批信息技术应用达到国际先进水平的建筑企业
	2013.8.29	《关于推进 BIM 技术在建筑领域应用的指导意见(征求意见稿)》	(1)2016 年以前政府投资的 2 万平方米以上大型公共建筑以及省报绿色建筑项目的设计、施工采用 BIM 技术； (2)截至 2020 年，完善 BIM 技术应用标准、实施指南，形成 BIM 技术应用标准和政策体系；在有关奖项，如全国优秀工程勘察设计奖和工程质量最高的评审中，设计应用 BIM 技术的条件
	2014.7.1	《关于推进建筑业发展和改革的若干意见》	推进建筑信息模型(BIM)等信息技术在工程设计、施工和运行维护全过程的应用，提高综合效益，推广建筑工程减隔震技术，探索开展白图代替蓝图、数字化审图等工作
	2015.4.14	《关于推进 BIM 技术在建筑领域应用的指导意见》	2016 年起，政府投资的 2 万平方米以上大型公共建筑以及省报绿色建筑项目的设计、施工采用 BIM 技术；截至 2020 年，完善 BIM 技术应用标准、实施指南，形成 BIM 技术应用标准和政策体系；在有关奖项的评审中，设计应用 BIM 技术的条件
	2016.8.23	《2016—2020 年建筑业信息化发展纲要》	全面提高建筑业信息化水平，着力增强 BIM、大数据、智能化、移动通信、云计算、物联网等信息技术集成应用能力，建筑业数字化、网络化、智能化取得突破性进展，企业信息化、行业监管与服务信息化、专项信息技术应用、信息化标准
国务院办公厅	2016.9.30	《关于大力发展装配式建筑的指导意见》	关于创新装配式建筑设计提到“推广通用化、模数化、标准化设计方式，积极应用建筑信息模型技术 BIM，加强对装配式建筑建设的指导和服务”
	2017.2.21	《关于促进建筑业持续健康发展的意见》	“加快推进建筑信息模型(BIM)技术在规划、勘察、设计、施工和运营维护全过程的集成应用，实现工程建设全过程周期数据共享和信息化管理，为项目方案优化和科学决策提供依据，促进建筑业提质增效”
住房和城乡建设部	2020.8.17	《关于推动智能建造与建筑工业化协同发展的指导意见》	要围绕建筑业高质量发展总体目标，以大力发展建筑工业化为载体，以数字化、智能化升级为动力，形成涵盖科研、设计、生产加工、施工装配、运营等全产业链融合一体的智能建造产业体系。2025 年基本建立智能建造与建筑工业化协同发展的政策体系和产业体系打造“中国建造”升级版。2035 年，建筑工业化全面实现，迈入智能建造世界强国行列
	2020.8.28	《关于加快新型建筑工业化发展的若干意见》	发展新型建筑工业化是城乡建设领域绿色发展、低碳循环发展的主要举措，既是稳增长、促改革、调结构的重要手段，又是打造经济发展“双引擎”的内在要求。在全面推进生态文明建设和加快推进新型城镇化进程中，意义重大而深远

10.1.3 BIM 的特点

BIM 具有可视化、协调与协同性、模拟性、优化性和出图性等特点。

1. 可视化

可视化即“所见即所得”，对于建筑行业来说，可视化的运用在建筑业中的作用是非常大的。例如，通常用的施工图纸成 CAD 图所呈现的只是各个构件在图纸上通过线条绘制表达的信息，但是其真正的构造形式就需要建筑业从业人员自行构建，BIM 提供了可视化的场景，可以帮助工程师将以往的线条式的三维构件转变为一种三维的立体图形，从而形象地展示在施工方面前。

现在建筑设计也会出具一定的效果图，但是这种效果图不含有除构件的大小、位置和颜色以外的其他信息，因此不能实现不同构件之间的互动性和反馈性，而在 BIM 中实现的可视化是一种能够同构件之间形成互动性和反馈的可视化。由于整个过程都是可视化的，因此通过这个结果不仅可以快速获得效果图展示，还能自动获得需要的构件报表。更重要的是，BIM 技术能让项目在设计、建造和运营过程中的沟通、讨论和决策都在可视化的状态下进行。

2. 协调与协同性

协调是建筑项目实施过程中会遇到的重点内容，同样也是复杂的内容，不管是施工单位、业主，还是设计单位，都面临着协测和相互配合的工作。一旦项目在实施的过程中出现了问题，就需要将各专业工程部门组织起来召开协调会以便找出各个施工问题发生的原因和解决办法，甚至会变更设计，给出相应的补救措施。在设计过程中，比较常见的情况是各专业设计师之间的沟通不到位，导致出现各专业之间的碰撞问题。例如，暖通等专业在进行风管的布置时，由于施工图纸是各自绘制在不同的施工图纸上的，因此在真正的施工过程中，可能在布置管线的时候正好在某处有结构设计的梁等构件阻挡了管线的布置，那么暖通设计师在面对这样的碰撞问题时，就只能在问题出现之后进行解决。

BIM 的协调性就能很好地避免上述问题。BIM 可在建筑物建造的前期对各专业的模型进行整合，然后通过碰撞检查来发现一些碰撞问题并做出碰撞报告，最后生成并提供协调数据，以便提前解决问题。当然，BIM 的协调作用也并不只是能解决各专业间的碰撞问题，它还可以解决一些其他问题，如电梯井布置与其他设计布置的协调、防火分区与其他设计布置的协调，以及地下排水布置与其他设计布置的协调等。

3. 模拟性

在模拟性方面，BIM 并不是只能模拟并设计建筑物模型，它还可以模拟不能够在现实世界中进行操作的事物。

例如，在设计阶段，BIM 可以根据构件的设计并通过软件的模拟功能完成模拟实验，如节能模拟、紧急疏散模拟、日照模拟和热能传导模拟等；在招投标和施工阶段，通过模型加载进度计划实现 4D 模拟，也就是根据施工的组织设计模拟实际施工，以帮助专业工程师通过模拟工序查看方案的合理性，从而确定合理的施工方案，再根据方案指导施工。同时，还可以将进度和成本都和BIM模型进行挂接，帮助管理者进行5D模拟，使其更好地进行成本管理；而后期的运营阶段则可以模拟日常紧急情况的一些处理，如地震时进行的逃生模拟和消防人员进行的疏散模拟等。

4.优化性

事实上，"设计—施工—运营"的流程就是一个不断优化的过程，当然优化和BIM也不存在实质性的必然联系，但在BIM的基础上可以将优化工作做得更好。优化受3种因素的制约，即信息、复杂程度和时间。没有准确的信息，就做不出合理的优化结果，BIM模型提供了建筑构件的实际存在信息，包括几何信息、物理信息和规则信息，还提供了建筑物修改以后的实际存在信息。当负责的建设项目是大型项目时，参与人员本身的能力无法掌握所有的信息，因此必须借助一定的科学技术和设备的帮助。现代建筑物的复杂程度大多超过了参与人员本身的能力极限，因此BIM和与其配套的各种优化工具提供了对复杂项目进行优化的可能。

10.2 计量计价软件

目前，计量计价软件在建设过程中有着很广泛的应用，软件种类较丰富，其中广联达BIM土建计量平台(GTJ 2021)和品茗胜算造价计控软件都是行业内使用较广泛的计量计价软件，本节将对这两种软件的操作进行详细展开。

10.2.1 广联达BIM土建计量平台(GTJ 2021)

BIM土建计量平台内置《房屋建筑与装饰工程计量规范》及全国各地清单定额计算规则、G16系列平法钢筋规则，通过智能识别dwg图纸、一键导入BIM设计模型、云协同等方式建立BIM土建计量模型，解决土建专业估概算、招投标预算、施工进度变更、竣工结算全过程各阶段的算量、提量、检查、审核全流程业务，实现一站式的BIM土建计量服务(数据 & 应用)。广联达BIM土建计量平台(GTJ 2021)界面如图10-1所示。

软件的操作主要可以概括为新建项目→新建构件并输入基本信息→绘制轴网、柱、梁、板等构件→输入其他措施项目→套入计价定额→输出需要的表格。

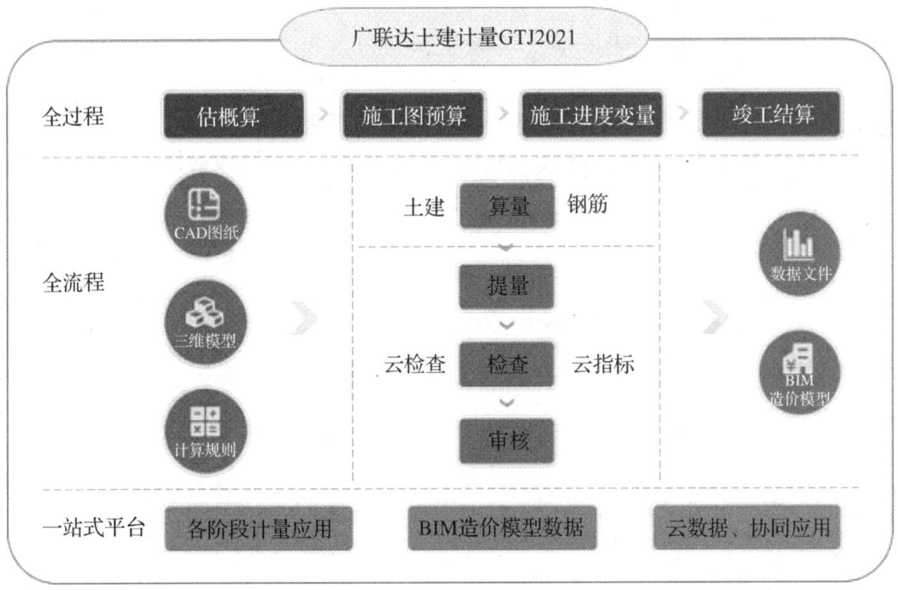

图 10-1　软件新建工程界面

1.准备阶段

(1)新建工程

①打开软件,在软件欢迎界面新建一个工程。

②新建工程中输入"工程名称,选择计算规则、清单定额库、钢筋规则进行工程创建,点击创建工程"。

③在"工程信息"中进行建筑信息描述,尤其注意檐高、结构类型、抗震等级、设防烈度、室外地坪相对±0.00 标高设置。

(2)新建楼层

①打开"工程设置"→"楼层设置"进行楼层设置和楼层混凝土强度与锚固搭接设置,如图 10-2 所示。

②通过"插入楼层"进行地上、地下楼层建立,注意,地上层在首层进行插入楼层,地下层在基础层进行插入楼层。

③在"楼层混凝土轻度和锚固搭接设置"对工程的抗震等级、混凝土强度等级、砂浆标号、砂浆类型、保护层厚度按照工程设计总说明进行修改。如果其他楼层的设置与首层设置相同,通过"复制到其他楼层"进行各项参数复制。

(3)新建轴网

①在导航栏选择"轴线"→"轴网",单击构件列表工具栏按钮"新建"→"新建正交轴网",打开轴网定义界面。

②在属性编辑框名称处输入轴网的名称,默认"轴网－1"。如果工程有多个轴网拼接而成,则建议填入的名称尽可能详细。

③选择一种轴距类型:软件提供了下开间、左进深、上开间、右进深四种类型,定义开

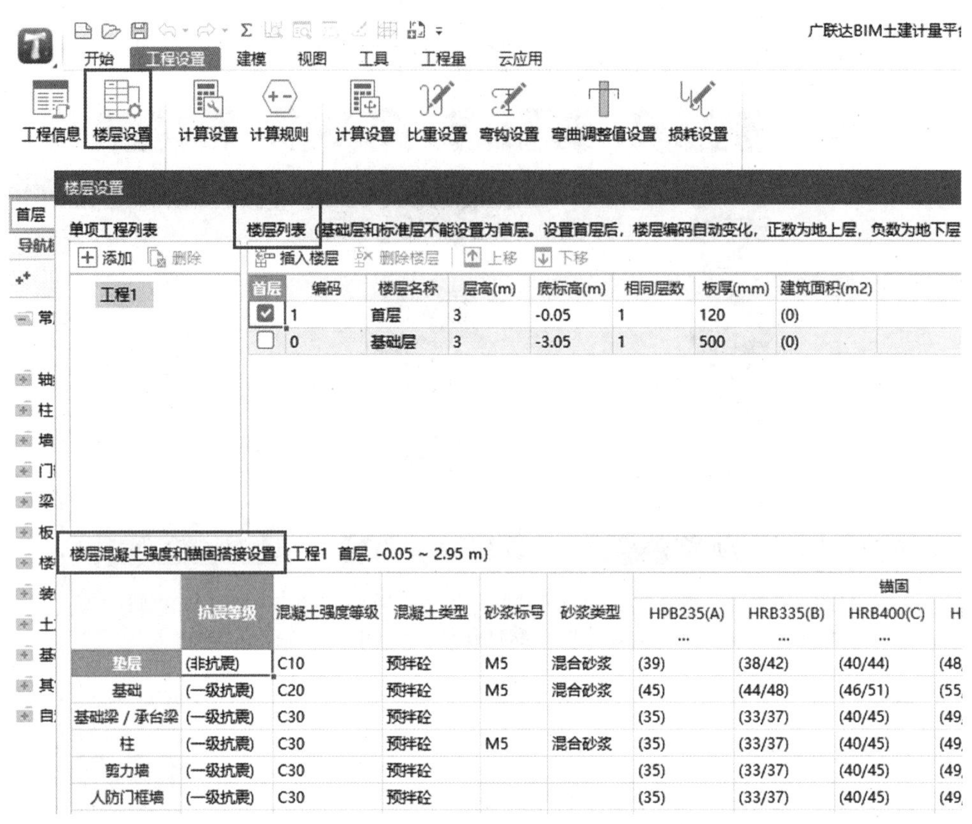

图 10-2　建立楼层

间、进深的轴距。

④轴网定义完成后点击“建模”模块，采用“点”方法画入轴网。

2. 构件绘制

(1)柱工程量的计算

①在软件左侧界面导航树中打开“柱”文件夹，选择“柱”构件，并将右侧页签切换至“构件列表”和“属性列表”。

②新建矩形柱中输入柱名称(以 KZ1 为例)，并在下方属性列表中根据图纸信息，将 KZ1 的截面尺寸、钢筋型号、标高等信息录入软件。

③在软件菜单栏绘图页签下选择“点”的方式布置柱，可点击轴线交点布置，若柱的位置与轴线交点有偏移，可将菜单栏下方的“不偏移”切换至“正交”，并输入偏移量。

④绘制完 KZ1 后，切换其他柱构件，用点绘的方式绘制首层全部框架柱。

(2)梁工程量的计算；

框架柱绘制好后，可以绘制以框架柱为支座的框架梁。

①梁的定义：

a. 选择导航树中梁文件夹下的梁构件，将目标构件定位至首层“梁”，新建矩形梁。

b. 在属性列表中，按照图纸中的梁集中标注，将梁的名称、跨数、截面尺寸、钢筋信息等录入对应的位置，软件会根据梁的名称自动判断梁的类别。

②梁的绘制：

a. 利用上方菜单栏绘图页签下“直线”命令，先后点击梁的两个端点位置进行绘制，绘制完成后点击右键确认。

b. 绘制完成所有 KL1 后，切换其他梁构件，以直线绘制的方式绘制首层全部梁图元。

c. 首层梁平面图中，部分梁边与柱边平齐，以 KL11 为例，演示在软件中的处理方式。选中 KL11，点击上方菜单栏中“对齐”命令，点击 KL11 要对齐的目标线，即柱边线，再点击 KL11 要移动的边线，点击右键确认。

③梁的原位标注：

定义梁的时候，采用的梁集中标注，只包含梁的通长筋和箍筋，对于梁支座处钢筋及跨中架立筋等钢筋均未设置，该部分钢筋须在梁的原位标注中进行设置。

a. 点击上方菜单栏“梁二次编辑”中的“原位标注”命令，可将光标放置到该命令上，观看操作动画。

b. 点击平面图上任意一道梁，此处以 KL1 为例，点击后当前跨黄色显示，点击支座位置输入原位标注，或在下方梁平法表格中输入钢筋信息、截面信息等，原位标注完成后，梁的颜色由原来的粉色变为绿色，如图 10-3 所示。

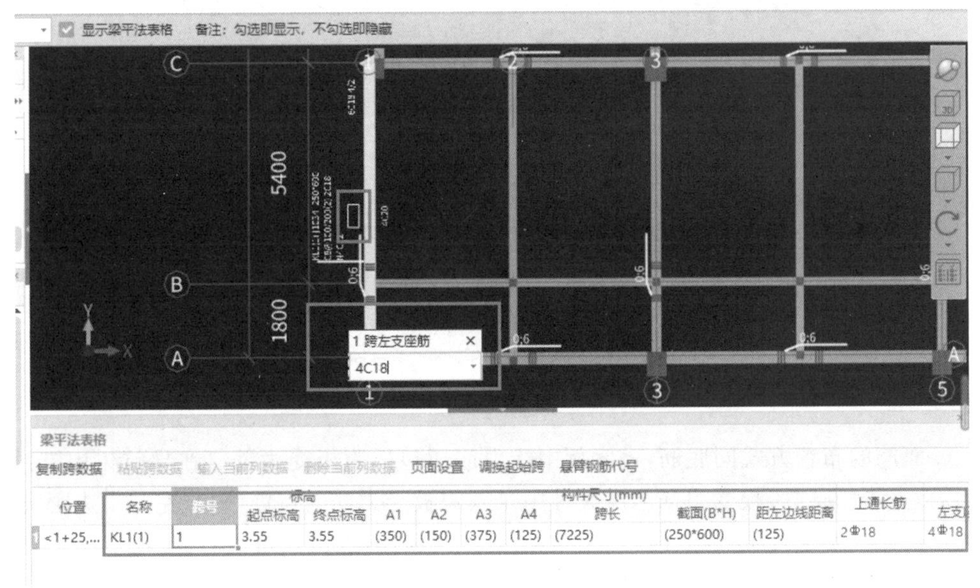

图 10-3　梁平法表格

(3)板工程量的计算

①板的定义：

选择导航树中板文件夹下的板构件，将目标构件定位至首层“板”，新建现浇板，按照图纸信息将板厚、标高录入对应位置。

②板的绘制：

a.可利用上方菜单栏绘图页签下“点”命令，在封闭区域内空白处点击，进行板的绘制。

b.对于7轴与9轴间标高与周围板不同的板，可选中需要修改标高的板，在属性中修改。

③板受力筋的绘制：

a.以楼梯间下方的板为例，绘制板受力筋，X方向和Y方向底筋均为K8。在导航树中打开板文件夹，选择板受力筋构件，进行新建板受力筋，在属性中输入K8的类别及钢筋信息。

b.点击上方菜单栏“板受力筋二次编辑”中“布置受力筋”，下方出现绘制受力筋时的辅助命令，左侧命令为布置的范围，中间命令为布置的方向，右侧命令为放射筋的布置。

c.楼梯间下方的板，X和Y方向底筋均为K8，故采用“单板”、“XY方向”布置，选择好辅助命令后，在弹出的“智能布置”弹窗中，选择“双向布置”，并将底筋选为K8。

d.设置好受力筋属性后，点击需要布置受力筋的板，完成之后右键确认，布置完效果如图10-4所示。

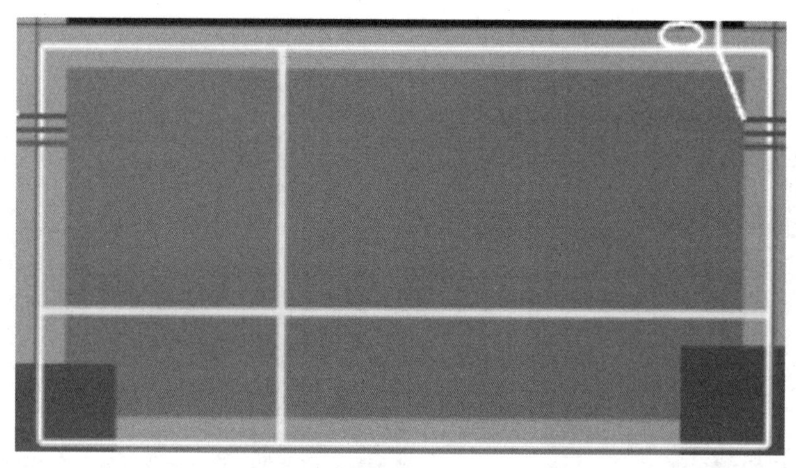

图10-4　布置底筋后的板

e.面筋的布置方式同底筋，该案例中受力筋还包括跨板受力筋。在导航树中选择板受力筋，点击“新建跨板受力筋”，在属性中录入跨板受力筋的钢筋信息、左右出边距离。

f.布置跨板受力筋时，根据图纸中的钢筋方向选择，点击要布置的板。

④板负筋的绘制：

a.以楼梯间下方的板为例，绘制板负筋。在导航树中打开板文件夹，选择板负筋构件，点击新建负筋，并将图纸中板负筋信息录入到属性列表对应位置。

b.布置板负筋时，点击上方菜单栏中“布置负筋”命令，下方出现辅助绘制命令，可根据实际布筋情况选择绘制方式，此处以“画线布置”为例。

c.以画线的方式确定板负筋布置范围的起点与终点，鼠标左键确定负筋左标注方向。

(4)独立基础工程量的计算

①定义构件。点击菜单“建模”选项卡，在导航树下选择“基础”文件夹，点击文件夹下“独立基础”选项，点击鼠标右键，进入“定义”界面。在“构件列表”中，选择“新建”下拉菜单，单击“新建独立基础”，在属性列表中，输入构件名称“DJJ06”，完成新建独立基础。

②编辑属性。选中新建完成的独立基础“DJJ06”，点击鼠标右键，选择“新建矩形独立基础单元”，在属性列表中，输入构件名称、截面长度、宽度、高度及钢筋信息。完成 DJJ06 的底部单元 DJJ06－1 的属性编辑。输入完成后，鼠标右键继续重复上述操作，完成 DJJ06 的顶部单元 DJJ06－2 的属性编辑。

③绘制构件。定义好构件后，切换至“建模”页面，将独立基础放置在与图纸一致的位置上即可。

(5)体墙工程量的计算

①砌体墙的定义：

a. 在导航树中打开墙文件夹，选择砌体墙构件，点击新建外墙，材质及厚度信息见建筑设计说明，钢筋信息见结构设计说明，将图纸中外墙信息录入到属性列表对应位置。

b. 砌体墙的材质及厚度信息见建筑设计说明，钢筋信息见结构设计说明，将图纸中外墙信息录入到属性列表对应位置。

c. 以同样的方式，新建内墙，并将内墙属性按照图纸要求进行定义。

②砌体墙的绘制：

a. 点击上方菜单栏中绘图页签下的“直线”命令，以墙体两端点来确定直线绘制墙体，可连续绘制，最后一道墙绘制完成后，点击鼠标右键确认。

b. 绘制完外墙后，将构件名称切换至内墙，以同样的方式进行内墙的绘制。

c. 卫生间内隔墙与轴线间有 1250mm 的偏移量，可以点击“直线”绘制命令后，将下方辅助命令中的“不偏移”切换至“正交”，输入相对轴线交点的偏移距离，与坐标系方向相同为正，与坐标系方向相反为负，然后以直线绘制的方式进行墙体绘制，注意绘制时的端点选择。

(6)门窗工程量的计算

①门的定义与绘制：

a. 打开导航树下门窗洞文件夹下的门构件，点击“新建矩形门”。

b. 在建筑图纸建施－09 中，找到门窗表信息，按照门窗表信息定义门的洞口截面信息。

c. 定义完门构件后，利用上方菜单栏中“点”绘制的命令，将光标移动到要布置门的墙体上，出现可输入偏移距离的动态格子，输入门边线与墙边线的偏移距离，按下回车键。

②窗的定义与绘制：

a. 打开导航树下门窗洞文件夹下的门构件，点击“新建矩形窗”。

b. 在建筑图纸建施－09 中，找到门窗表信息，按照门窗表信息定义窗的洞口截面信息，按照建施－06、建施－07 中立面图确定窗的离地高度信息，进行窗的属性定义。

c. 定义完窗构件后，利用上方菜单栏中“点”绘制的命令，将光标移动到要布置窗的墙体上，出现可输入偏移距离的动态格子，输入窗边线与墙边线的偏移距离，按下回车键。

(7)装修工程量的计算

该工程室内装修主要包括楼地面、踢脚线、墙面、天棚等部分，其具体做法，参见图纸设计说明中的室内装修做法表。

①楼地面的构件定义。点击菜单“建模”选项卡，在导航树下选择“装修”文件夹，点击文件夹下“楼地面”选项，点击鼠标右键，进入“定义”界面。在“构件列表”中，选择“新建”下拉菜单，单击“新建楼地面”，在属性列表中，输入构件名称、厚度等系列属性数据，完成新建楼地面的构件定义。

②踢脚线的构件定义。点击菜单“建模”选项卡，在导航树下选择“装修”文件夹，点击文件夹下“踢脚线”选项，点击鼠标右键，进入“定义”界面。在“构件列表”中，选择“新建”下拉菜单，单击“新建踢脚线”，在属性列表中，输入构件名称、高度、起点底标高、终点底标高等系列属性数据，完成新建踢脚线的构件定义。

③墙面的构件定义。点击菜单“建模”选项卡，在导航树下选择“装修”文件夹，点击文件夹下“墙面”选项，点击鼠标右键，进入“定义”界面。在“构件列表”中，选择“新建”下拉菜单，单击“新建内墙面”，在属性列表中，输入构件名称、厚度、起点顶、底标高、终点顶、底标高等系列属性数据，完成新建墙面的构件定义。

④天棚的构件定义。点击菜单“建模”选项卡，在导航树下选择“装修”文件夹，点击文件夹下“天棚”选项，点击鼠标右键，进入“定义”界面。在“构件列表”中，选择“新建”下拉菜单，单击“新建天棚”，在属性列表中，输入构件名称的属性数据，完成新建天棚的构件定义。

⑤在“建模”界面点击“房间”→“新建房间”。

⑥双击房间“门厅”，进入房间定义界面，通过“添加房间依附构件”，将房间中的楼地面、踢脚、墙面、天棚。

⑦进入绘图界面，使用“点”进行门厅布置。

(8)土方工程量的计算

该工程为独立基础，在生成土方时应生成基坑土方；点击菜单“建模”选项卡，在导航树下选择“基础”文件夹，点击“独立基础二次编辑”选项，选择“生成土方”，进行基础数据设置，点击“确定”自动生成土方。

(9)散水工程量的计算

该工程散水为C15混凝土面层，沿外墙外边线布置。

①定义构件。点击菜单“建模”选项卡，在导航树下选择“其他”文件夹，点击文件夹下“散水”选项，点击鼠标右键，进入“定义”界面。在“构件列表”中，选择“新建”下拉菜单，单击“新建散水”，在属性列表中，输入构件名称、厚度、材质等系列属性数据，完成新建散水的构件定义。

②绘制构件。定义好构件后，切换至“建模”页面，选择“智能布置”按钮，点选“按外墙外边线智能布置”，鼠标左键拉框选择图元，点击右键确认，自动生成散水。

(10)台阶工程量的计算

该工程台阶为C15混凝土台阶，共三级，每个踏步为150高，300宽；

①定义构件。点击菜单“建模”选项卡，在导航树下选择“其他”文件夹，点击文件夹下“台阶”选项，点击鼠标右键，进入“定义”界面。在“构件列表”中，选择“新建”下拉菜单，单击“新建台阶”，在属性列表中，输入构件名称、台阶高度、材质等系列属性数据，完成新建散水的构件定义。

②添加辅助轴线。绘制台阶之前，先以 F 轴为基准，创建辅助轴线。导航树中选择“轴线”文件夹，点击选择“辅助轴线”，再选择“平行轴线”绘制方法。然后进入绘图区，鼠标左键选择基准轴线 F 轴，高亮显示后，在弹出的对话框中，输入“偏移量”1300，点击“确定”，生成辅助轴线。

③绘制构件。绘图界面中选择“台阶”，在“绘图”页签中选择“矩形”绘制方式，选中台阶绘制范围的第一点，再选择对角线方向的第二点，即可生成台阶构件。

④设置踏步边。在绘图界面选择“台阶二次编辑”中的“设置踏步边”，点击鼠标左键，在已绘制好的台阶范围选择要形成踏步边的一侧，点击鼠标右键确认后，弹出“设置踏步边”对话框，输入踏步个数、踏步宽度等属性参数。然后点击“确定”，完成台阶踏步边的绘制。

(11)坡道工程量的计算

该工程室外无障碍坡道为混凝土材质，坡度 0.6，可利用创建平板的命令进行绘制。

①定义构件。点击菜单“建模”选项卡，在导航树下选择“板”文件夹，点击文件夹下“现浇板”选项，点击鼠标右键，进入“定义”界面。在“构件列表”中，选择“新建”下拉菜单，单击“新建现浇板”，在属性列表中，输入构件名称、厚度、类别、材质等系列属性数据，完成新建无障碍坡道的构件定义。

②绘制构件。参照前面介绍的平板绘制方法，设置辅助轴线后，选择“绘图”页签中的按“矩形”绘制方法，选中坡道绘制范围的第一点，再选择对角线方向的第二点，即可生成坡道构件。

③设置坡道的坡度。在绘图区域选中需要设置坡度的坡道，高亮后，在“现浇板二次编辑”命令中，选择“坡度变斜”方法。鼠标移至绘图区，选择要设置坡度的边线，在弹出的“坡度系数定义斜板”命令中，输入坡度系数等属性数值，点击“确定”，完成坡道的坡度设置。

3.套取做法

模型建立完成之后，所有构件必须套取做法，进行清单、定额的套取，输出对应的工程量。

双击柱构件，弹出定义界面，切换至“构件做法”页签，点击添加清单，通过“查询清单库或查询匹配清单”进行清单选择，通过“查询定额库和查询匹配定额”进行定额套取。

其他构件做法同柱构件操作方法。

4.输出工程量

(1)汇总计算

完成工程模型，需要查看构件工程量时需进行汇总计算。

①在菜单栏中点击“工程量”→“汇总计算”，弹出“汇总计算”提示框，选择需要汇总的楼层、构件及汇总项，点击“确定”按钮进行计算汇总。

②汇总结束后弹出“计算汇总成功”界面。

(2)智能检查

①云检查:整个工程都完成了模型绘制工作,即将进入整个工程的工程量汇总工作,为了保证算量结果的正确性,希望对整个楼层进行检查,从而发现工程中存在的问题,方便进行修正。

a.点击“建模”模块下的“云检查”功能,在弹出窗体中,点击“整楼检查”。

b.进入检查后,软件自动根据内置的检查规则进行检查;

c.检查的结果,在“云检查”结果窗体中呈现出来。

②云指标:

a.在设计阶段,建设方为了控制工程造价,会对设计院提出工程量指标最大值的要求,即限额设计。设计人员要保证最终设计方案的工程量指标不能超过建设方的规定要求。

b.施工方自身会积累自己所做工程的工程量指标和造价指标,以便在建设方招标图纸不细致的情况下,仍可以准确投标。

c.咨询单位自身会积累所参与工程的工程量指标和造价指标,以便在项目设计阶段为建设方提供更好的服务。比如审核设计院图纸,帮助建设方找出最经济合理的设计方案等。

软件默认支持包含汇总表及钢筋、混凝土、模板、装修等不同维度的8张指标表,分别是:工程指标汇总表、钢筋一部位楼层指标表、钢筋一构件类型楼层指标表、混凝土一部位楼层指标表、混凝土一构件类型楼层指标表、模板一部位楼层指标表、模板一构件类型楼层指标表、装修一装修指标表、砌体一砌体指标表。

点击“建模”模块下的“云检查”功能,在弹出窗体中。

③云对比:解决在对量过程中查找难、遗漏项的内容。其根据空间位置建立对比关系,快速实现楼层、构件、图元工程量对比,智能分析量差产生的原因。

a.在开始新建工程界面,点击“云对比”。

b.上传需要对比的主审工程和送审工程,选择需要对比的范围:钢筋对比、土建对比。

5.报表

工程汇总检查完成之后,可对整个工程进行工程量及报表的输出,可统一选择设置需要查看报表的楼层和构件,包括“绘图输入”和“表格输入”两部分的工程量。可通过查看报表进行工程量查看。

可分别查看钢筋相关工程量及报表,也可查看土建相关工程量计报表,如图10-5和图10-6所示。

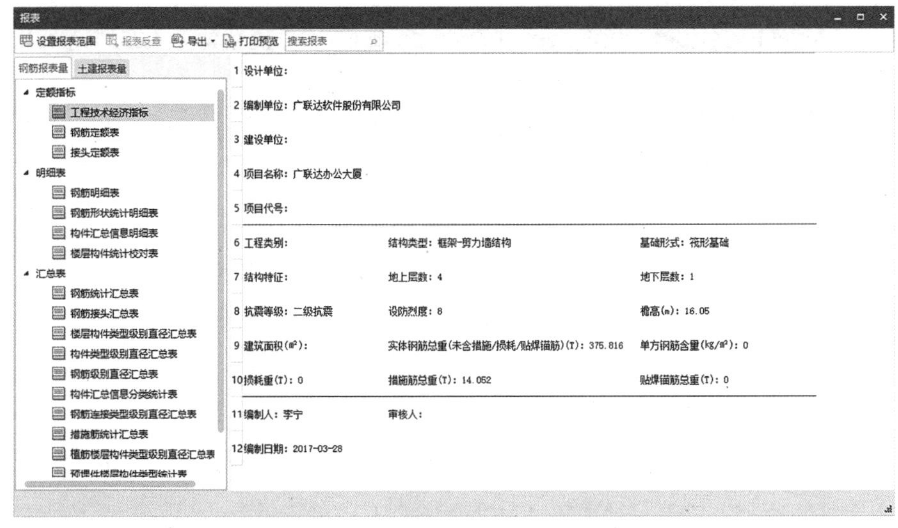

图 10-5　钢筋报表量和土建报表量

图 10-6　清单汇总量

10.2.2　品茗胜算造价计控软件

1. 主界面介绍

品茗胜算造价计控软件主界面如图 10-7 所示：

由于本软件采用全新架构，所以整个项目为一体式结构，点击专业工程即可切换行组价，无须双击后编辑。

项目管理：显示整个项目的结构。

项目报表：显示整个项目的表格。

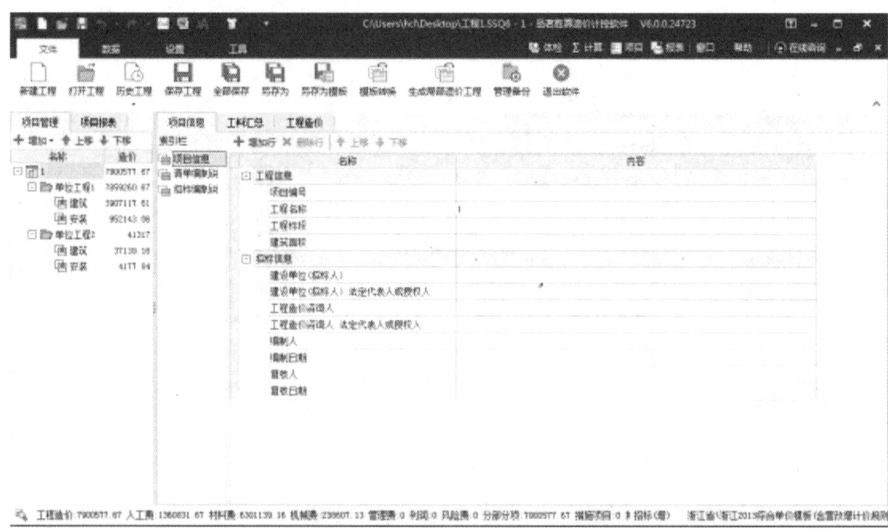

图 10-7　品茗胜算造价计控软件主界面

项目信息等插页：根据你选中的节点，显示相应的内容。

2. 功能介绍

（1）软件的分部分项界面如图 10-8 所示。

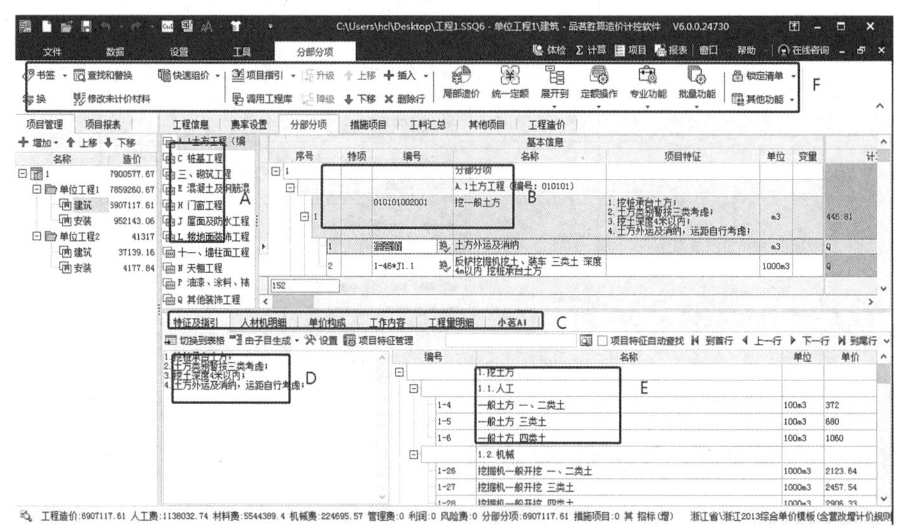

图 10-8　分部分项界面

A 区：显示当前专业工程的分部，点击可以快速定位到相应分部。

B 区：清单定额套用调整区域。

C 区：功能插页。

①特征及指引：显示调整清单的项目特征，显示指引。

②人材机明细：显示调整定额的人材机。

③单价构成：显示清单/定额的费用组成。

④工作内容：显示清单/定额的费用组成。

⑤工程量计算：输入清单或定额的统筹法计算式。

⑥小茗 AI：用匹配相似度的方式，智能筛选组价。

DE 区：根据 B 区不同而显示不同内容。

F 区：工具栏，此处的功能针对的是当前分部分项和技术措施。

(2)软件的分部分项界面如图 10-9 所示。

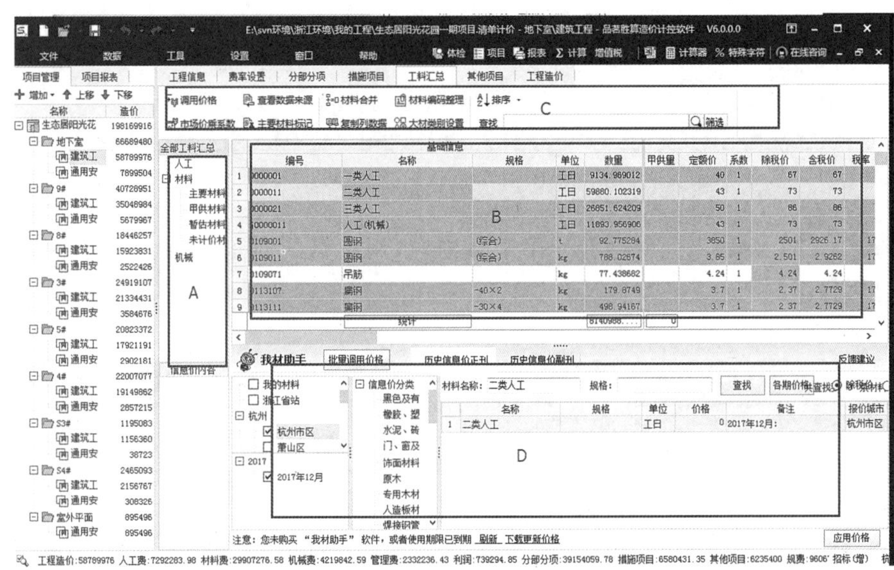

图 10-9　工料汇总界面

A 区：人材机分类显示。

B 区：人材机市场价等内容的显示和调整。

C 区：工具栏，此处的功能针对的是当前的人材机。

D 区：材料信息价获取窗口。

3. 组价操作介绍

(1)清单定额输入

①手工输入。

智能联想输入：在编码位置输入清单或者定额的编码，则会出现智能联想的提示，逐步提示快速找到需要的清单定额。

举例说明，假设想套用建筑屋面工程的止水带定额：

步骤一　在建筑专业工程的定额行输入 7，此时会出现所有章节，并定位到屋面工程，如图 10-10 所示。

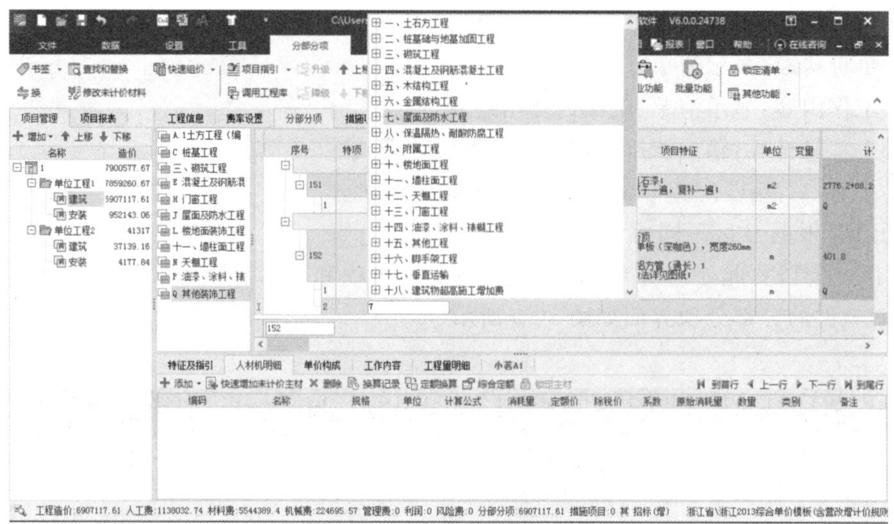

图 10-10 定位屋面工程

步骤二 输入横杠,此时会展开第 7 章内容(用键盘的回车也能达到同样效果),如图 10-11所示。

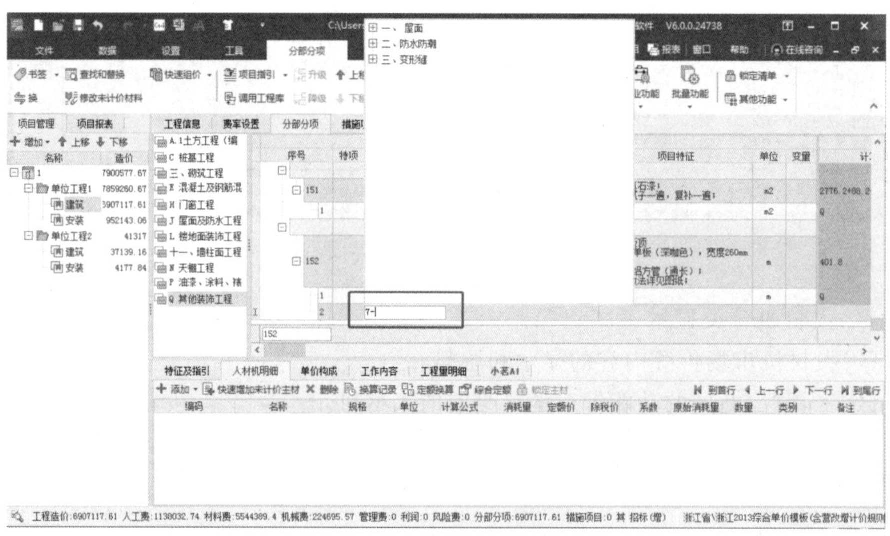

图 10-11 展开定额

步骤三 用键盘上的向下键,选中变形缝,按回车,再展开则可以选择具体定额,再按回车即可,如图 10-12 所示。

同样,清单的编码也能达到一样的效果。在编码位置输入前 2 位,比如输入 01,如图 10-13 所示。

若出现章节,用键盘上下键选择并回车,当然也可以继续输入第二段,比如 07,如图 10-14 所示。

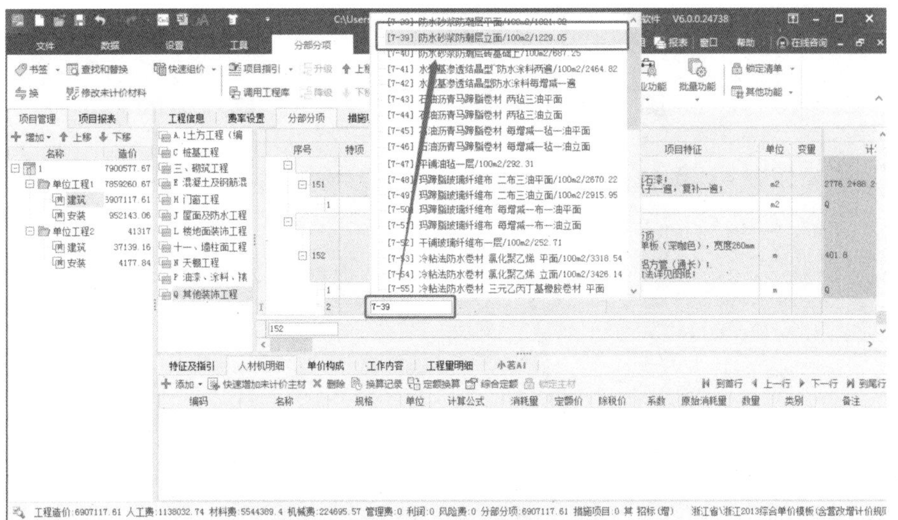

图 10-12　套用定额

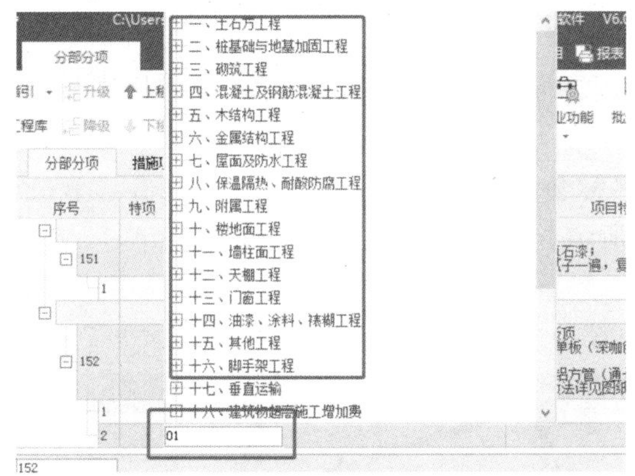

图 10-13　定位到土石方工程

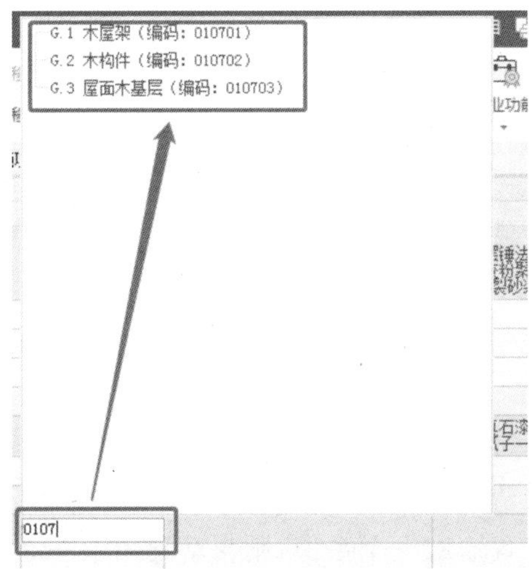

图 10-14　展开清单

继续用键盘上下键选择并回车，当然也可以继续输入 02，如图 10-15 所示。

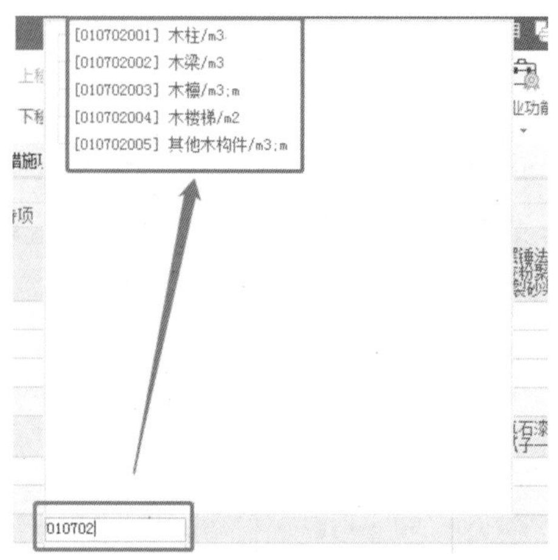

图 10-15　套用清单

继续用键盘上下键选择并回车，当然也可以继续输入 03 按回车，清单则套用完毕。

说明：操作中虽然用鼠标也能双击展开，但是建议您用键盘完成所有操作，这样效率最高。

②双击编号或者名称会弹出项目指引窗口，可以双击清单，也可以拖拉清单到所需要的位置，如图 10-16 所示。

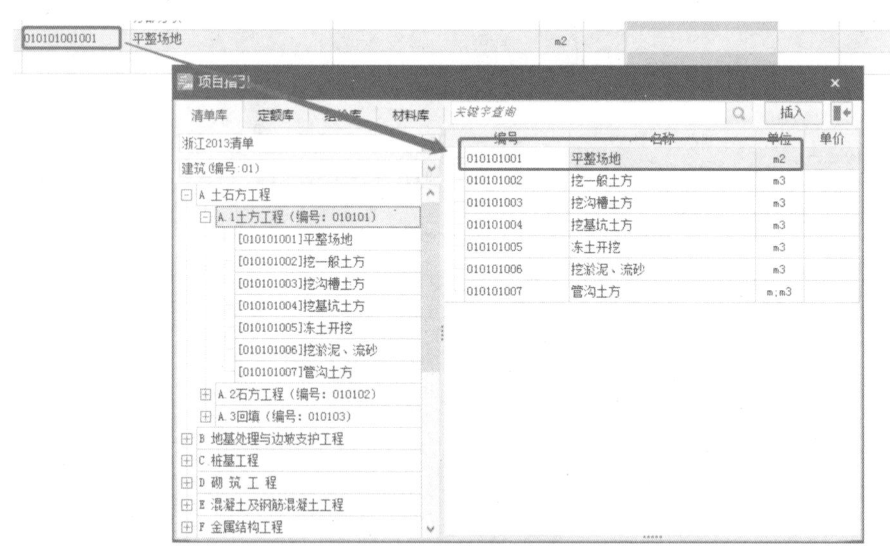

图 10-16　项目指引窗口

③在编号列手动输入清单/定额编号，按回车，清单编号输入前 9 位或 12 位均可。

④如果在定额编码位置输入一个数值，则自动套用上一条定额的章册，比如已经套有 6—9 定额，在下一行需要套用 6—10 定额，则直接输入 10 按回车即可。

(2)Excel 导入

方法 1

选择菜单“数据”→“导入数据”→“导入 Excel、WPS 电子表格、Access 数据库”功能，出现如图 10-17 界面。

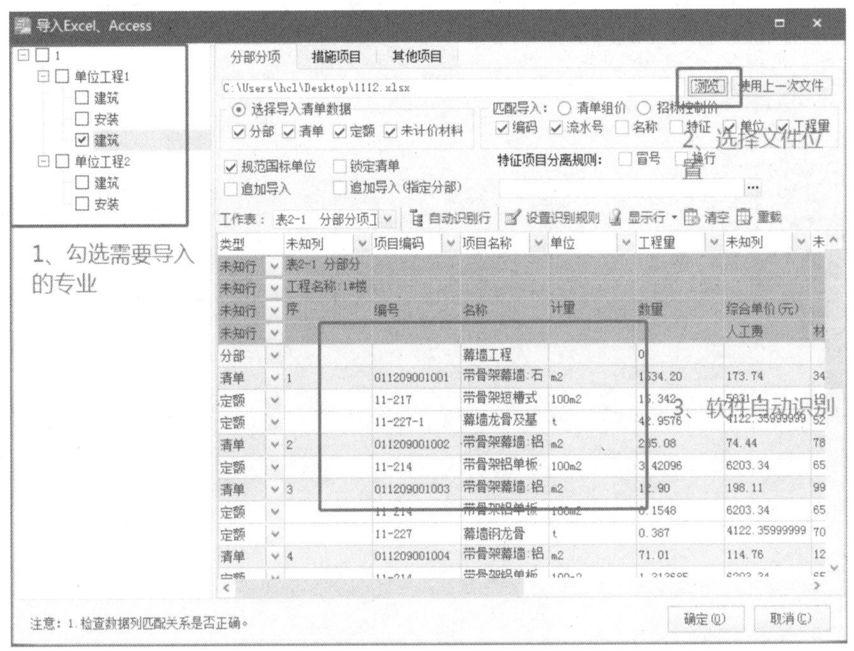

图 10-17　Excel 导入方法一

按照图 10-17 所示：

①勾选所要导入的专业工程。

②浏览，选择您要导入的 Excel

③在下面，显示出 Excel 中内容，并自动识别。您也可以选择“类型”来调整导入的为清单还是定额或者分部。(未知行表示不导入的行)

④确定后，相应的分部、清单、定额就会导入软件中。当然定额也都已经套用好。

当选择完一个 Excel 后，可以选择“使用上一次文件”来快速选择前一次的 XLS 文件，提高速度，如图 10-18 所示。

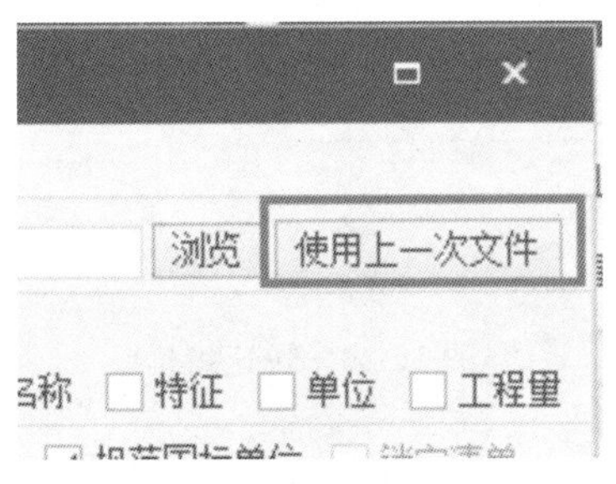

图 10-18　快速导入

方法 2

拖拉 Excel 文件，到下图的不同的区域，软件会自动导入内容，如不能自动识别，会弹出方法 1 的窗口，如图 10-19 所示。

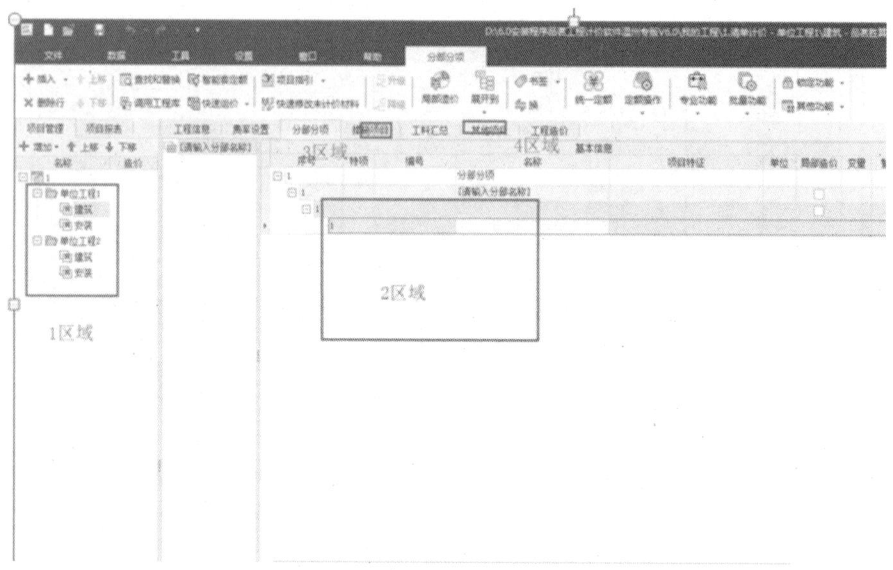

图 10-19　Excel 导入方法二

①项目特征快速组价。

软件根据实际情况，把项目特征和指引放在同一个界面，这样您可以以最快的速度完成组价。如图 10-20 所示。

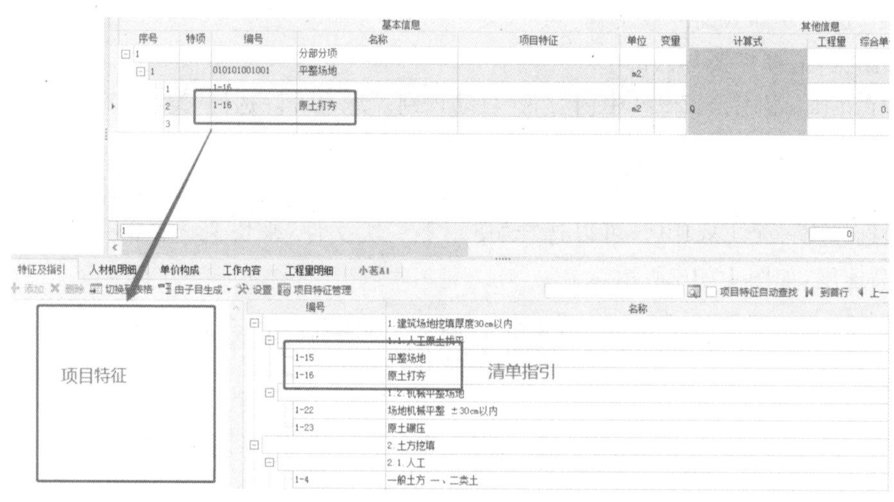

图 10-20　快速组价

在清单的特征及指引插页，根据左面显示的“项目特征”，在右面的“清单指引”处，双击或拖拉定额。

另外，如果在左面显示的“项目特征”处，选中部分文字，则立刻在右面过滤出所含文字的定额，如图 10-21 所示。

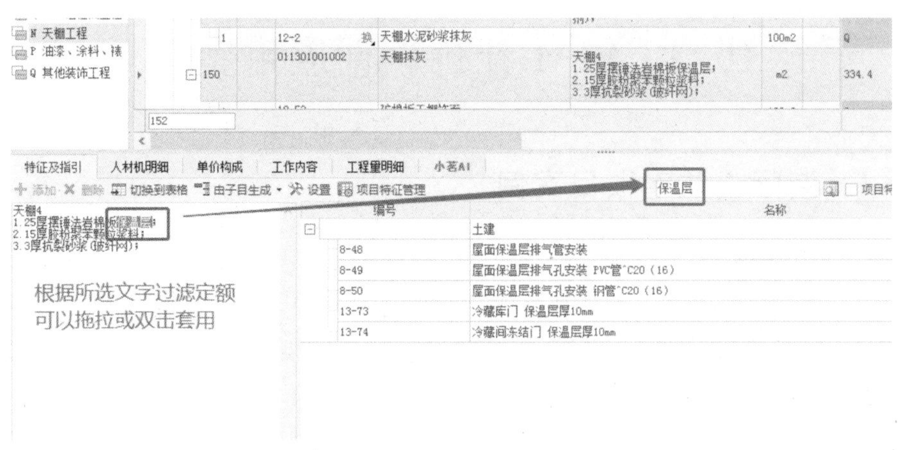

图 10-21　过滤定额

②装配式定额

软件内置装配式定额，可直接定额套取进行组价。如图 10-22 所示。

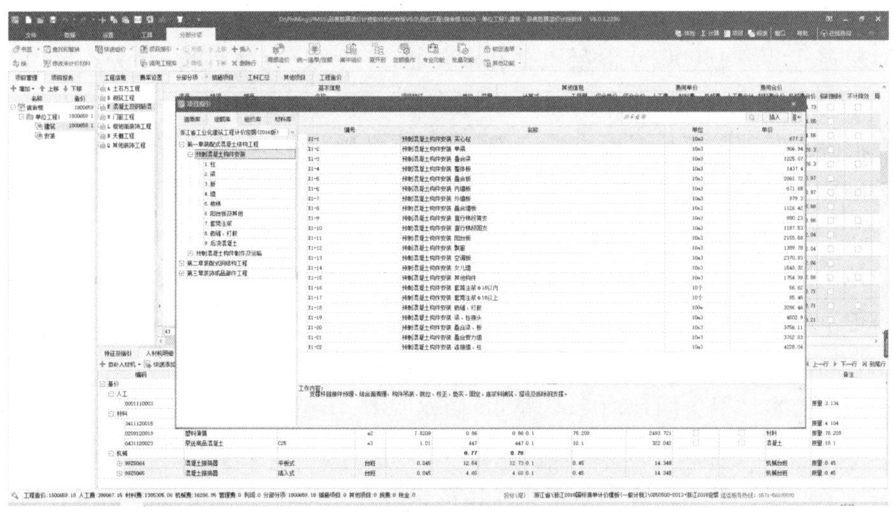

图 10-22　装配式定额套用

10.3 BIM 计价软件应用案例

10.1.1 装配式住宅项目案例

1. ××××港项目

××××港项目，位于浙江省湖州市，为住宅小区项目，地上 24 层，地下 1 层，局部 2 层，建筑面积 234674m^2，其中地下建筑面积 75317m^2；框架剪力墙结构，装配率 20%，其他主要特征信息如下：

(1)土方工程。基坑大开挖，含满堂基础、下翻土方、地沟等全部土方开挖，采用本工程挖出来的土石方回填，分层回填夯实。

(2)基坑围护形式。100 厚 C20 喷射混凝土(内掺 2%～5%水泥用量的速凝剂，内配 C8@200×200 网片)；ϕ850 三轴水泥搅拌桩 782 根(有效长度 17m)；ϕ600 三轴水泥搅拌桩 2213 根(有效长度 7m)；坑内 ϕ850 高压旋喷桩 3095 根(有效长度 7m)；H 型钢桩 637 根(有效长度 24m)；ϕ700 钻孔灌注桩 782 根(有效桩长 22m)。

(3)桩基工程。ϕ600C30 混凝土钻孔灌注桩 1579 根(有效桩长 55m)；ϕ600PC 管桩 2241 根(有效桩长 24m)。

(4)混凝土基础。商品混凝土 C35/P6 混凝土基础，MU15 砼实心砖基础。

(5)砌体工程。地下室内墙采用 MU10 混凝土多孔砖，地上部分 200 厚墙体采用 B07 蒸压加气混凝土砌块，地上部分 100 厚墙体采用 B07 加气混凝土砌块。

(6)地下防水。地下室顶板屋面为 4 厚 SBS 耐根穿刺型防水卷材＋1.5 厚聚氨酯防水涂料；地下室外墙为 2 厚聚氨酯防水涂料；地下室底板底面为 1.2 厚高分子自粘胶膜预铺防水卷材。

(7)室内防水。卫生间地面 1.5 厚 JS 防水涂料 II 型；地下室(除卫生间以外)地面 1.0 厚水泥基渗透结晶防水涂料；消防水池内壁 1.5 厚 JS 防水涂料 II 型。

(8)屋面防水。平屋面为 1.5 厚非固化橡胶沥青涂料＋1.5mm 厚自粘聚合物改性沥青防水卷材(无胎)。

(9)外墙保温。外墙内保温，保温砂浆。

对该项目的建筑安装工程进行招标控制编制，土建计量使用 GTJ2019 软件，安装计量使用 GQI 软件，土建计算模型如图 10-23 所示，计算得出工程造价 503195234 元。

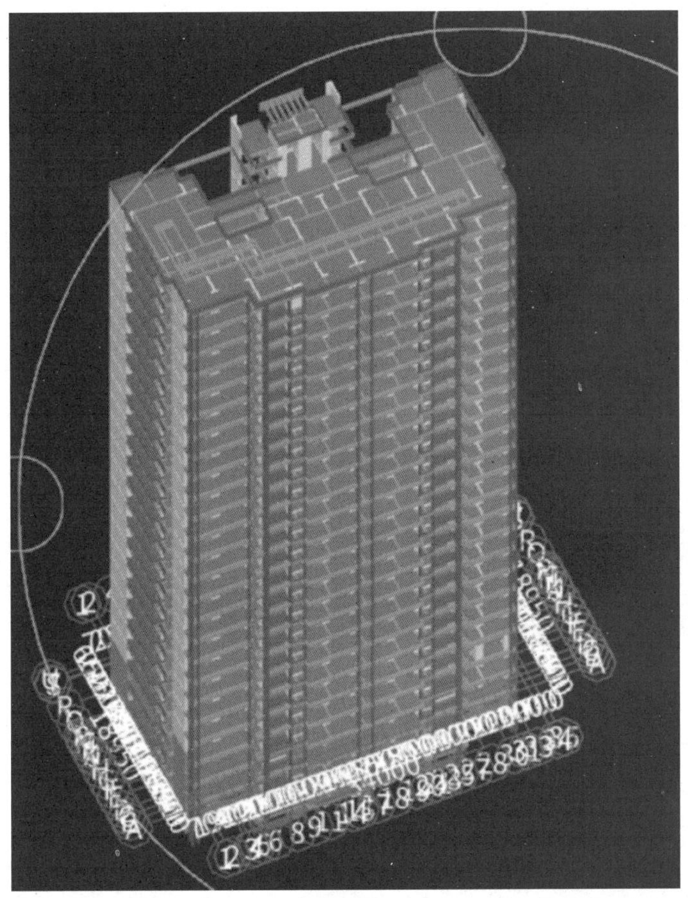

图 10-23　××××港项目某幢楼 GTJ 土建计量模型

2. ××××尚品项目

××××尚品项目，位于浙江省金华市，为住宅小区项目，地上 18 层，地下 2 层，建筑面积 183500m²，其中地下建筑面积 59700m²；框架剪力墙结构，装配率 50%，其他主要特征信息如下：

(1)土方工程。基坑大开挖，含满堂基础、下翻土方、地沟等全部土方开挖(自然地坪标高为黄标 96.45M)，采用本工程挖出来的土石方回填，分层回填夯实(回填后多土方回收)。

(2)基坑围护形式。80 厚 C20 喷射混凝土，内配 C4@150×150 网片；ϕ600 旋挖桩机成孔灌注桩 60 根(有效长度 11.1m)。

(3)桩基工程。ϕ250 抗浮锚杆，锚杆长度 4m，1991 根；锚杆杆体配筋，3 根直径 28mm 的 3 级钢；注浆材料，灌注 M30 水泥砂浆(水灰比 0.45)并加微膨胀剂，锚杆注浆压力约为 0.5MPa。

(4)混凝土基础。负二层商品混凝土 C35/P6，负一层商品混凝土 C30/P6。

(5)砌体工程。地下室内墙采用 MU15 水泥砖，地上部分 200 厚墙体采用 B07 加气混凝土砌块，地上部分 100 厚墙体采用 B06 加气混凝土砌块。

(6)地下防水。地下室顶板屋面为 4 厚 SBS 改性沥青耐根穿刺防水卷材；2.0 厚非固化橡胶沥青防水涂料；地下室外墙为 2.0 厚非固化橡胶沥青防水涂料；地下室底板底面为 2.0 厚非固化橡胶沥青防水涂料。

(7)室内防水。卫生间墙面 12 厚 1∶3 聚合物防水砂浆，卫生间地面 1.5 厚聚合物水泥防水涂料；消防水池内壁 1.5 厚渗透结晶防水涂料。

(8)屋面防水。平屋面为 1.5 厚自粘式高分子卷材防水层＋1.5 厚自粘式高分子卷材防水层；雨棚为 1.5 厚水泥基聚合物防水涂料。

(9)外墙保温。外墙内保温，25 厚无机轻集料砂浆。

对该项目的建筑安装工程进行投标报价，土建计量使用品茗 BIM 算量软件，安装计量使用 GQI 软件，土建计算模型如图 10-24 所示，计算得出工程造价 304551205 元。

图 10-24　××××尚品项目某幢楼 GTJ 土建计量模型

10.1.2　装配式医院项目案例

××××人民医院项目，位于浙江省绍兴市，新建门急诊用房、住院用房、医技用房、行政管理用房、生活用房、预防保健用房、科研教学用房及设旒设备用房等房屋，地上分别有 2 层，4 层，6 层，8 层，地下 1 层，地下室有人防，北区地下室一层局部为医疗救护工程(急救医院)防护等级核 5 级常 5 级，平时为汽车库战时功能为急救医院。总建筑面积约 130700 平方米，其中地上建筑面积约 95650 平方米，地下建筑面积约 35050 平方米。地上 95650m^2、地下 35050m^2。框架结构，装配率 21%，其他主要特征信息如下：

(1)基坑围护形式。80 厚 C20 喷射混凝土(内掺 2%～5%水泥用量的速凝剂，内配

C6.5@200×200 网片)；ϕ850 三轴水泥搅拌桩 782 根(有效长度 17m)；基坑围护采用拉森钢板桩，SMW 工法桩，水泥搅拌桩，钻孔灌注桩共同参与支护。其中，SMW 工法桩为三轴水泥土搅拌桩内插入 H 型钢。水泥土搅拌桩采用全截面套打标准连续方式施工，型钢采用插一跳一型施工，水泥土搅拌桩采用 42.5 级普通生酸盐水泥或 32.5 复合水泥，掺水灰此 1.5，水泥掺入量为 20%，空搅部分水泥掺入量减半。水泥搅拌桩采用直径 700mm 双轴，水泥掺入量 15%，空搅部分水泥掺入量减半，浆液水灰比 0.5，采用 42.5 级普通硅酸盐水泥或 32.5 复合水泥，外加剂为 SN-201A 和生石膏，参入量为水泥重量 0.2%和 2%。钻孔灌注桩，混凝土强度等级为 C30，粗骨料粒径不得大于 40mm，混凝土须连续浇灌。

(2)桩基工程。本工程采用泥浆护壁机械钻孔灌注桩。其中包括 P-A-Y600、P-B-Y600：桩径 600mm 的承压柱，普通泥浆护壁机械钻孔灌注桩，桩端桩侧均不注浆。混凝土保护层厚度为 50mm，混凝土强度等级均为 C30(水下灌注)。P-A-B600、P-B-B600：桩径 600mm 抗拔桩，普通泥浆护壁机械钻孔灌注桩，桩端不注浆，桩侧注浆。混凝土保护层厚度为 50mm，混凝土强度等级均为 C30(水下灌注)。P-A-Y1000：桩径 1000mm 的承压墩，普通泥浆护壁机械钻孔灌注桩(墩)，柱瑞桩侧均不注桨。混凝土保护层厚度为 50mm 混凝土强度等级均为 C30(水下灌注)。

(3)钢结构防腐。底漆：水性无机富锌涂料/环氧富锌涂料；中间漆：环氧云铁中间漆；面漆：可复涂聚氨酯面漆。

对该项目的建筑安装工程进行招标控制编制，土建计量使用 GTJ2018 软件，安装计量使用 GQI 软件，土建计算模型如图 10-25 和图 10-26 所示，安装计量模型如图 10-27 和图 10-28 所示，计算得出工程造价 948944534 元。

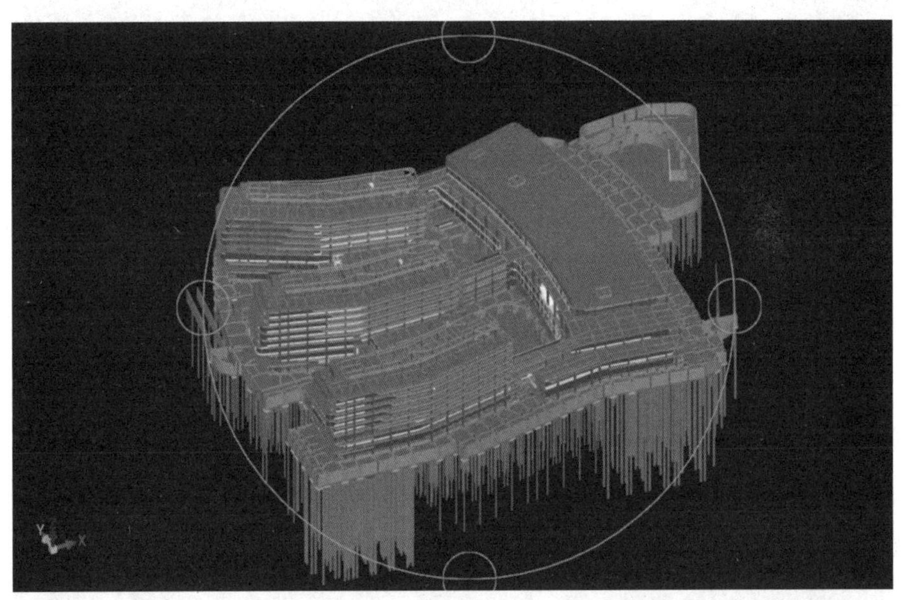

图 10-25　××××人民医院项目北楼 GTJ 土建计量模型(一)

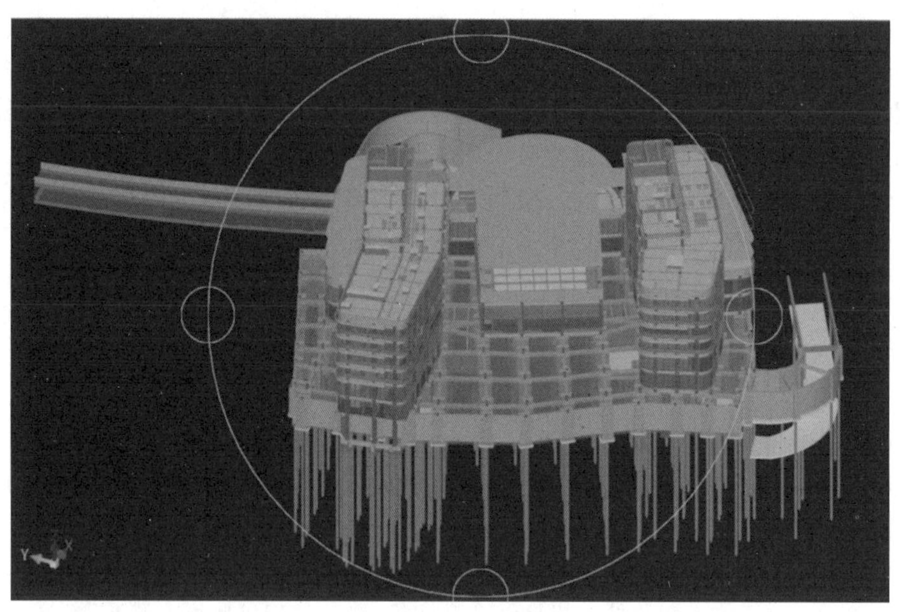

图 10-26　××××人民医院项目南楼 GTJ 土建计量模型(二)

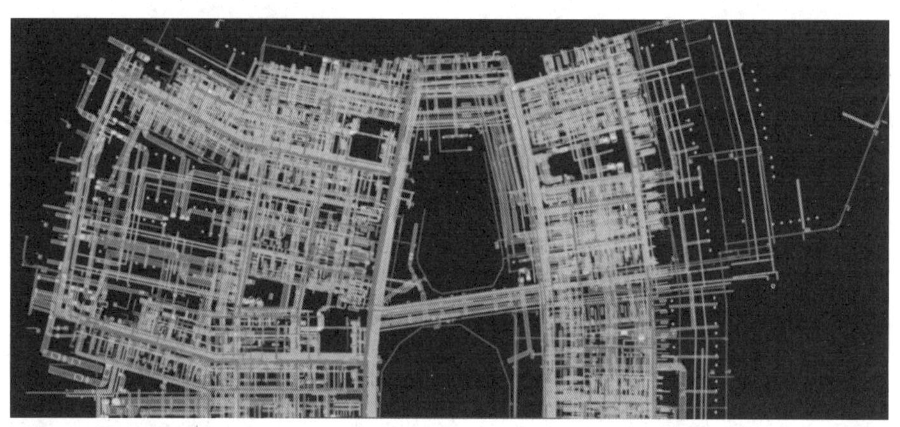

图 10-27　××××人民医院项目北楼 GQI 安装计量模型(一)

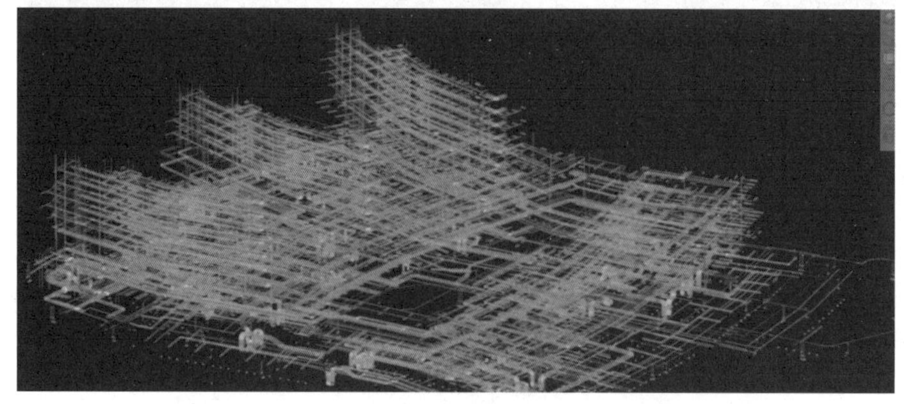

图 10-28　××××人民医院项目南楼 GQI 安装计量模型(二)

利用斑马进度网络计划 2018 对工程施工进度进行编写，建立双代号网络图，计算得出总工期需要 731 天。网络计划图如图 10-29 所示。

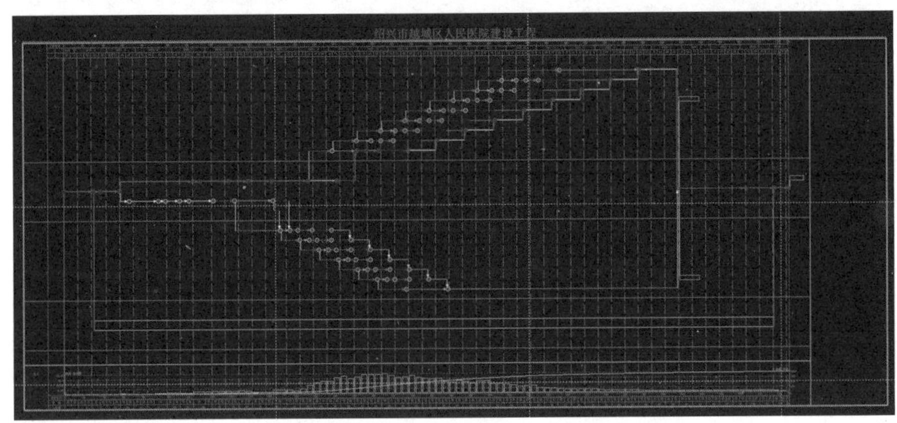

图 10-29　××××人民医院项目双代号网络图

依据设计图纸，利用广联达 BIM 施工现场布置软件 V7.8 形象体现场地布置效果，准确获取设施布置情况及相关数据并进行虚拟漫游等展示，如图 10-30 所示。

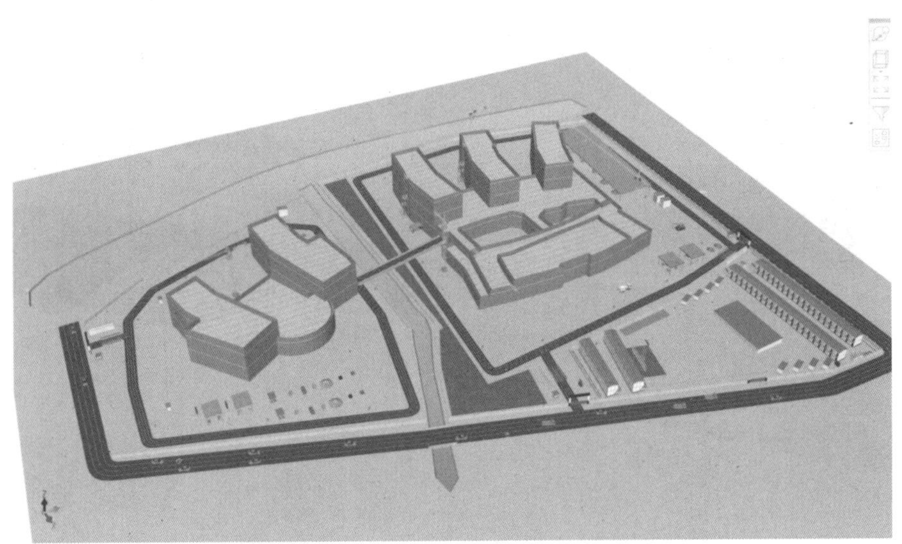

图 10-30　××××人民医院项目施工现场布置图

利用 BIM 5D 对工程进行进度、技术、成本、资料、质量安全等方面的综合管理，动态化呈现施工进度及资金曲线，如图 10-31 所示。

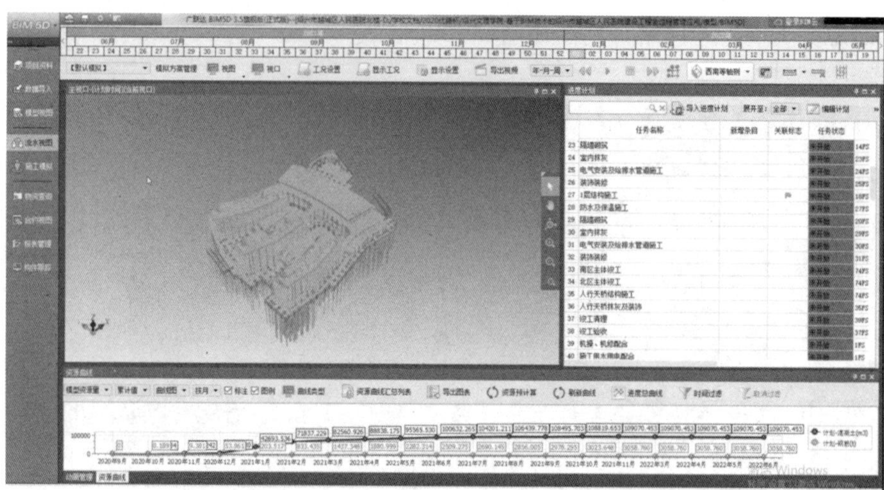

图 10-31　××××人民医院项目 BIM5D

利用 Navisworks 对管线进行碰撞检查并进行调整，共计 264 处。调整前后如图 10-32和图 10-33 所示。

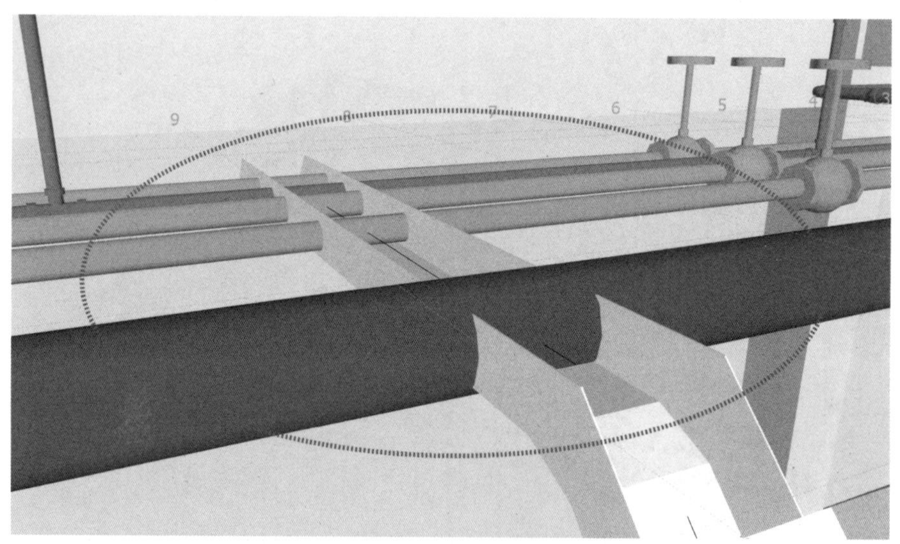

图 10-32　管线碰撞调整前

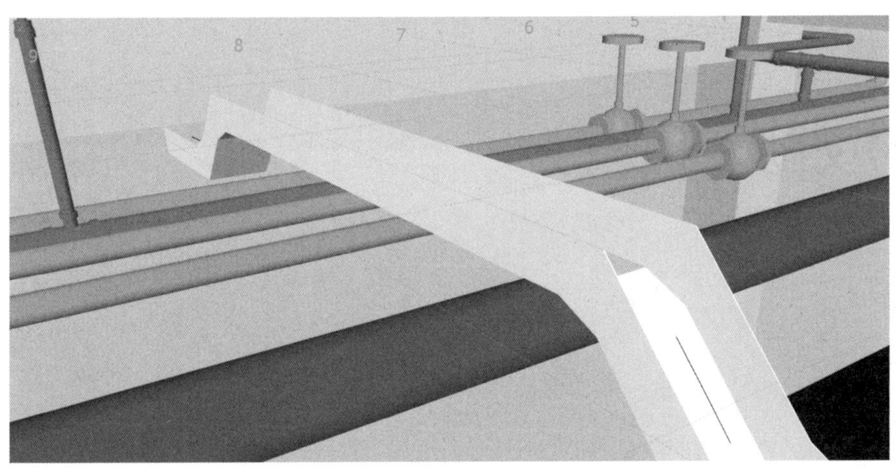

图 10-33　管线碰撞调整后

本章小结

本章主要介绍了 BIM 技术的概念、发展状况、特点，结合广联达软件与品茗软件介绍了计量与计价软件的基本应用，并列举了工程中的 BIM 实际应用案例。

参考文献

[1] 中华人民共和国住房和城乡建设部.建设工程工程量清单计价规范:GB 50500—2013[S].北京:中国计划出版社,2013.

[2] 中华人民共和国住房和城乡建设部.房屋建筑与装饰工程工程量计算规范[M].北京:中国计划出版社,2013.

[3] 浙江省建设工程造价管理总站.浙江省房屋建筑与装饰工程预算定额(2018 版)[M].北京:中国计划出版社,2018.

[4] 刘晓晨,王鑫,李洪涛,等.装配式混凝土建筑概论[M].重庆:重庆大学出版社,2018.

[5] 袁建新,张凌云.装配式混凝土建筑计量与计价[M].上海:上海交通大学出版社,2018.

[6] 范幸义,张勇一.装配式建筑[M].重庆:重庆大学出版社,2017.

[7] 肖光朋.装配式建筑工程计量与计价[M].北京:机械工业出版社,2021.

[8] 宋敏,杨帆,冯丽杰,等.工程计量与计价[M].武汉:武汉大学出版社,2014.

[9] 黄伟典,陈起俊,王艳艳.工程定额原理[M].北京:中国电力出版社,2016.

[10] 田建冬.装配式建筑工程计量与计价[M].南京:东南大学出版社,2021.

[11] 张建平,张宇帆.装配式建筑计量与计价[M].北京:中国建筑工业出版社,2018.

[12] 曹仪民,马行耀.2019 浙江二级造价师建设工程计量与计价实务土建工程[M].北京:中国计划出版社,2019.

[13] 朱溢镕,阎俊爱,韩红霞.建筑工程计量与计价[M].北京:化学工业出版社,2016.

[14] 肖明和,关永冰,胡安春.建筑工程计量与计价实务[M].北京:北京理工大学出版社,2018.

[15] 卢春燕,张红霞.建筑工程计量与计价[M].北京:北京理工大学出版社,2018.

[16] 戴晓燕.装饰装修工程计量与计价[M].北京:化学工业出版社,2015.